浙江省建设工程造价参考指标

（三）普通高等学校

浙江省建设工程造价管理总站
浙江省财政项目预算审核中心　编
浙 江 省 教 育 发 展 中 心

中 国 计 划 出 版 社
2025 北　京

图书在版编目（CIP）数据
浙江省建设工程造价参考指标. 三, 普通高等学校 / 浙江省建设工程造价管理总站, 浙江省财政项目预算审核中心, 浙江省教育发展中心编. -- 北京 : 中国计划出版社, 2025. 6. -- ISBN 978-7-5182-1870-7
Ⅰ. TU723.32
中国国家版本馆CIP数据核字第2025F63W15号

浙江省建设工程造价参考指标（三）普通高等学校
ZHEJIANG SHENG JIANSHE GONGCHENG ZAOJIA CANKAO ZHIBIAO（SAN）
PUTONG GAODENG XUEXIAO

责任编辑：张文征
封面设计：韩可斌

中国计划出版社出版发行
网址：www. jhpress. com
地址：北京市西城区木樨地北里甲 11 号国宏大厦 C 座 4 层
邮政编码：100038　电话：（010）63906433（发行部）
北京市科星印刷有限责任公司印刷

880mm × 1230mm　1/16　17 印张　524 千字
2025 年 6 月第 1 版　2025 年 6 月第 1 次印刷

定价：99.00 元

浙江省建设工程造价管理总站
浙 江 省 教 育 发 展 中 心 文件

浙建站科〔2025〕1号

关于印发《浙江省建设工程造价参考指标（三）普通高等学校》的通知

各有关单位：

为助推我省高等教育强省工作，根据《浙江省人民政府关于实施普通高校基础设施提质工程的意见》（浙政发〔2023〕34号）精神，按照《建设工程造价指标采集分析标准》DBJ33/T 1294—2023要求，浙江省建设工程造价管理总站、浙江省财政项目预算审核中心、浙江省教育发展中心联合编制了《浙江省建设工程造价参考指标（三）普通高等学校》（以下简称“本指标”）并通过审定，现予以印发。

本指标可作为普通高等学校项目投资估算及初步设计概算编制、审批的参考依据。

浙江省建设工程造价管理总站　　　　浙江省教育发展中心

2025年6月10日

编制单位及编审人员名单

主 编 单 位： 浙江省建设工程造价管理总站
浙江省财政项目预算审核中心
浙江省教育发展中心

主要编制人员： 蔡临申　张贤明　林茂盛　蔡立峰　沈晓敏　庄建波
周顺华　孔宏伟　余　快　张冰冰　祝丽妃　叶佳赟
范　荣　何粉叶　骆忠祥　杨象赛　林建东　洪纯珩
王　奇　盛艳婷　傅佩红　徐江炳　金　峰　杨志雄
黄佩佩　蔡红伟　傅利红　丁浙鸣　冯东东　蒋开灶
熊安顺　徐　成　车朝杰　吕倩倩　叶晓牡　孙华建
冯金菊　王云峰　李　森　曲银芳　郭阳杨

审 查 专 家： 毛义华　邵思茗　盛仁磊　丁鹏飞　童晓蕾　聂伟军
颜万春

审　　　定： 高　嵩　季　挺　俞富桥　章正春

顾　　　问： 田忠玉　曹仪民　何薛平

总 说 明

为助推浙江省高等教育强省工作，根据《浙江省人民政府关于实施普通高校基础设施提质工程的意见》精神，浙江省建设工程造价管理总站、浙江省财政项目预算审核中心、浙江省教育发展中心组织编制了《浙江省建设工程造价参考指标（三）普通高等学校》（以下简称“本指标”）。本指标使用说明如下：

一、本指标以国家现行计价与计量规范、浙江省 2018 版计价依据、国家及浙江省现行工程建设标准等为依据，以近年来浙江省具有代表性的普通高等学校（一般院校）项目的计价成果数据为测算基础，进行综合分析后编制。

二、本指标中的普通高等学校类别为一般院校，依据《普通高等学校建筑面积指标》建标 191—2018 的规定，本指标中普通高等学校建设项目按办学规模（学生数）10 000 人、容积率 0.5 考虑。

三、本指标按浙江省普通高等学校（一般院校）常规校舍配置进行测算，校舍类型包括教学楼、办公用房、体育馆、图书馆、实训楼、科研楼、宿舍（公寓）、食堂、附属用房等。

四、本指标可作为普通高等学校项目投资估算及初步设计概算编制、审批的参考依据。

五、本指标为建筑安装工程全费用造价指标，按照费用构成要素，包括人工费、材料费、机械费、企业管理费、利润、规费、税金，不包括优质工程增加费、标化工地增加费等暂列金额。

六、本指标内容包括整体项目造价指标、单项造价指标、专项造价指标、造价指标单元、典型工程造价指标和造价指标动态应用。

七、本指标测算的价格基期为 2024 年 7 月。

八、本指标为建设工程造价参考指标，具体应用时应结合工程实际动态调整，使用过程中如有意见或建议，请及时反馈至浙江省建设工程造价管理总站。

目　录

第一章　整体项目造价指标和单项造价指标

第二章　专项造价指标

第三章　造价指标单元

第四章　典型工程造价指标

第五章　造价指标动态应用

第一章
整体项目造价指标和单项造价指标

说　明

一、本章内容包括整体项目造价指标和单项造价指标。

二、本章指标依据浙江省工程建设标准《建设工程造价指标采集分析标准》DBJ33/T 1294—2023 中的采集类别编制。其中整体项目造价指标包括地下建筑造价指标、地上建筑造价指标和室外附属工程的造价指标。

三、整体项目造价指标计算基数为总建筑面积。地下建筑单项造价指标计算基数为地下室建筑面积，地上建筑单项造价指标计算基数为地上建筑面积，室外附属工程单项造价指标计算基数为室外总面积。

四、地下建筑、地上建筑、室外附属工程的指标划分界面如下：

1. 地上建筑与地下建筑的造价指标划分界面为地下室结构顶板上表面。其中，地下建筑应包括地下室、半地下室及露出室外地面的汽车坡道、自行车坡道、人防出入口建筑、地下室排风井等。地下室顶板上表面设置的防水层、保护层纳入地下建筑。

2. 室外附属工程包括建筑红线范围内的道路、景观、绿化、围墙、运动场及相应的电气设备安装、智能化、消防、给水、排水等工程。

五、本章指标测算说明：

1. 普通高等学校项目按设置一层地下室考虑。

2. 普通高等学校项目未考虑有特殊功能要求配置的结构、设备、设施等，各单项工程室内主要装修做法按表 1–3–1 “普通高等学校各单项工程室内主要装修做法参考表” 考虑。

3. 建筑与装饰工程造价指标测算说明：

（1）教学楼、办公用房、实训楼、宿舍（公寓）、食堂、附属用房等的外立面装饰按外墙涂料考虑；体育馆、图书馆、科研楼的外立面装饰按外墙涂料及幕墙考虑；体育馆、图书馆、食堂的结构形式按钢 – 混凝土组合结构考虑。

（2）本章指标均未考虑渣土消纳处置费用，建筑物邻近地铁、既有建筑及设施等需要做特殊保护措施的费用；除另有说明外，也未考虑地基处理工程费用。

（3）本章指标按盘扣式钢管脚手架考虑。

4. 通用安装工程造价指标测算说明：

（1）通用安装工程造价指标内容包括电气设备安装工程、建筑智能化工程、消防工程、通风空调工程、给排水工程，不包括电梯、充电桩的费用，若发生时按本指标第二章 “专项造价指标” 增加相应费用。

（2）电气设备安装工程与电梯、充电桩工程的造价指标划分界面：电梯、充电桩的配电箱费用计入电气设备安装工程造价指标，配电箱出线及电梯、充电桩控制箱及相关管线的费用计入电梯、充电桩造价指标。

（3）电气设备安装工程包括变配电室内低压配电柜下桩头后的动力系统、照明系统、防雷接地系统，不包括变配电系统，若发生时按本指标第二章 “专项造价指标” 增加相应费用。

（4）消控中心、信息网络机房的设备及相关管线（缆）费用纳入通用安装工程地上部分造价指标，泵房、制冷机房的设备及相关管线（缆）费用纳入通用安装工程地下部分造价指标。

（5）智能化安装工程中，运营商实施安装的管线、设备不在本章指标范围内。

（6）给排水安装工程统计界面为与市政管网连接的第一个水表井（检查井），无水表井（检查井）的以市政管网碰头点为界。

5. 室外附属工程造价指标测算说明：

（1）不包括屋面绿化、垂直绿化的费用。

（2）不包括校园景观桥梁及河道工程、路床以下的路基处理以及有特殊要求的雕塑、景观小品费用。

六、实际发生地基处理、路床以下的路基处理时，可参考本指标第二章“专项造价指标”的相应内容。

七、本章指标未考虑采用高档材料或设备。

八、本章指标综合考虑了浙江省现行绿色建筑的基本要求。若超出基本要求，可参考本指标第二章“专项造价指标”的相应内容。

第一节　整体项目造价指标

一、概述

本节指标为整体项目造价指标不包括教学设施设备（多媒体教学系统、视频示教系统除外）、厨具设备、机械式停车库等费用。

二、整体项目造价指标

整体项目造价指标见表 1–1–1。

表 1–1–1　普通高等学校整体项目造价指标表

序号	地区	造价指标 /（元 /m²）	备注
1	杭州市	4 990~5 860	1. 桩基形式：灌注桩，平均桩长 40m 以内； 2. 围护形式：型钢水泥土墙
2	宁波市	5 060~5 950	1. 桩基形式：灌注桩，平均桩长 60m 以内； 2. 围护形式：排桩墙
3	温州市	4 940~5 810	1. 桩基形式：灌注桩，平均桩长 70m 以内； 2. 围护形式：型钢水泥土墙
4	湖州市	4 690~5 510	1. 桩基形式：预制桩，平均桩长 30m 以内； 2. 围护形式：型钢水泥土墙
5	嘉兴市	4 620~5 430	1. 桩基形式：预制桩，平均桩长 30m 以内； 2. 围护形式：型钢水泥土墙
6	绍兴市	4 710~5 530	1. 桩基形式：灌注桩，平均桩长 30m 以内； 2. 围护形式：型钢水泥土墙
7	金华市	4 370~5 140	1. 桩基形式：灌注桩，平均桩长 15m 以内； 2. 围护形式：土钉墙
8	衢州市	4 380~5 150	1. 桩基形式：灌注桩，平均桩长 15m 以内； 2. 围护形式：土钉墙
9	舟山市	4 800~5 640	1. 桩基形式：灌注桩，平均桩长 50m 以内； 2. 围护形式：排桩墙
10	台州市	4 770~5 610	1. 桩基形式：灌注桩，平均桩长 60m 以内； 2. 围护形式：排桩墙
11	丽水市	4 390~5 160	1. 桩基形式：灌注桩，平均桩长 15m 以内； 2. 围护形式：土钉墙

第二节　单项造价指标

一、概述

1. 本节指标包括地下建筑、地上建筑、室外附属工程的造价指标。

2. 地下建筑的建筑与装饰工程造价指标内容包含土石方工程，基坑围护工程，桩基工程，砌筑工程，混凝土结构工程，金属结构工程，门窗工程，屋面工程，防水工程，防腐、隔热、保温工程，楼地面装饰工程，内墙及柱面装饰工程，天棚工程，其他装饰工程等；通用安装工程造价指标内容包含电气设备安装工程，建筑智能化工程，消防工程，通风空调工程，给排水工程等。

3. 地上建筑包括教学楼、办公用房、体育馆、图书馆、实训楼、科研楼、宿舍（公寓）、食堂、附属用房等，其中：建筑与装饰工程包括砌筑工程，混凝土结构工程，金属结构工程，门窗工程，屋面工程，防水工程，防腐、隔热、保温工程，外墙装饰及幕墙工程，楼地面装饰工程，内墙及柱面装饰工程，天棚工程，其他装饰工程；通用安装工程造价指标内容包含电气设备安装工程，建筑智能化工程，消防工程，通风空调工程，给排水工程等。

4. 室外附属工程主要包括道路及景观、绿化、围墙、运动场及相应的安装工程。其中运动场根据国家标准设计图集《体育场地与设施（一）》设置标准跑道、足球场、篮球场等，其他运动类型场地见本指标第二章“专项造价指标”。

5. 各单项工程室内主要装修做法参考见表 1–3–1“普通高等学校各单项工程室内主要装修做法参考表”；建筑智能化分系统内容见表 1–3–2“普通高等学校建筑智能化分系统包含内容参考表”。

6. 宿舍（公寓）、配电房、电梯机房采用分体式空调，教学楼、办公用房、食堂、附属用房等采用多联式空调系统，体育馆、图书馆、实训楼、科研楼采用水冷中央空调系统。

二、单项造价指标

1. 单项造价指标汇总表见表 1–2–1。

表 1–2–1 普通高等学校单项造价指标汇总表

序号	地区	指标组成	造价指标 /（元 /m²）		
			合计	建筑与装饰	通用安装
1	杭州市	地下建筑	5 720~6 720	4 990~5 870	730~850
		地上建筑	3 870~4 540	2 970~3 490	900~1 050
		室外附属工程	510~590		
2	宁波市	地下建筑	6 280~7 370	5 550~6 520	730~850
		地上建筑	3 720~4 360	2 820~3 310	900~1 050
		室外附属工程	570~660		
3	温州市	地下建筑	6 150~7 220	5 440~6 390	710~830
		地上建筑	3 710~4 350	2 830~3 320	880~1 030
		室外附属工程	510~590		
4	湖州市	地下建筑	5 400~6 340	4 690~5 510	710~830
		地上建筑	3 590~4 210	2 710~3 180	880~1 030
		室外附属工程	500~580		
5	嘉兴市	地下建筑	5 330~6 260	4 620~5 430	710~830
		地上建筑	3 520~4 130	2 640~3 100	880~1 030
		室外附属工程	500~580		
6	绍兴市	地下建筑	5 500~6 460	4 790~5 630	710~830
		地上建筑	3 590~4 210	2 710~3 180	880~1 030
		室外附属工程	500~580		
7	金华市	地下建筑	4 280~5 020	3 570~4 190	710~830
		地上建筑	3 480~4 080	2 600~3 050	880~1 030
		室外附属工程	500~580		

表 1–2–1(续)

序号	地区	指标组成	造价指标/(元/m²)		
			合计	建筑与装饰	通用安装
8	衢州市	地下建筑	4 340~5 100	3 630~4 270	710~830
		地上建筑	3 480~4 080	2 600~3 050	880~1 030
		室外附属工程	500~580		
9	舟山市	地下建筑	5 930~6 960	5 220~6 130	710~830
		地上建筑	3 600~4 220	2 720~3 190	880~1 030
		室外附属工程	500~580		
10	台州市	地下建筑	5 860~6 880	5 150~6 050	710~830
		地上建筑	3 580~4 200	2 700~3 170	880~1 030
		室外附属工程	500~580		
11	丽水市	地下建筑	4 310~5 060	3 600~4 230	710~830
		地上建筑	3 490~4 100	2 610~3 070	880~1 030
		室外附属工程	500~580		

注: 宁波市室外附属工程造价指标包括运动场地的地基处理费用。

2. 单项造价指标(地下建筑)见表 1–2–2。

表 1–2–2　普通高等学校单项造价指标表(地下建筑)

序号	地区	特征	造价指标/(元/m²)			备注
			合计	建筑与装饰	通用安装	
1	杭州市	设置一层地下室	5 720~6 720	4 990~5 870	730~850	1. 桩基形式：灌注桩，平均桩长 40m 以内 2. 围护形式：型钢水泥土墙
2	宁波市	设置一层地下室	6 280~7 370	5 550~6 520	730~850	1. 桩基形式：灌注桩，平均桩长 60m 以内 2. 围护形式：排桩墙
3	温州市	设置一层地下室	6 150~7 220	5 440~6 390	710~830	1. 桩基形式：灌注桩，平均桩长 70m 以内 2. 围护形式：型钢水泥土墙
4	湖州市	设置一层地下室	5 400~6 340	4 690~5 510	710~830	1. 桩基形式：预制桩，平均桩长 30m 以内 2. 围护形式：型钢水泥土墙

表 1–2–2（续）

序号	地区	特征	造价指标 /（元 /m²）			备注
			合计	建筑与装饰	通用安装	
5	嘉兴市	设置一层地下室	5 330~6 260	4 620~5 430	710~830	1. 桩基形式：预制桩，平均桩长 30m 以内 2. 围护形式：型钢水泥土墙
6	绍兴市	设置一层地下室	5 500~6 460	4 790~5 630	710~830	1. 桩基形式：灌注桩，平均桩长 30m 以内 2. 围护形式：型钢水泥土墙
7	金华市	设置一层地下室	4 280~5 020	3 570~4 190	710~830	1. 桩基形式：灌注桩，平均桩长 15m 以内 2. 围护形式：土钉墙
8	衢州市	设置一层地下室	4 340~5 100	3 630~4 270	710~830	1. 桩基形式：灌注桩，平均桩长 15m 以内 2. 围护形式：土钉墙
9	舟山市	设置一层地下室	5 930~6 960	5 220~6 130	710~830	1. 桩基形式：灌注桩，平均桩长 50m 以内 2. 围护形式：排桩墙
10	台州市	设置一层地下室	5 860~6 880	5 150~6 050	710~830	1. 桩基形式：灌注桩，平均桩长 60m 以内 2. 围护形式：排桩墙
11	丽水市	设置一层地下室	4 310~5 060	3 600~4 230	710~830	1. 桩基形式：灌注桩，平均桩长 15m 以内 2. 围护形式：土钉墙

3. 单项造价指标（地上建筑）见表 1–2–3。

表 1–2–3　普通高等学校单项造价指标表（地上建筑）

序号	地区	单项名称	造价指标 /（元 /m²）		
			合计	建筑与装饰	通用安装
1	杭州市	教学楼	3 630~4 280	2 690~3 170	940~1 110
		办公用房	3 520~4 140	2 660~3 130	860~1 010
		体育馆	5 610~6 600	4 590~5 400	1 020~1 200
		图书馆	4 940~5 810	3 880~4 560	1 060~1 250
		实训楼	3 470~4 080	2 520~2 960	950~1 120
		科研楼	3 690~4 340	2 610~3 070	1 080~1 270
		宿舍（公寓）	3 420~4 030	2 580~3 040	840~990
		食堂	3 710~4 360	2 780~3 270	930~1 090

表 1-2-3（续）

序号	地区	单项名称	造价指标 /（元 /m²）		
			合计	建筑与装饰	通用安装
2	宁波市	教学楼	3 500~4 120	2 560~3 010	940~1 110
		办公用房	3 390~3 990	2 530~2 980	860~1 010
		体育馆	5 470~6 440	4 450~5 240	1 020~1 200
		图书馆	4 800~5 650	3 740~4 400	1 060~1 250
		实训楼	3 330~3 920	2 380~2 800	950~1 120
		科研楼	3 550~4 180	2 470~2 910	1 080~1 270
		宿舍（公寓）	3 280~3 860	2 440~2 870	840~990
		食堂	3 570~4 200	2 640~3 110	930~1 090
3	温州市	教学楼	3 500~4 110	2 570~3 020	930~1 090
		办公用房	3 380~3 980	2 540~2 990	840~990
		体育馆	5 460~6 430	4 460~5 250	1 000~1 180
		图书馆	4 800~5 640	3 750~4 410	1 050~1 230
		实训楼	3 330~3 910	2 390~2 810	940~1 100
		科研楼	3 540~4 170	2 480~2 920	1 060~1 250
		宿舍（公寓）	3 270~3 850	2 450~2 880	820~970
		食堂	3 560~4 190	2 650~3 120	910~1 070
4	湖州市	教学楼	3 390~3 980	2 460~2 890	930~1 090
		办公用房	3 280~3 860	2 440~2 870	840~990
		体育馆	5 330~6 270	4 330~5 090	1 000~1 180
		图书馆	4 660~5 480	3 610~4 250	1 050~1 230
		实训楼	3 220~3 780	2 280~2 680	940~1 100
		科研楼	3 410~4 020	2 350~2 770	1 060~1 250
		宿舍（公寓）	3 150~3 710	2 330~2 740	820~970
		食堂	3 430~4 030	2 520~2 960	910~1 070
5	嘉兴市	教学楼	3 380~3 970	2 450~2 880	930~1 090
		办公用房	3 280~3 860	2 440~2 870	840~990
		体育馆	5 330~6 270	4 330~5 090	1 000~1 180
		图书馆	4 660~5 480	3 610~4 250	1 050~1 230
		实训楼	3 220~3 780	2 280~2 680	940~1 100
		科研楼	3 400~4 000	2 340~2 750	1 060~1 250
		宿舍（公寓）	3 060~3 610	2 240~2 640	820~970
		食堂	3 430~4 030	2 520~2 960	910~1 070

表 1-2-3（续）

序号	地区	单项名称	造价指标 /（元 /m²）		
			合计	建筑与装饰	通用安装
6	绍兴市	教学楼	3 400~3 990	2 470~2 900	930~1 090
		办公用房	3 290~3 870	2 450~2 880	840~990
		体育馆	5 190~6 110	4 190~4 930	1 000~1 180
		图书馆	4 530~5 320	3 480~4 090	1 050~1 230
		实训楼	3 230~3 790	2 290~2 690	940~1 100
		科研楼	3 440~4 050	2 380~2 800	1 060~1 250
		宿舍（公寓）	3 160~3 720	2 340~2 750	820~970
		食堂	3 290~3 870	2 380~2 800	910~1 070
7	金华市	教学楼	3 290~3 870	2 360~2 780	930~1 090
		办公用房	3 190~3 760	2 350~2 770	840~990
		体育馆	5 190~6 110	4 190~4 930	1 000~1 180
		图书馆	4 530~5 320	3 480~4 090	1 050~1 230
		实训楼	3 120~3 670	2 180~2 570	940~1 100
		科研楼	3 340~3 930	2 280~2 680	1 060~1 250
		宿舍（公寓）	3 050~3 590	2 230~2 620	820~970
		食堂	3 380~3 970	2 470~2 900	910~1 070
8	衢州市	教学楼	3 290~3 870	2 360~2 780	930~1 090
		办公用房	3 190~3 760	2 350~2 770	840~990
		体育馆	5 190~6 110	4 190~4 930	1 000~1 180
		图书馆	4 530~5 320	3 480~4 090	1 050~1 230
		实训楼	3 120~3 670	2 180~2 570	940~1 100
		科研楼	3 340~3 930	2 280~2 680	1 060~1 250
		宿舍（公寓）	3 050~3 590	2 230~2 620	820~970
		食堂	3 380~3 970	2 470~2 900	910~1 070
9	舟山市	教学楼	3 400~3 990	2 470~2 900	930~1 090
		办公用房	3 290~3 870	2 450~2 880	840~990
		体育馆	5 340~6 280	4 340~5 100	1 000~1 180
		图书馆	4 670~5 490	3 620~4 260	1 050~1 230
		实训楼	3 230~3 790	2 290~2 690	940~1 100
		科研楼	3 420~4 030	2 360~2 780	1 060~1 250
		宿舍（公寓）	3 160~3 720	2 340~2 750	820~970
		食堂	3 430~4 040	2 520~2 970	910~1 070

表 1-2-3(续)

序号	地区	单项名称	造价指标 /(元 /m²)		
			合计	建筑与装饰	通用安装
10	台州市	教学楼	3 380~3 970	2 450~2 880	930~1 090
		办公用房	3 270~3 850	2 430~2 860	840~990
		体育馆	5 320~6 260	4 320~5 080	1 000~1 180
		图书馆	4 650~5 470	3 600~4 240	1 050~1 230
		实训楼	3 210~3 770	2 270~2 670	940~1 100
		科研楼	3 410~4 010	2 350~2 760	1 060~1 250
		宿舍(公寓)	3 140~3 700	2 320~2 730	820~970
		食堂	3 420~4 020	2 510~2 950	910~1 070
11	丽水市	教学楼	3 310~3 890	2 380~2 800	930~1 090
		办公用房	3 210~3 780	2 370~2 790	840~990
		体育馆	5 210~6 130	4 210~4 950	1 000~1 180
		图书馆	4 540~5 340	3 490~4 110	1 050~1 230
		实训楼	3 140~3 690	2 200~2 590	940~1 100
		科研楼	3 360~3 950	2 300~2 700	1 060~1 250
		宿舍(公寓)	3 060~3 610	2 240~2 640	820~970
		食堂	3 390~3 990	2 480~2 920	910~1 070

4. 单项造价指标(室外附属)见表 1-2-4。

表 1-2-4 普通高等学校单项造价指标表(室外附属)

序号	单项名称	单位	造价指标 / 元	计量单位说明	备注
1	道路及景观	m²	350~400	道路面积	含车行道、人行道及侧平石、标识标牌、广场、园路等
2	绿化	m²	190~260	绿化面积	含绿化、小品等
3	围墙	m	1 500~1 800	围墙长度	含电动伸缩门及门墙、消防门、人行门
4	运动场	组	1 200 万 ~1 500 万	内容包含:升旗台 1 座、看台 2 个、篮球场 6 片、网球场 2 片、排球场 2 片、标准足球场 1 个、三级跳远场 2 个、撑竿跳场 2 个、铅球场 2 个、标准跑道、高杆灯及球场照明,不含可移动体育运动器材及设备	适用于项目决策阶段
5	安装工程	m²	120~200	室外总面积	含电气设备安装、智能化、消防、给排水工程

第三节　主要做法参考

一、室内主要装修做法

各单项工程室内主要装修做法见表 1-3-1。

表 1-3-1　普通高等学校各单项工程室内主要装修做法参考表

序号	项目类别	功能区域	楼地面	内墙面	顶棚	备注
1	教学楼	普通教室	地胶板 / 地砖	涂料 / 瓷砖	石膏板吊顶 / 矿棉板吊顶 / 涂料	
		阶梯教室	复合地板 / 地砖	涂料	石膏板吊顶 / 涂料	
		公共区域	环氧磨石 / 地砖	涂料 / 瓷砖	格栅吊顶 / 涂料	
		计算机教室	防静电地板	涂料	石膏板吊顶 / 矿棉板吊顶 / 涂料	
		卫生间	防滑地砖	瓷砖	集成吊顶	
		楼梯间	环氧磨石 / 地砖 / 石材	涂料	涂料	
2	办公用房	办公室	复合地板 / 地胶板 / 地砖	涂料	石膏板吊顶 / 矿棉板吊顶 / 涂料	
		公共区域	地胶板 / 地砖	涂料 / 瓷砖	格栅吊顶 / 石膏板吊顶 / 涂料	
		活动室	复合地板 / 地胶板	涂料 / 集成墙板 / 木饰面	石膏板吊顶 / 涂料	
		会议室	复合地板 / 地毯	吸音板 / 涂料	吸音板吊顶 / 涂料	
		消控中心	防静电地板	涂料	石膏板吊顶 / 矿棉板吊顶 / 涂料	
		卫生间	防滑地砖	瓷砖	集成吊顶	
		楼梯间	环氧磨石 / 地砖 / 石材	涂料	涂料	
3	体育馆	球场	实木运动地板	涂料 / 集成墙板 / 木饰面	涂料	
		泳池	池底：专用瓷砖	池壁：专用瓷砖	—	配置专用设施
		泳池周边	低温热水辐射采暖地面专用防滑地砖	专用面砖	金属吊顶	
		健身房	复合地板 / 地砖	涂料	格栅吊顶 / 涂料	
		器材室	复合地板 / 地砖	涂料	格栅吊顶 / 涂料	
		办公室	复合地板 / 地砖	涂料	石膏板吊顶 / 涂料	
		卫生间	防滑地砖	瓷砖	集成吊顶	
		楼梯间	环氧磨石 / 地砖 / 石材	涂料	涂料	

表 1-3-1（续）

序号	项目类别	功能区域	楼地面	内墙面	顶棚	备注
4	图书馆	阅览室	复合地板 / 地砖	涂料 / 集成墙板 / 木饰面	石膏板吊顶 / 涂料	
		公共区域	环氧磨石 / 地胶板 / 地砖	涂料 / 集成墙板 / 木饰面	格栅吊顶 / 涂料	
		门厅	大理石	造型 / 集成墙板	集成吊顶	
		书库	复合地板 / 地砖	涂料	石膏板吊顶 / 矿棉板吊顶 / 涂料	
		电子阅览室	防静电地板 / 网络地板	涂料 / 集成墙板 / 木饰面	石膏板吊顶 / 矿棉板吊顶 / 涂料	
		办公室	复合地板	涂料	石膏板吊顶 / 涂料	
		报告厅	复合地板 / 地毯	吸音板 / 涂料	吸音板 / 涂料	
		信息网络机房	防静电地板 / 网络地板	涂料	石膏板吊顶 / 矿棉板吊顶 / 涂料	
		卫生间	防滑地砖	瓷砖	集成吊顶	
		楼梯间	环氧磨石 / 地砖 / 石材	涂料	涂料	
5	实训楼	实训用房	复合地板 / 地胶板 / 地砖	涂料 / 集成墙板 / 木饰面	石膏板吊顶 / 涂料	
		多功能教室	复合地板 / 地胶板 / 地砖	涂料 / 集成墙板 / 木饰面	石膏板吊顶 / 涂料	
		办公室	复合地板 / 地砖	涂料	石膏板吊顶 / 涂料	
		信息网络机房	防静电地板 / 网络地板	涂料	石膏板吊顶 / 矿棉板吊顶 / 涂料	
		公共区域	环氧磨石 / 地砖	涂料 / 集成墙板 / 木饰面	格栅吊顶 / 涂料	
		卫生间	防滑地砖	瓷砖	集成吊顶	
		楼梯间	环氧磨石 / 地砖 / 石材	涂料	涂料	
6	科研楼	实验室	自流平（防静电）/ 塑胶地板	涂料	石膏板吊顶 / 涂料	
		洁净室	自流平（防静电）/ 塑胶地板 / 地砖	防静电彩钢岩棉复合板	防静电彩钢岩棉复合板 / 集成吊顶	
		会议室、报告厅	复合地板 / 地毯	吸音板 / 集成墙板 / 木饰面	涂料 / 石膏板吊顶 / 吸音板 / 格栅	

表 1-3-1（续）

序号	项目类别	功能区域	楼地面	内墙面	顶棚	备注
6	科研楼	多功能教室	复合地板 / 地胶板 / 地砖	涂料 / 集成墙板 / 木饰面	石膏板吊顶 / 涂料	
		公共区域	环氧磨石 / 地砖	涂料 / 集成墙板 / 木饰面	石膏板吊顶 / 涂料	
		大厅	环氧磨石 / 地砖	涂料 / 集成墙板	石膏板吊顶 / 涂料	
		展示区	环氧磨石	涂料 / 玻璃隔断	石膏板吊顶 / 金属吊顶 / 涂料	
		交流空间	环氧磨石 / 地砖	涂料 / 集成墙板 / 木饰面	石膏板吊顶 / 涂料	
		办公室	复合地板 / 地砖	涂料	石膏板吊顶 / 涂料	
		信息网络机房	防静电地板 / 网络地板	涂料	石膏板吊顶 / 矿棉板吊顶 / 涂料	
		茶水间	防滑地砖	涂料 / 瓷砖	石膏板吊顶	
		卫生间	防滑地砖	瓷砖	集成吊顶	
		楼梯间	环氧磨石 / 地砖 / 石材	涂料	涂料	
7	宿舍（公寓）	公共走廊	环氧磨石 / 地砖	涂料 / 瓷砖 / 石材	石膏板吊顶 / 涂料	
		阳台	地砖	涂料 / 瓷砖	涂料	
		宿舍	复合地板 / 地胶板 / 地砖	涂料 / 集成墙板 / 木饰面	石膏板吊顶 / 涂料	
		卫生间	防滑地砖	瓷砖	集成吊顶	
		楼梯间	环氧磨石 / 地砖 / 石材	涂料	涂料	
8	食堂	厨房	缸砖	瓷砖	格栅吊顶 / 涂料	
		学生餐厅	环氧磨石 / 地砖	涂料 / 瓷砖 / 木饰面	格栅吊顶 / 涂料	
		教师餐厅	环氧磨石 / 地砖	涂料 / 瓷砖 / 木饰面	格栅吊顶 / 涂料	
		会客餐厅	环氧磨石 / 地砖	涂料 / 集成墙板 / 木饰面	石膏板吊顶 / 涂料	
		垃圾间	地砖	瓷砖	涂料	
		卫生间	防滑地砖	瓷砖	集成吊顶	
		楼梯间	环氧磨石 / 地砖 / 石材	涂料	涂料	

注：1. 本表装修做法未考虑采用高档材料或设备。

2. 装修内容包括固定家具。

二、建筑智能化分系统内容

建筑智能化分系统内容见表 1–3–2。

表 1–3–2 普通高等学校建筑智能化分系统包含内容参考表

序号	建筑智能化系统名称及内容	教学楼	办公用房	体育馆	图书馆	实训楼	科研楼	宿舍（公寓）	食堂	地下室
1	信息网络系统：设备、软件、线缆等	●	●	●	●	●	●	●	●	●
2	综合布线系统：机柜（箱）、信息点、线缆、配线架等	●	●	●	●	●	●	●	●	●
3	用户电话交换系统：设备、软件、线缆等	●	●	●	●	●	●	○	○	○
4	移动通信室内信号覆盖系统：设备、软件、线缆等	●	●	●	●	●	●	●	●	●
5	建筑设备监控系统：设备、软件、线缆等	●	●	●	●	●	●	●	●	●
6	建筑能耗监测系统：设备、软件、线缆等	●	●	●	●	●	●	●	●	●
7	有线电视系统：设备、软件、线缆等	●	●	●	●	●	●	●	●	○
8	卫星电视接收系统：设备、软件、线缆等	○	○	○	○	○	○	○	○	○
9	公共广播系统：设备、软件、线缆等	●	●	●	●	●	●	●	●	●
10	安全防范系统：入侵报警系统、出入口控制系统、电子巡查系统、视频安防监控系统、安全检查系统、停车库（场）管理系统、安全防范综合管理（平台）	●	●	●	●	●	●	●	●	●
11	无线对讲系统：设备、软件、线缆等	○	○	●	○	○	○	○	○	○
12	信息引导及发布系统：设备、软件、线缆等	●	●	●	●	○	○	○	○	○
13	智能一卡通管理系统：设备、软件、线缆等	●	●	●	●	●	●	●	●	●
14	时钟系统：设备、软件、线缆等	●	●	●	●	●	●	●	●	●

表 1-3-2（续）

序号	建筑智能化系统名称及内容	教学楼	办公用房	体育馆	图书馆	实训楼	科研楼	宿舍（公寓）	食堂	地下室
15	排队叫号系统：设备、软件、线缆等	○	○	○	○	○	○	○	○	○
16	会议系统：设备、软件、线缆等	●	●	○	●	○	○	○	○	○
17	多媒体教学系统：设备、软件、线缆等	●	○	○	●	●	●	○	○	○
18	电源与电子设备防雷接地系统：设备、软件、线缆等	●	●	●	●	●	●	●	●	●
19	综合管路系统：桥架、配管等	●	●	●	●	●	●	●	●	●
20	智慧化集成系统：设备、软件、线缆等	●	●	●	●	●	●	●	●	●
21	机房工程（信息网络机房）：机房装饰装修、机房电磁屏蔽、机房供配电系统、机房照明系统、机房UPS系统、机房防雷接地系统、机房消防系统、机房空气调节系统等	○	●	○	●	●	●	○	○	○
22	智能照明系统：设备、软件、线缆等	●	●	●	●	●	●	●	●	●
23	视频示教系统：设备、软件、线缆等	●	○	○	○	○	○	○	○	○
24	热水管理系统：设备、软件、线缆等	○	○	○	○	○	○	●	○	○
25	计时记分系统：设备、软件、线缆等	○	○	○	○	○	○	○	○	○
26	现场成绩处理系统：设备、软件、线缆等	○	○	○	○	○	○	○	○	○
27	电视转播及现场评论系统：设备、软件、线缆等	○	○	○	○	○	○	○	○	○
28	升旗控制系统：设备、软件、线缆等	○	○	○	○	○	○	○	○	○

表 1-3-2(续)

序号	建筑智能化系统名称及内容	教学楼	办公用房	体育馆	图书馆	实训楼	科研楼	宿舍(公寓)	食堂	地下室
29	影像采集及回放系统：设备、软件、线缆等	○	○	○	○	○	○	○	○	○
30	竞赛信息发布系统：设备、软件、线缆等	○	○	○	○	○	○	○	○	○
31	比赛设备集成管理系统：设备、软件、线缆等	○	○	○	○	○	○	○	○	○
32	场地显示屏及控制系统：设备、软件、线缆等	○	○	●	○	○	○	○	○	○
33	场地扩音系统：设备、软件、线缆等	○	○	○	○	○	○	○	○	○
34	电子考务系统：设备、软件、线缆等	●	○	○	●	○	○	○	○	○

注：●——配置；○——未配置。

三、室外附属工程做法

室外附属工程做法见表 1-3-3。

表 1-3-3　普通高等学校室外附属工程做法参考表

序号	项目类别	做法		备注
1	车行道	面层	普通沥青混凝土	
		基层	水泥稳定碎石层	
		垫层	塘渣 / 碎石	
		侧平石	混凝土 / 石材	
2	人行道	面层	混凝土路面砖(人行)	
		基层	水泥稳定碎石层	
		垫层	塘渣 / 碎石	
		侧平石	混凝土 / 石材	
3	广场	面层	广场砖	
		基层	混凝土	
		垫层	塘渣 / 碎石	
4	围墙	基础	砖基础 / 混凝土基础	
		墙体	混凝土实心砖墙 / 砖柱	涂料
		栏杆	钢方管 / 铸铁 / 栏板	油漆

第二章
专项造价指标

说　明

一、本章内容包括普通高等学校项目建筑与装饰工程专项造价指标、通用安装工程专项造价指标、室外附属工程专项造价指标、普通高等学校绿色建筑增量造价指标。

二、建筑与装饰工程专项造价指标包括地基处理工程专项造价指标、基坑围护工程专项造价指标(分别适用于项目决策阶段和初步设计阶段)。

三、通用安装工程专项造价指标包括电气设备安装工程专项造价指标、建筑智能化工程专项造价指标、机房工程专项造价指标、电梯专项造价指标(分别适用于项目决策阶段和初步设计阶段)、充电桩专项造价指标。其中:

(1)安全防范系统专项造价指标包括入侵报警系统、出入口控制系统、电子巡查系统、视频安防监控系统、安全检查系统、停车场管理系统、安全防范综合管理(平台)。

(2)电梯、充电桩专项造价指标包含配电箱出线、控制箱及相应线缆、成套设备及安装。

四、室外附属工程专项造价指标包括道路及景观专项造价指标,安装工程专项造价指标,运动场专项造价指标(分别适用于项目决策阶段和初步设计阶段)。

五、运动场做法参考国家现行建筑标准设计图集《体育场地与设施(一)》。

六、普通高等学校绿色建筑增量造价指标包括太阳能光伏发电系统、空气源热泵系统(生活热水)、热回收新风机组、地源热泵系统、水源热泵系统、雨水回收利用、透水路面、装配式建筑(A级)等绿色技术工艺增量造价指标。

七、本指标第一章“整体项目造价指标和单项造价指标”可依据实际工程项目特征结合本章专项造价指标进行调整。

第一节　建筑与装饰工程专项造价指标

一、地基处理工程专项造价指标

地基处理工程专项造价指标表见表 2–1–1。

表 2–1–1　地基处理工程专项造价指标表

序号	方案名称	做法	单位	造价指标 / 元	计算单位说明	备注
1	水泥搅拌桩	单（双）轴水泥搅拌桩（ϕ600），水泥掺量 20%	m	90~120	有效桩长	
2	高压旋喷桩	单（双）重管高压搅拌桩（ϕ600），水泥掺量 25%	m	130~150	有效桩长	
3	塘渣回填	大面积换填塘渣	m^2	100~160	回填体积	
4	复合地基	CFG 桩（素混凝土）复合地基： 1. 200mm 厚级配砂石褥垫层； 2. 土工布（400g/m^2）； 3. 长螺旋混凝土灌注桩，桩径 500mm，有效桩长 6.0m 内	m^2	280~350	地基处理面积	

二、基坑围护工程专项造价指标

基坑围护工程专项造价指标表见表 2–1–2、表 2–1–3。

表 2–1–2　基坑围护工程专项造价指标表（适用于项目决策阶段）

序号	方案名称	造价指标 /（元 /m^2）	计量单位说明	备注
1	土钉墙	50~90	地下建筑面积	
	型钢桩、拉森钢板桩	300~600	地下建筑面积	
	型钢水泥土墙（SMW 工法）	400~800	地下建筑面积	
	排桩墙	600~1 200	地下建筑面积	

注：1. 本专项造价指标不含渣土消纳处置费。

2. 本专项造价指标包括钢格构柱、组合支撑、止水帷幕费用。

3. 本专项造价指标不含建筑物邻近地铁、既有建筑及设施等需要做特殊保护措施的费用。

表 2-1-3 基坑围护工程造价专项指标表(适用于初步设计阶段)

序号	方案名称	挡土护坡形式	止水帷幕	支撑类型	造价指标/(元/m)	备注
1	土钉墙	100mm 厚喷射混凝土内配钢筋网片		—	800~900	
2		钢筋/钢管锚杆(平均锚杆长 15m 以内)+100mm 厚喷射混凝土内配钢筋网片		—	1 200~1 400	
3		预应力锚索(3 根 ϕ15.24 钢绞线,平均锚索长 20m 以内)+100mm 厚喷射混凝土内配钢筋网片		—	1 600~1 800	
4	型钢桩、拉森钢板桩	钢板桩(28# 槽钢,平均桩长 10m 以内)		—	1 000~1 250	型钢使用期 90 天
5		拉森钢板桩(SP-IV 型,平均桩长 12m 以内)		—	2 750~2 900	型钢使用期 90 天
6		钢管桩(ϕ630mm×14mm 钢管桩,平均桩长 20m 以内)	拉森钢板桩(SP-IV 型,平均桩长 12m 以内)	钢筋混凝土支撑	9 000~10 000	型钢使用期 150 天
7	型钢水泥土墙	三轴水泥搅拌墙(ϕ850@600,水泥掺量 25%,平均桩长 20m 以内),内插型钢(H700×300×13×24mm,平均桩长 12m 以内)		钢筋混凝土支撑	10 000~11 500	型钢使用期 180 天
8		渠式切割水泥搅拌墙(墙宽 0.8m,水泥掺量 25%,平均墙高 15m 以内),内插型钢(H700×300×13×24mm,平均桩长 12m 以内)		预应力型钢组合支撑	14 000~16 000	型钢使用期 150 天
9	排桩墙	单排 ϕ800 灌注桩(平均桩长 18m 以内)+100mm 厚喷射混凝土内配钢筋网片	三轴水泥搅拌墙(ϕ650@450,水泥掺量 20%,平均桩长 15m 以内)	钢筋混凝土支撑	20 000~22 000	
10		单排 ϕ900 灌注桩(平均桩长 18m 以内)+100mm 厚喷射混凝土内配钢筋网片	三轴水泥搅拌墙(ϕ850@600,水泥掺量 20%,平均桩长 15m 以内)	钢筋混凝土支撑	25 000~27 000	

注:1. 本表基坑围护造价参考指标计量单位按地下室结构外周长计,仅适用于设置一层地下室的项目。
2. 本专项造价指标包括钢格构柱、组合支撑、止水帷幕费用。
3. 当同一基坑围护设计中有多种方案时,可按上述参考指标根据不同方案对应的地下室结构外周长加权进行组合调整。
4. 本专项造价指标不含渣土消纳处置费,建筑物邻近地铁、既有建筑及设施等需要做特殊保护措施的费用。

第二节 通用安装工程专项造价指标

一、电气设备安装工程专项造价指标

变配电专项造价指标表见表 2–2–1。

表 2–2–1 变配电专项造价指标表

<table>
<tr><th>序号</th><th colspan="2">项目类别</th><th>计量单位</th><th>造价指标</th><th>计量单位说明</th><th>备注</th></tr>
<tr><td>1</td><td rowspan="2">普通高等学校</td><td>新建校区</td><td>元 /m²</td><td>100~150</td><td>总建筑面积</td><td rowspan="2">包括红线范围内高压进线电缆至低压配电柜（含）的变配电系统安装</td></tr>
<tr><td>2</td><td>改（扩）建工程</td><td>元 /（kV·A）</td><td>1 200~1 500</td><td>用电容量</td></tr>
</table>

二、建筑智能化工程专项造价指标

建筑智能化工程专项造价指标表见表 2–2–2。

表 2–2–2 建筑智能化工程专项造价指标表

序号	系统名称	造价指标 /（元 /m²）	计量单位说明	备注
1	信息网络系统	30~40	总建筑面积	
2	综合布线系统	25~35	总建筑面积	
3	用户电话交换系统	—	—	
4	移动通信室内信号覆盖系统	10~15	总建筑面积	移动信号全覆盖
5	建筑设备监控系统	20~30	总建筑面积	
6	建筑能耗监测系统	2~4	总建筑面积	
7	有线电视系统	0.3~0.5	总建筑面积	
8	公共广播系统	1.5~2	总建筑面积	
9	安全防范系统	25~38	总建筑面积	
9.1	其中：停车场管理系统	5~8	总建筑面积	
10	无线对讲系统	1~1.5	总建筑面积	
11	信息引导发布系统	5~8	总建筑面积	
12	智能一卡通管理系统	5~8	总建筑面积	
13	时钟系统	（15~20）万元 / 套	—	
14	会议系统	（30~50）万元 / 套	—	
15	多媒体教学系统	（2.5~3）万元 / 套	—	

表 2–2–2（续）

序号	系统名称	造价指标 /（元 /m²）	计量单位说明	备注
16	电源与电子设备防雷接地系统	2~4	总建筑面积	
17	综合管路系统	25~30	总建筑面积	
18	智能化集成系统	5~10	总建筑面积	
19	智能照明系统	3~5	总建筑面积	
20	升旗控制系统	（16~22）万元 / 套	—	常规配置
21	场地显示屏及控制系统	（120~160）万元 / 套	—	常规配置
22	场地扩声系统	（50~65）万元 / 套	—	常规配置
23	智慧教室管理系统	（0.7~1）万元 / 个	按教室数量	每个教室一个
24	电子考务系统	（0.7~1）万元 / 个	按教室数量	每个教室一个

三、机房工程专项造价指标

机房工程专项造价指标表见表 2–2–3。

表 2–2–3 机房工程专项造价指标表

序号	名称	归集范围	造价指标 /（元 /m²）	计量单位说明	备注
1	信息网络机房	包含机房装饰装修、机房电磁屏蔽、机房供配电系统、机房 UPS 系统、机房防雷接地系统、机房消防系统、机房精密空调系统等	15 000~18 000	机房建筑面积	面积 180~240m²
2	消控中心	包含机房装饰装修、机房供配电系统、机房 UPS 系统、机房防雷接地系统、机房消防系统、空调等	2 500~5 000	消控中心建筑面积	面积 20~30m²

四、电梯专项造价指标

电梯专项造价指标表见表 2–2–4、表 2–2–5。

表 2–2–4 电梯专项造价指标表（适用于项目决策阶段）

序号	项目类别	配置电梯类型	造价指标 /（元 /m²）	计量单位说明	备注
1	教学楼	垂直电梯	50~70	地上建筑面积	包括成套电梯（带空调）的设备费、安装费、装修费用
2	办公用房	垂直电梯	70~100		
3	体育馆	垂直电梯	40~60		

表 2-2-4（续）

序号	项目类别	配置电梯类型	造价指标 /（元 /m²）	计量单位说明	备注
4	图书馆	垂直电梯	50~80	地上建筑面积	包括成套电梯（带空调）的设备费、安装费、装修费用
		垂直电梯和自动扶梯	100~130		
5	实训楼	垂直电梯	70~100		
6	科研楼	垂直电梯	70~100		
7	宿舍（公寓）	垂直电梯	60~100		
8	食堂	垂直电梯	50~80		
		垂直电梯和自动扶梯	180~230		

表 2-2-5 电梯专项造价指标表（适用于初步设计阶段）

序号	名称	基本参数	造价指标 /（万元 / 部）	计量单位说明	备注
1	垂直电梯	载重 1.0~1.15t，速度 1.75m/s 内，停靠 10 层 / 站	23~28	按电梯数量	包括成套电梯（带空调）的设备费、安装费、装修费用
2		载重 1.35~1.6t，速度 1.75m/s 内，停靠 10 层 / 站	30~38		
3	自动扶梯	1. 提升高度 4~5m； 2. 速度按 0.5m/s，扶梯宽度按 1m，倾斜角度按 30°； 3. 底部与侧面采用 1.5mm 发纹不锈钢包覆	25~30	按扶梯数量	包括扶梯的设备费和安装费
4	自动扶梯	1. 提升高度 5~6m； 2. 速度按 0.5m/s，扶梯宽度按 1m，倾斜角度按 30°； 3. 底部与侧面采用 1.5mm 发纹不锈钢包覆	30~35		

注： 1. 垂直电梯每增减一层，对应增减（0.4~0.6）万元 / 部考虑。

2. 按合资品牌考虑，不考虑进口件。

五、充电桩专项造价指标

充电桩专项造价指标表见表 2-2-6。

表 2-2-6 充电桩专项造价指标表

序号	项目类别	造价指标 /（元 / 台）	计量单位说明	备注
1	慢充 7kW	2 000~3 000	充电桩台数	包括充电桩及其自带的管线（缆）的安装
2	快充 30kW	11 000~18 000		
3	快充 60kW	20 000~30 000		

第三节 室外附属工程专项造价指标

一、道路及景观工程专项造价指标

道路及景观工程专项造价指标表见表 2–3–1。

表 2–3–1 道路、景观工程专项造价指标表

序号	单项名称		单位	造价指标 / 元	计量单位说明	备注
1	道路	车行道	m^2	360~400	车行道面积	含侧平石、标识标牌
		人行道	m^2	270~300	人行道面积	
2	景观	广场	m^2	350~380	广场铺装面积	
		园路	m^2	300~330	园路面积	

二、安装工程专项造价指标

安装工程专项造价指标表见表 2–3–2。

表 2–3–2 安装工程专项造价指标表

序号	单项名称		单位	造价指标 / 元	计量单位说明	备注
1	电气设备安装工程	景观照明	m^2	15~25	室外总面积	
		低压供电排管	m^2	20~30	室外总面积	
2	智能化工程	安全防范系统	m^2	20~30	室外总面积	含设备、软件、管、线(缆)
		公共广播系统	m^2	5~10		
		电子围栏	m	120~150	围墙长度	
3	给排水工程	给水	m^2	10~20	室外总面积	含管道、井(池),不含雨水回收系统
		排水	m^2	30~40		
		绿化喷灌	m^2	10~20	绿化面积	

三、运动场专项造价指标

运动场专项造价指标表见表 2–3–3、表 2–3–4。

表 2–3–3 运动场专项造价指标表(适用于项目决策阶段)

序号	单项名称	单位	造价指标 / 元	计量单位说明	备注
1	运动场	m^2	750~900	场地面积	用于项目初步设计阶段

表 2-3-4 运动场专项造价指标表（适用于初步设计阶段）

序号	名称	规格	做法	单位	参考指标/元	计量单位说明	备注
1	升旗台	—	1. 3mm 厚 ϕ200 SUS304 不锈钢管电动升降旗杆，高度 15m； 2. 含电动系统、调试等； 3. 压顶：600mm×350mm×50mm 花岗岩，外边倒切角，侧墙：600mm×100mm×20mm 花岗岩，顶端拉槽； 4. 30mm 厚 1∶3 水泥砂浆找平层； 5. 200mm 厚 C20 混凝土； 6. 100mm 厚级配碎石垫层	座	40 000~60 000	—	
2	篮球场	28m×15m	1. 8mm 厚硅 PU 高环保球场面层：底层涂接触剂（封底）一道＋弹性层 2 道；50mm 宽白色分割线； 2. 150mm 厚 C20 钢筋混凝土基础（内配 ϕ10@150）； 3. 100mm 厚级配碎石垫层； 4. 300mm 厚塘渣垫层	m^2	350~500	按球场场地面积	
3	网球场	23.77m×10.97m	1. 4mm 厚网球场专用弹性丙烯酸面层：底层涂接触剂（封底）一道＋弹性层 2 道；50mm 宽白色分割线； 2. 150mm 厚 C20 钢筋混凝土基础（内配 ϕ10@150）； 3. 100mm 厚级配碎石垫层； 4. 300mm 厚塘渣垫层	m^2	380~550	按球场场地面积	
4	排球场	9m×18m	1. 4mm 厚排球场专用弹性丙烯酸面层：底层涂接触剂（封底）一道＋弹性层 2 道；50mm 宽白色分割线； 2. 150mm 厚 C20 钢筋混凝土基础（内配 ϕ10@150）； 3. 100mm 厚级配碎石垫层； 4. 300mm 厚塘渣垫层	m^2	380~550	按球场场地面积	
5	标准跑道	8m×400m	1. 3mm 厚塑胶面层，10mm 厚聚氨酯弹性层，底层底涂一道，50mm 宽白色分割线； 2. 3cm AC-10C 型细粒式沥青混凝土、粘层沥青； 3. 5cm AC-25C 型粗粒式沥青混凝土、乳化沥青透层； 4. 200mm 厚 5% 水泥稳定碎石基层； 5. 150mm 厚级配碎石垫层； 6. 300mm 厚塘渣垫层	m^2	500~700	按跑道面积	

表 2-3-4（续）

序号	名称	规格	做法	单位	参考指标/元	计量单位说明	备注
6	十一人制足球场	68m × 105m	1. 成品足球门柱插穴； 2. 50mm 三层网格底 Z 字形编制人造草； 3. 双截面单丝（钻石形 + 半月形 6 股 / 簇 12 根草丝以上）； 4. 15mmGEO 天然环保填充材料； 5. 25mm 厚石英砂； 6. 150mm 厚 C20 钢筋混凝土基础（内配 ϕ 10@150）； 7. 150mm 厚级配碎石垫层； 8. 300mm 厚塘渣垫层	m^2	200~300	按球场场地面积	
7	五人制足球场	22m × 42m	1. 成品足球门柱插穴； 2. 50mm 三层网格底 Z 字形编制人造草； 3. 双截面单丝（钻石形 + 半月形 6 股 / 簇 12 根草丝以上）； 4. 15mmGEO 天然环保填充材料； 5. 25mm 厚石英砂； 6. 10mm 厚 SD 弹性疏水垫层（高分子聚丙烯合成材料）； 7. 150mm 厚 C25 无砂大孔透水素混凝土； 8. 100mm 厚级配碎石垫层； 9. 300mm 厚塘渣垫层	m^2	250~330	按球场场地面积	
8	三级跳远场	1.22m × 53m+ 2.75m × 8m	1. 1 220mm × 340mm × 100mm 起跳板 2 组； 2. 3mm 厚塑胶面层（分割条 50mm 宽白色 5mm 厚硅 PU 塑胶），17mm 厚聚氨酯弹性层，底层底涂一道； 3. 土工布，200~400g/m^2； 4. 50mm 厚米石； 5. 100mm 厚粗砂； 6. 300~400mm 厚清洗中砂	m^2	360~420	按场地面积	

表 2-3-4（续）

序号	名称	规格	做法	单位	参考指标 / 元	计量单位说明	备注
9	撑竿跳场	1.22m × 40m+6m × 6m	1. 3mm 厚塑胶面层（分割条 50mm 宽白色 5mm 厚硅 PU 塑胶），17mm 厚聚氨酯弹性层，底层底涂一道； 2. 5~6mm 厚成品镀锌钢板插穴； 3. C25 混凝土插兜座，ϕ40 排水管； 4. 150mm 厚 C20 钢筋混凝土基础（内配 ϕ10@150）； 5. 150mm 厚级配碎石垫层； 6. 300mm 厚塘渣垫层	m^2	420~480	按场地面积	
10	铅球场	ϕ2.135m+r25m	1. 圆形投掷区： （1）成品抵趾板； （2）20mm 厚 1∶3 水泥砂浆抹毛面； （3）180mm 厚 C20 混凝土基础、乳化沥青透层； （4）200mm 厚 5% 水泥稳定碎石基层； （5）150mm 厚级配碎石垫层； （6）300mm 厚塘渣垫层 2. 扇形落地区： （1）50mm 三层网格底 Z 字形编制人造草； （2）双截面单丝（钻石形 + 半月形 6 股 / 簇 12 根草丝以上）； （3）15mmGEO 天然环保填充材料； （4）200mm 厚 5% 水泥稳定碎石基层； （5）150mm 厚级配碎石垫层； （6）300mm 厚塘渣垫层	m^2	150~200	按场地面积	
11	链球场	ϕ2.135m+r90m	1. 76mm × 6mm 厚投掷钢圈； 2. 20mm 厚 1∶3 水泥砂浆抹毛面； 3. 180mm 厚 C20 混凝土基础、乳化沥青透层； 4. 200mm 厚 5% 水泥稳定碎石基层； 5. 150mm 厚级配碎石垫层； 6. 300mm 厚塘渣垫层	m^2	200~250	按场地面积	

第四节 普通高等学校绿色建筑增量造价指标

绿色建筑增量造价指标表见表 2-4-1。

表 2-4-1 绿色建筑增量造价指标表

序号	绿色技术工艺主要技术特征		传统技术工艺主要技术特征	单位	造价指标/元	备注
1	太阳能光伏发电系统	平屋面	—	Wp	2~4	按并网发电考虑
		坡屋面	—	Wp	3~6	
2	空气源热泵系统（生活热水）	宿舍	—	间	2 000~4 000	按 6 人间宿舍数量计算
3	热回收新风机组	公共建筑	普通新风机组	m^3/h	3~5	热回收效率不低于 60%
4	地源热泵系统		普通水冷空调	m^2	100~180	1. 含冷热源及末端的整套系统； 2. 本处指设置空调功能的建筑面积
5	水源热泵系统		普通水冷空调	m^2	40~80	1. 含冷热源及末端的整套系统； 2. 本处指制冷（热）面积
6	雨水回收利用 – 模块蓄水池		—	套	250 000~350 000	本处每套按蓄水池容积 $100m^3$ 以内考虑
7	透水路面	透水沥青混凝土	普通沥青混凝土	m^2	40~60	本处指透水沥青混凝土铺装面积
8		透水砖（人行）	混凝土路面砖（人行）	m^2	10~15	本处指透水砖铺装面积
9	装配式建筑 装配率为 60%~75%（A 级）		—	m^2	120~160	1. 评价标准参照浙江省工程建设标准《装配式建筑评价标准》DB33/T 1165—2024； 2. 地上建筑造价指标装配率满足条件时增加相应增量造价指标； 3. 本处指地上建筑面积

注：绿色建筑增量造价指标未考虑原有建筑结构改造费用。

第三章
造价指标单元

说　　明

一、本章内容包括房屋建筑工程的造价指标单元归集范围与划分界限、地上建筑各单项工程一级造价指标单元的造价指标。

二、造价指标单元是指按建设工程整体或局部主要构件或要素进行划分,用于造价指标统计分析的单元,是构建多层级造价指标体系的基础。

第一节　归集范围

本节内容包括建筑与装饰工程、通用安装工程的造价指标单元归集范围与划分界限。

一、建筑与装饰工程

建筑与装饰工程造价指标单元归集范围见表 3-1-1。

表 3-1-1　建筑与装饰工程造价指标单元归集范围

序号	一级造价指标单元		归集范围
	编码	名称	
1	JZ01	土石方工程	1. 归集范围：平整场地、土石方开挖、土石方回填、余方弃置等； 2. 划分界限：包括渣土消纳处置，不包括软基换填相应的土石方工程
2	JZ02	地基处理工程	1. 归集范围：换填垫层、铺设土工合成材料、预压地基褥垫层、深层搅拌桩、粉喷桩、填料桩、注浆地基、强夯地基等； 2. 划分界限：包括泥浆处理，渣土外运及消纳处置
3	JZ03	基坑围护工程	1. 归集范围：锚杆、锚索、土钉、喷射混凝土、灌注桩、木桩、预制桩、地下连续墙、型钢水泥土墙、钢筋混凝土支撑、钢支撑、钢格构柱、围檩、传力带、栈桥板、排水沟等； 2. 划分界限：包括混凝土结构模板、钢筋，泥浆处理，渣土外运及消纳处置，基坑监测，不包括基坑降排水
4	JZ04	桩基工程	1. 归集范围：混凝土预制桩、钢管桩、型钢桩、锚杆桩、灌注桩等； 2. 划分界限：包括桩基钢筋笼、凿桩头、泥浆处理，渣土外运及消纳处置
5	JZ05	砌筑工程	1. 归集范围：基础垫层、砖石基础、防水防潮层、砌块墙、多孔砖墙、石墙、装配式隔墙、烟道、烟帽等； 2. 划分界限：包括砌体构造钢筋，不包括砖胎膜及抹灰
6	JZ06	混凝土结构工程	1. 归集范围：基础垫层、钢筋混凝土基础、现浇钢筋混凝土构件、装配式钢筋混凝土构件、组合构件等； 2. 划分界限：包括模板（含砖胎膜、木模板、预制模板等）及支撑架，不包括楼地面垫层
7	JZ07	金属结构工程	1. 归集范围：钢构件、金属屋面板、金属墙面板、钢板楼板等； 2. 划分界限：包括地脚螺栓、高强螺栓、剪力栓钉、金属面油漆及防火涂料、钢结构用配件，不包括幕墙钢骨架、装修反向支撑等
8	JZ08	木结构工程	1. 归集范围：木屋架、钢木屋架、屋面木基层、封檐板、木构件等； 2. 划分界限：包括木材面油漆、防火涂料
9	JZ09	门窗工程	1. 归集范围：木门窗、金属门窗、成品套装门、卷帘门、厂库房大门、防火门窗、电动伸缩门、特种门（窗）等； 2. 划分界限：包括轨道、电动装置、门锁及五金配件等，门窗油漆及防火涂料，不包括纳入幕墙工程的门窗

表 3-1-1（续）

序号	一级造价指标单元		归集范围
	编码	名称	
10	JZ10	屋面工程	1. 归集范围：刚性屋面、瓦屋面及其他屋面； 2. 划分界限：包括隔离层、找平层、找坡层、防水层、保温层，不包括金属结构工程的屋面板
11	JZ11	防水工程	1. 归集范围：楼地面防水、墙柱面防水、天棚防水、地下建筑防水、止水带等； 2. 划分界限：地下建筑防水包括找平层、防水层及保护层，地上建筑防水不包括找平层及屋面防水层
12	JZ12	防腐、隔热、保温工程	1. 归集范围：基础、楼地面、内外墙柱面、天棚面的防腐隔热保温； 2. 划分界限：不包括屋面保温层
13	JZ13	外墙装饰及幕墙工程	1. 归集范围：外墙面抹灰、块料面层、涂料面层、幕墙及钢骨架等； 2. 划分界限：包括幕墙工程相关的门窗、后置埋件、防火隔离带，不包括外墙保温层
14	JZ14	楼地面工程	1. 归集范围：楼地面垫层、整体面层、块料面层、石材面层、板材面层、其他面层等； 2. 划分界限：包括找平层、踢脚线
15	JZ15	内墙及柱面装饰工程	1. 归集范围：内墙及柱面抹灰、块料面层、石材面层、涂料、裱糊、板材面层等； 2. 划分界限：包括线条、门窗套及窗台板、油漆及防火涂料、龙骨、粘结层等
16	JZ16	天棚工程	1. 归集范围：天棚抹灰、天棚涂料、天棚吊顶等； 2. 划分界限：包括楼梯、阳台、雨篷、檐沟等底面抹灰，灯槽、窗帘盒、送风口、回风口、检修孔、龙骨及粘结层等
17	JZ17	其他装饰工程	1. 归集范围：柜台、货架、扶手、栏杆、栏板、浴厕配件、招牌、灯箱、美术字、隔断等； 2. 划分界限：不包括成品购置的家具
18	JZ18	附属工程	1. 归集范围：墙脚护坡、台阶、坡道、电缆沟、排水沟及盖板等； 2. 划分界限：不包括土石方与地基处理工程
19	JZ19	拆除工程	1. 归集范围：基础拆除、结构拆除、饰面拆除、安装拆除、建筑垃圾场内外运输等； 2. 划分界限：不包括建筑物整体拆除
20	JZ20	室外工程	1. 归集范围：道路、景观、绿化、操场球场、花坛、旗杆、隔油池、化粪池等； 2. 划分界限：不包括地基处理工程
21	JZ21	施工技术措施	1. 归集范围：脚手架、整体提升架、外装饰吊篮、垂直运输、超高施工增加、非夜间施工照明费、大型机械进出场及安拆、固定基础、施工降排水等其他技术措施； 2. 划分界限：不包括模板及支撑架

二、通用安装工程

通用安装工程造价指标单元归集范围见表 3–1–2。

表 3–1–2 通用安装工程造价指标单元归集范围

<table>
<tr><th rowspan="2">序号</th><th colspan="2">一级造价指标单元</th><th rowspan="2">归集范围</th></tr>
<tr><th>编码</th><th>名称</th></tr>
<tr><td>1</td><td>AZ01</td><td>电气设备安装工程</td><td>1. 归集范围：
(1)变配电系统：高压进线电缆、高低压配电柜、变压器、发电机组等变配电设备及设备间连接线缆(母线、母线槽)、桥架、配电智能设备等；
(2)动力系统：动力配电箱(柜)、控制箱(柜)、母线槽、桥架、电缆、配管配线等；
(3)照明系统：照明配电箱(柜)、智能照明设备、普通照明灯具、开关、插座、桥架、电缆、配管配线等；
(4)防雷接地系统：接闪带(避雷网)、引下线、均压环、接地极、接地母线和接地跨接等；
(5)光伏发电系统：设备、线缆等；
(6)楼宇亮化系统：设备、灯具、桥架、电缆、配管配线等；
(7)其他电气设备安装。
2. 划分界限：应急照明及疏散指示系统纳入消防工程</td></tr>
<tr><td>2</td><td>AZ02</td><td>建筑智能化工程</td><td>1. 归集范围：
(1)信息网络系统：设备、软件、线缆等；
(2)综合布线系统：机柜(箱)、信息点、线缆、配线架等；
(3)用户电话交换系统：设备、软件、线缆等；
(4)移动通信室内信号覆盖系统：设备、软件、线缆等；
(5)建筑设备监控系统：设备、软件、线缆等；
(6)建筑能耗监测系统：设备、软件、线缆等；
(7)有线电视系统：设备、软件、线缆等；
(8)卫星电视接收系统：设备、软件、线缆等；
(9)公共广播系统：设备、软件、线缆等；
(10)安全防范系统：入侵报警系统、出入口控制系统、电子巡查系统、视频安防监控系统、安全检查系统、停车库(场)管理系统、反向寻车系统、访客对讲系统、访客管理系统、安全防范综合管理(平台)；
(11)无线对讲系统：设备、软件、线缆等；
(12)信息引导及发布系统：设备、软件、线缆等；
(13)智能一卡通管理系统：设备、软件、线缆等；
(14)时钟系统：设备、软件、线缆等；
(15)排队叫号系统：设备、软件、线缆等；
(16)会议系统：设备、软件、线缆等；
(17)多媒体教学系统：设备、软件、线缆等；
(18)电源与电子设备防雷接地系统：设备、软件、线缆等；
(19)综合管路系统：桥架、配管等；</td></tr>
</table>

表 3–1–2（续）

序号	一级造价指标单元		归集范围
	编码	名称	
2	AZ02	建筑智能化工程	（20）智慧化集成系统：设备、软件、线缆等； （21）机房工程（信息网络机房）：机房装饰装修、机房电磁屏蔽、机房供配电系统、机房照明系统、机房 UPS 系统、机房防雷接地系统、机房消防系统、机房空气调节系统等； （22）智能照明系统：设备、软件、线缆等； （23）客房集控系统：设备、软件、线缆等； （24）智能家居控制系统：设备、软件、线缆等； （25）护理呼叫信号系统：设备、软件、线缆等； （26）病房探视系统：设备、软件、线缆等； （27）视频示教系统：设备、软件、线缆等； （28）婴儿防盗系统：设备、软件、线缆等； （29）热水管理系统：设备、软件、线缆等； （30）计时记分系统：设备、软件、线缆等； （31）现场成绩处理系统：设备、软件、线缆等； （32）票务管理系统：设备、软件、线缆等； （33）电视转播及现场评论系统：设备、软件、线缆等； （34）升旗控制系统：设备、软件、线缆等； （35）影像采集及回放系统：设备、软件、线缆等； （36）竞赛信息发布系统：设备、软件、线缆等； （37）比赛设备集成管理系统：设备、软件、线缆等； （38）场地显示屏及控制系统：设备、软件、线缆等； （39）场地扩音系统：设备、软件、线缆等； （40）其他建筑智能化工程：设备、软件、线缆等。 2. 划分界限：冷水机组群控系统纳入通风空调工程
3	AZ03	消防工程	1. 归集范围： （1）自动喷水灭火系统：设备、管网、附件等； （2）消火栓系统：设备、管网、附件等； （3）消防水炮系统：设备、管网、附件等； （4）气体灭火系统：设备、管网、附件等； （5）泡沫灭火系统：设备、管网、附件等； （6）火灾自动报警系统：设备、管缆（线）等； （7）电气火灾监控系统：设备、管缆（线）等； （8）消防电源监控系统：设备、管缆（线）等； （9）防火门监控系统：设备、管缆（线）等； （10）余压监控系统：设备、管缆（线）等； （11）应急照明及疏散指示系统：设备、应急照明灯具、桥架、电缆、配管配线等； （12）其他消防工程。 2. 划分界限：防排烟系统纳入通风空调工程

表 3–1–2(续)

序号	一级造价指标单元		归集范围
	编码	名称	
4	AZ04	通风空调工程	1. 归集范围: (1)空调风系统: 舒适性空调:设备、风管、防腐绝热等; 恒温恒湿空调:设备、管网、防腐绝热等; 净化空调:设备、管网、防腐绝热等; (2)空调水系统:设备、管网、防腐绝热等; (3)多联机(热泵)空调系统:设备、风管、管网、防腐绝热等; (4)热泵换热系统:设备、管网、防腐绝热等; (5)蓄能系统:设备、管网、防腐绝热等; (6)通风系统:设备、风管、防腐绝热等; (7)防排烟系统:设备、风管、防腐绝热等; (8)人防通风系统:设备、风管、防腐绝热等; (9)设备自控系统:设备、配管、线(缆)、软件等; (8)其他通风空调系统。 2. 划分界限:冷凝水系统、冷却水系统纳入空调水系统
5	AZ05	给排水、采暖工程	1. 归集范围: (1)供暖(冷)系统:设备、管路、防腐绝热等; (2)给水系统:设备、管路、防腐绝热等; (3)排水系统:设备、管路、防腐绝热等; (4)热水供应系统:设备、管路、防腐绝热等; (5)再生水系统:设备、管路、防腐绝热等; (6)卫生器具安装; (7)直饮水系统:设备、管路、防腐绝热等; (8)其他给排水、采暖工程。 2. 划分界限:热泵供热(地暖)系统纳入通风空调工程
6	AZ06	燃气工程	1. 归集范围: (1)室内燃气系统安装; (2)其他燃气工程。 2. 划分界限:地下引入室内的燃气管道以室内第一个阀门为界。室内管道部分无阀门的有引入管以引入管为界,无引入管以建筑物外墙皮 1.5m 为界
7	AZ07	工业管道及设备安装工程	1. 归集范围: (1)工业管道及附件安装; (2)工艺设备安装; (3)其他工业管道及设备安装。 2. 划分界限:厂区第一个连接点以内的生产用(包括生产与生活共用)介质输送管道及设备安装
8	AZ08	电梯	归集范围:电梯安装

表 3-1-2（续）

序号	一级造价指标单元		归集范围
	编码	名称	
9	AZ09	充电桩	归集范围：快充、慢充安装
10	AZ10	其他工程	归集范围：其他安装系统
11	AZ11	施工技术措施	归集范围： （1）脚手架搭拆费； （2）建筑物超高增加费； （3）操作高度增加费； （4）其他施工技术措施费

第二节　造价参考指标

本节内容包括地上建筑各单项工程建筑与装饰工程、通用安装工程的一级造价指标单元的造价参考指标。

一、地上建筑各单项工程一级造价指标单元的造价参考指标

地上建筑各单项工程一级造价指标单元的造价参考指标见表 3-2-1。

表 3-2-1　地上建筑各单项工程一级造价指标单元的造价参考指标

序号	一级造价指标单元	造价指标 /（元 /m²）								备注
		教学楼	办公用房	体育馆	图书馆	实训楼	科研楼	宿舍（公寓）	食堂	
一	建筑与装饰工程									
1	砌筑工程	90~110	100~120	70~120	85~105	85~100	90~110	140~170	70~100	
2	混凝土结构工程	800~950	800~950	360~600	500~800	700~850	800~950	750~900	500~700	
3	金属结构工程	—	—	1 000~1 700	900~1 200	—	—	—	800~1 000	
4	防水工程	30~40	20~30	20~40	30~50	20~30	20~30	50~60	30~50	
5	防腐、隔热、保温工程	30~45	30~40	20~30	30~40	30~45	30~45	40~60	20~30	
6	楼地面装饰工程	280~340	320~360	330~450	320~380	250~320	310~360	290~340	320~400	
7	内墙及柱面装饰工程	250~300	280~320	150~250	260~310	230~290	290~330	330~390	240~310	

表 3–2–1（续）

序号	一级造价指标单元	造价指标 /（元 /m²）								备注
		教学楼	办公用房	体育馆	图书馆	实训楼	科研楼	宿舍（公寓）	食堂	
8	天棚工程	210~250	230~270	120~170	360~430	160~190	260~330	140~180	270~300	
二	通用安装工程									
1	电气设备安装工程	220~260	210~250	250~290	230~270	230~300	260~300	230~270	230~280	
2	消防工程	80~100	100~120	140~170	120~150	100~120	100~120	80~120	110~130	
3	通风空调工程	380~450	360~430	360~430	400~480	320~370	380~450	120~150	310~360	
4	给排水工程	60~80	60~70	30~40	50~60	40~50	50~60	220~280	100~120	

第四章
典型工程造价指标

说　明

一、本章典型工程造价指标是基于近年来浙江省具有代表性的普通高等学校（一般院校）项目的计价成果文件综合分析而成的。

二、本章典型工程造价指标包括整体项目造价指标、单项造价指标及造价指标单元的指标。

三、典型工程造价指标中包括地下建筑、地上建筑、室外附属工程的参考指标，地上建筑包括学校配置校舍项目的各单体参考指标。

四、典型工程造价指标的划分界限和计算基数与本指标第一章“整体项目造价指标和单项造价指标”一致。

五、市场各方主体在依据浙江省工程建设标准《建设工程造价指标采集分析标准》DBJ33/T 1294—2023 采集造价指标相关信息以及建立造价数据库时可参考本章格式。

第一节　普通高校项目造价指标分析示例（一）

一、工程概况信息

房屋建筑工程项目概况信息见表 4–1–1。

表 4–1–1　房屋建筑工程项目概况信息

项目名称	某普通高校项目（一）		
建设地点	某市某区	质量要求	合格
资金来源	国有资金投资	发承包模式	施工总承包
项目性质	扩建项目	绿色建筑等级	二星级
用地面积 /m^2	271 672.66	建筑占地面积 /m^2	26 670.80
建筑面积 /m^2	160 070.12	其中：地上建筑面积 /m^2	135 201.86
		其中：地下建筑面积 /m^2	24 868.26
抗震设防烈度	7 度	功能规模	生源 5 000 人
用电容量 /（kV·A）	9 800	计价方式	国标清单计价
造价类别	招标控制价	计价依据	浙江省 2018 版计价依据
编制基期	2024 年 7 月	工程造价 / 万元	89 216.002 8
造价指标 /（元 /m^2）	5 573.56		
其他说明	1. 配备 10 台自升式塔式起重机； 2. 按设置整体地下室考虑； 3. 室内按全装修考虑； 4. 不含变配电系统		

注：国标清单计价是指以现行国家计价、计量标准、浙江省补充规定为主要依据的工程量清单计价方式，后均同。

相关工程概况信息见表 4–1–2~ 表 4–1–16。

表 4–1–2　地下建筑工程概况信息（地下室）

综合概况信息	工程名称	某普通高校项目（一）　地下室				
	采集类别编码	FJ020101	地下层数	1	建筑面积 /m^2	24 868.26
	抗震设防类别	乙类	人防等级	核 6 常 6	人防面积 /m^2	12 542.85
	结构类型	框架 – 剪力墙结构	桩基类型	灌注桩	基坑围护形式	型钢水泥土墙
	建筑功能	停车库	防火分区数量 / 个	8	机动车位数量 / 辆	388
	抗震等级	地下一层框架四级，主楼范围内框架三级				
	其他特征	—				

表 4–1–2（续）

一	建筑与装饰工程概况信息	
1	土石方工程	土石方类别：二类土； 开挖深度：6.0m 以内； 外运距离：5.0km 以内； 渣土消纳处置方式：水运
2	基坑围护工程	基坑围护长度：1 282.2m（按地下室外墙结构长度计算）； 围护类型：ϕ850mm 三轴水泥搅拌桩（平均桩长 18.0m，水泥掺量 20%，内插型钢 H700 × 300 × 13 × 24）； 外运距离：5.0km 以内； 渣土消纳处置方式：水运
3	桩基工程	ϕ600mm 冲击成孔灌注桩（平均桩长 46.0m）； 先张法预应力混凝土管桩 PHC600AB130–15–15–14a（平均桩长 44.0m）； 外运距离：5.0km 以内； 渣土消纳处置方式：水运
4	砌筑工程	MU15 混凝土多孔砖（240mm × 115mm × 90mm）
5	混凝土结构工程	基础类型：筏板基础； 结构形式：现浇钢筋混凝土结构； 模板及支撑架：复合模板、盘扣式钢管支撑架
6	门窗工程	特种门窗：木质防火门、人防门、双轨双帘无机特级防火卷帘（耐火极限 3h）
7	防水工程	底板：1.5mm 厚预铺反粘交叉层压膜防水卷材、10.0mm 厚聚合物水泥砂浆； 侧墙：2.0mm 厚聚氨酯防水涂料、30.0mm 厚挤塑聚苯板； 顶板：50.0mm 厚 C25 细石混凝土（内配 ϕ6@150 单层双向钢筋网片）、200g 聚酯无纺布、4.0mm 厚 SBS 改性沥青耐根穿刺防水卷材、1.5mm 厚聚氨酯防水涂料、2.0mm 非固化橡胶沥青防水涂料、最薄处 30.0mm 厚轻质混凝土； 水泵房：2.0mm 厚聚合物水泥防水涂料； 消防水池：1.5mm 厚聚合物水泥基复合防水涂料
8	楼地面装饰工程	机动车库：50.0mm 厚 C20 细石混凝土表面撒金刚砂（每平方米不少于 5.0kg）； 自行车库：50.0mm 厚 C20 细石混凝土； 楼梯间：20.0mm 厚芝麻灰花岗岩； 水泵房：600mm × 600mm 防滑地砖； 机动车坡道：6.0mm 厚无震动防滑坡道、50.0mm 厚 C20 细石混凝土
9	内墙及柱面装饰工程	汽车库：防霉腻子、防霉涂料； 自行车库：防霉腻子、防霉涂料； 楼梯间：防霉腻子、防霉涂料； 水泵房：防霉腻子、防霉涂料

表 4-1-2（续）

10	天棚工程	汽车库：防霉腻子、防霉涂料； 自行车库：防霉腻子、防霉涂料； 楼梯间：防霉腻子、防霉涂料； 水泵房：U50 轻钢龙骨、12.0mm 厚石膏板、防霉腻子、防霉涂料
11	其他装饰工程	楼梯栏杆：不锈钢扶手型钢栏杆（H=1 100mm）
12	附属工程	排水沟；复合树脂箅子格栅盖板； 集水井：C30 预制钢筋混凝土盖板
13	其他特征	大型机械：单轴水泥搅拌桩机 2 台、转盘式成孔桩机 2 台、静力压装机 1 台、履带式挖掘机 3 台； 施工降排水：湿土排水
二	通用安装工程概况信息	
1	电气设备安装工程	动力系统：配电柜、配电箱、控制箱、热浸镀锌钢管、焊接钢管、热浸镀锌托盘式电缆桥架、热浸镀锌喷塑（防火塑粉）槽式电缆桥架、电缆 BTLY、电缆 WDZA-YJY-0.6/1kV、电缆 WDZAN-YJY-0.6/1kV、电缆 WDZB-YJY-0.6/1kV、电缆 WDZBN-YJY-0.6/1kV、电缆 WDZB-KYJY-450/750； 照明系统：配电箱、焊接钢管、筒灯、平板灯、日光灯、荧光灯、开关、插座、热浸镀锌槽式电缆桥架、电缆 WDZC-YJY-0.6/1kV、电线 WDZB-BYJ、电线 WDZAN-BYJ； 防雷接地系统：引下线、接地跨接、接地母线
2	建筑智能化工程	信息网络系统：接入层交换机、接入层防火墙、配线架、机柜、AP 无线外网点、单模光纤、六类非屏蔽双绞线； 综合布线系统：信息插座、单模光纤、六类非屏蔽双绞线、机柜、配线架； 安全防范系统－停车库管理系统：车牌识别一体机［含车牌识别器、主控器（TCP/IP）、LED 显示屏、语音系统、LED 补光灯、数字对讲分机、安装立柱］、100M/1 000M 自适应 8 口网络交换机； 安全防范系统－出入口控制系统：出入门按钮、磁力锁、门禁读卡器、门禁控制器、电线 ZA-RVV； 安全防范系统－视频安防监控系统：彩色红外枪式网络摄像机、电线 ZA-RVV； 智能照明系统：焊接钢管、电缆 WDZB-KYJY-450/750、智能照明控制器、智能控制开关； 综合管路系统：焊接钢管、套接紧定式镀锌钢导管、热浸镀锌槽式电缆桥架； 建筑设备监控系统：DI 点、DO 点、DDC 控制箱、压差传感器、液位传感器、网控器、变配电系统通信接口、空气源热泵机组通信接口、六类非屏蔽对绞线； 建筑能耗监测系统：区域管理器、六类非屏蔽对绞线、数据采集器； 公共广播系统：IP 网络话筒扩展单元、CD 播放器、前置放大器、话筒、IP 网络系统主机、智能控制主机、IP 音频采集器、网络遥控话筒、纯后级功放、壁挂式广播、IP 壁挂音箱（功率 10W）、IP 音频输出单元、电线 WDZC-RVVP； 智能一卡通管理系统：智能数据采集器、人脸识别终端、读卡器、智能卡； 电源与电子设备防雷接地系统：配电箱、电涌保护器、接地线

表 4-1-2（续）

3	消防工程	水灭火系统－自动喷水灭火系统：喷淋泵、无缝钢管、热浸镀锌钢管、直立型闭式喷头、湿式报警阀组、水流指示器、稳压装置； 水灭火系统－消火栓系统：增压稳压设备、消火栓泵、消火栓箱、灭火器箱、热浸镀锌钢管、无缝钢管、楼层显示器、声光报警器； 火灾自动报警系统：感温探测器、感烟探测器、热浸镀锌防火塑粉槽式电缆桥架、套接紧定式镀锌钢导管、电缆 WDZBN-KYJY、电线 WDZBN-RYS； 电气火灾监控系统：套接紧定式镀锌钢导管、电线 WDZBN-RYJS、电线 WDZBN-BYJ、剩余电流式电气火灾探测器、电气火灾监测模块； 应急照明及疏散指示系统：应急照明电源配电箱、应急吸顶灯、疏散标志灯、安全出口标志灯、套接紧定式镀锌钢导管、电线 WDZCN-BYJ
4	通风空调工程	通风系统：风机、镀锌薄钢板风管； 防排烟系统：风机、镀锌薄钢板风管； 人防通风系统：风机、镀锌薄钢板风管
5	给排水工程	给水系统：变频设备给水机组、衬塑复合管、阀门； 压力排水系统：潜污泵、热浸镀锌钢管
6	其他特征	抗震支架； 充电桩：快充 15 台，慢充 138 台

表 4-1-3　地上建筑工程概况信息（会堂）

综合概况信息	工程名称	某普通高校项目（一）　会堂				
	采集类别编码	FJ020605	建筑物层数	4	建筑面积 /m^2	4 554.22
	抗震设防类别	乙类	结构类型	框架结构	装配率	—
	建筑高度 /m	26.5	标准层层高 /m	4.8	基本风压 /（kN/m^2）	0.45
	抗震等级	框架三级				
	其他特征	首层层高 10.6m				
一	建筑与装饰工程概况信息					
1	土石方工程	土石方类别：二类土； 开挖深度：2.0m 以内； 外运距离：5.0km 以内； 渣土消纳处置方式：水运				
2	基坑围护工程	围护类型：80.0mm 厚 C20 混凝土（内配 ϕ6@200 双向钢筋网片）喷锚护坡				
3	桩基工程	ϕ600mm 冲击成孔灌注桩（平均桩长 45.0m）； 先张法预应力混凝土管桩 PHC600AB130-15-14-14a（平均桩长 43.0m）； 外运距离：5.0km 以内； 渣土消纳处置方式：水运				
4	砌筑工程	砖基础：MU20.0 水泥实心砖、防潮层； 外墙：B06A5.0 蒸压砂加气混凝土砌块； 内墙：B06A3.5 蒸压砂加气混凝土砌块、B06A5.0 陶粒混凝土砌块				

表 4-1-3（续）

5	混凝土结构工程	基础类型：桩承台基础； 结构形式：现浇钢筋混凝土结构； 模板及支撑架：复合模板、盘扣式钢管支撑架
6	门窗工程	普通门：定制橡木实木贴皮成品门； 普通窗：断桥隔热铝合金窗［（6Low-E+12A+6）mm 中空钢化玻璃］； 特种门窗：木质防火门、金属防火窗、双轨双帘无机特级防火卷帘（耐火极限 3h）
7	屋面工程	刚性屋面：50.0mm 厚 C20 细石混凝土、无纺聚酯纤维布、90.0mm 厚挤塑聚苯板保温层、1.5mm 厚强力交叉膜自粘防水卷材、1.5mm 厚非固化橡胶沥青防水涂料、最薄处 30.0mm 厚 LC5.0 发泡混凝土找坡 2%； 采光屋面：（6Low-E+12A+6+1.52PVB+6）mm 中空夹胶超白钢化玻璃
8	防水工程	楼地面：2.0mm 厚聚合物水泥基防水涂料； 内墙面：2.0mm 厚聚合物水泥基防水涂料
9	防腐、隔热、保温工程	外墙内保温：20.0mm 厚无机轻集料保温砂浆Ⅰ型、5.0mm 厚聚合物抗裂砂浆； 天棚保温：C50 轻钢龙骨，30.0mm 厚岩棉板、6.0mm 厚水泥压力板
10	外墙装饰及幕墙工程	外墙装饰：抗碱封底漆、外墙腻子、外墙涂料； 幕墙：（6Low-E+12A+6）mm 中空超白钢化玻璃明框幕墙、T6 铝合金龙骨（氟碳喷涂）
11	楼地面装饰工程	地面垫层：600.0mm 厚塘渣、100.0mm 厚碎石垫层； 会堂：600mm × 600mm 布纹防滑地砖、2.0mm 厚地毯纹塑胶地板； 办公室：800mm × 800mm 灰色仿大理石砖； 卫生间：300mm × 300mm 防滑地砖； 楼梯间：20.0mm 厚芝麻灰花岗岩
12	内墙及柱面装饰工程	会堂：2.0mm 厚白色冲孔铝板、15.0mm 厚条形陶铝阻燃吸音板、20.0mm 厚高强石膏板贴橡木纹阻燃装饰膜； 办公室：8.0mm 厚橡木实木贴皮成品免漆板、耐水腻子、涂料； 卫生间：300mm × 600mm 瓷砖； 楼梯间：耐水腻子、涂料
13	天棚工程	会堂：1.0mm 厚 40mm × 150mm 木纹铝方通格栅间距 150.0mm、高强石膏板贴橡木纹阻燃装饰膜、15.0mm 厚条形陶铝阻燃吸音板； 办公室：U50 轻钢龙骨、12.0mm 厚纸面石膏板、腻子、涂料； 卫生间：U38 轻钢龙骨、1.0mm 厚 600mm × 600mm 铝扣板； 楼梯间：腻子、涂料
14	其他装饰工程	楼梯栏杆：不锈钢栏杆（H=1 050mm）； 平台栏杆：不锈钢扶手玻璃栏杆［（8+1.52PVB+8）mm 夹胶钢化玻璃］； 浴厕配件：12.0mm 厚橡木纹抗倍特板隔断、20.0mm 厚大理石洗漱台、无障碍扶手
15	附属工程	散水、坡道、混凝土台阶、400.0mm 宽不锈钢排水沟盖板

表 4-1-3（续）

16	其他特征	施工电梯、超危支撑架、盘扣式钢管外墙脚手架
二	通用安装工程概况信息	
1	电气设备安装工程	动力系统：配电柜、配电箱、控制箱、焊接钢管、套接紧定式镀锌钢导管、热浸镀锌托盘式电缆桥架、热浸镀锌喷塑（防火塑粉）槽式电缆桥架、电缆 BTLY、电缆 WDZA-YJY-0.6/1kV、电缆 WDZB-YJY-0.6/1kV、电缆 WDZC-YJY-0.6/1kV、电缆 WDZCN-YJY-0.6/1kV、电缆 WDZB-KYJY-450/750； 照明系统：配电箱、套接紧定式镀锌钢导管、LED 天幕灯、智能调光吸顶灯、三基色柔光灯、筒灯、开关、插座、热浸镀锌槽式电缆桥架、电线 WDZB-BYJ； 防雷接地系统：接闪带（避雷网）、引下线、接地跨接、接地母线
2	建筑智能化工程	信息网络系统：接入层交换机、接入层防火墙、配线架、机柜、AP 无线外网点、单模光纤、六类非屏蔽双绞线； 综合布线系统：信息插座、42U 机柜、单模光纤、六类非屏蔽双绞线、配线架； 安全防范系统 - 出入口控制系统：出入门按钮、磁力锁、门禁读卡器、门禁控制器、电线 ZA-RVV； 安全防范系统 - 视频安防监控系统：彩色红外半球网络摄像机、彩色红外枪式网络摄像机、球形一体机、监控机柜、电线 ZA-RVV； 安全防范系统 - 电子巡查系统：巡更点； 智能一卡通管理系统：服务器、一卡通管理平台、智能数据采集器、人脸识别终端、读卡器、智能卡； 公共广播系统：IP 网络话筒扩展单元、CD 播放器、前置放大器、话筒、IP 网络系统主机、智能控制主机、IP 音频采集器、网络遥控话筒、纯后级功放、壁挂式广播、IP 壁挂音箱（功率 10W）、IP 音频输出单元、电线 WDZC-RVVP； 智能照明系统：焊接钢管、电缆 WDZB-KYJY-450/750、智能照明控制器、智能控制开关； 会议系统：话筒、互动屏、功放、触控一体机、面板式 AP； 多媒体教学系统：激光投影机、白板、电脑、音响、功放、话筒、音频处理器、摄像机、解码器、交换机、接口模块、控制器、智能讲台、广播、直（录）播装置、智慧校园系统； 综合管路系统：热浸镀锌槽式电缆桥架、焊接钢管、套接紧定式镀锌钢导管
3	消防工程	水灭火系统 - 自动喷水灭火系统：快速响应喷头、湿式报警阀组、水流指示器、无缝钢管、热浸镀锌钢管； 水灭火系统 - 消火栓系统：消火栓箱、热浸镀锌钢管、无缝钢管； 火灾自动报警系统：消火栓启泵按钮、套接紧定式镀锌钢导管、电线 WDZCN-RYS、感烟探测器、感温探测器、声光报警器、楼层显示器； 电气火灾监控系统：套接紧定式镀锌钢导管、电线 WDZCN-RYJS、电线 WDZCN-BYJ、剩余电流式火灾探测器、电气火灾监测模块； 消防电源监控系统：套接紧定式镀锌钢导管、电线 WDZCN-RYJS、电线 WDZCN-BYJ； 应急照明及疏散指示系统：应急照明电源配电箱、应急吸顶灯、疏散标志灯、安全出口标志灯、套接紧定式镀锌钢导管、电线 WDZCN-BYJ

表 4-1-3（续）

4	通风空调工程	空调风系统：风冷螺杆式热泵机组、预制直埋保温管、风机盘管； 空调水系统：螺杆式冷水机组、冷却塔、镀锌钢管； 通风系统：风机、镀锌薄钢板风管
5	给排水工程	给水系统：衬塑钢管、无规共聚聚丙烯管（PP-R 管）； 排水系统：硬聚氯乙烯塑料排水管（UPVC 管）、防紫外线硬聚氯乙烯塑料排水管（UPVC 管）； 卫生器具安装：洗脸盆、坐便器、蹲便器、小便器、拖把池
6	其他特征	抗震支架

表 4-1-4　地上建筑工程概况信息（教学楼）

综合概况信息	工程名称	某普通高校项目（一）　教学楼				
	采集类别编码	FJ020604	建筑物层数	4	建筑面积 /m²	13 486.87
	抗震设防类别	乙类	结构类型	框架结构	装配率	—
	建筑高度 /m	19.65	标准层层高 /m	4.2	基本风压 /（kN/m²）	0.45
	抗震等级	框架三级				
	其他特征	由 3 幢单体组成，首层层高为 4.5m				
一	建筑与装饰工程概况信息					
1	土石方工程	土石方类别：二类土； 开挖深度：2.0m 以内； 外运距离：5.0km 以内； 渣土消纳处置方式：水运				
2	基坑围护工程	围护类型：80.0mm 厚 C20 混凝土（内配 ϕ6@200 双向钢筋网片）喷锚护坡				
3	桩基工程	ϕ800mm 冲击成孔灌注桩（平均桩长 45.0m）； 先张法预应力混凝土管桩 PHC600AB130-15-14-14a（平均桩长 43.0m）； 外运距离：5.0km 以内； 渣土消纳处置方式：水运				
4	砌筑工程	砖基础：MU20.0 水泥实心砖、防潮层； 外墙：B06A5.0 蒸压砂加气混凝土砌块； 内墙：B06A3.5 蒸压砂加气混凝土砌块、B06A5.0 陶粒混凝土砌块				
5	混凝土结构工程	基础类型：桩承台基础； 结构形式：现浇钢筋混凝土结构； 模板及支撑架：复合模板、盘扣式钢管支撑架				
6	门窗工程	普通门：定制橡木实木贴皮成品门、成品钢制木门（5.0mm 厚钢化玻璃观察窗）、断桥隔热铝合金门[（6Low-E+12A+6）mm 中空钢化玻璃]； 普通窗：断桥隔热铝合金窗[（6Low-E+12A+6）mm 中空钢化玻璃]； 特种门窗：木质防火门、甲级防火窗、双轨双帘无机特级防火卷帘（耐火极限 3h）				

表 4-1-4（续）

7	屋面工程	刚性屋面：50.0mm 厚 C20 细石混凝土、无纺聚酯纤维布、90.0mm 厚挤塑聚苯板保温层、1.5mm 厚强力交叉膜自粘防水卷材、1.5mm 厚非固化橡胶沥青防水涂料、最薄处 30.0mm 厚 LC5.0 发泡混凝土找坡 2%； 玻璃雨棚：（8+1.52PVB+8）mm 夹胶钢化玻璃
8	防水工程	楼地面：2.0mm 厚聚合物水泥基防水涂料； 内墙面：2.0mm 厚聚合物水泥基防水涂料
9	防腐、隔热、保温工程	外墙内保温：25.0mm 厚无机轻集料保温砂浆Ⅰ型、5.0mm 厚聚合物抗裂砂浆； 天棚保温：C50 轻钢龙骨，30.0mm 厚岩棉板、6.0mm 厚水泥压力板
10	外墙装饰及幕墙工程	外墙装饰：抗碱封底漆、外墙腻子、外墙涂料； 幕墙（一层入口）：3.0mm 厚氟碳穿孔铝板、T5 铝合金龙骨（氟碳喷涂）、铝合金格栅（氟碳喷涂）
11	楼地面装饰工程	走廊：600mm × 600mm 灰色仿古砖； 教室：2.0mm 厚地毯纹塑胶地板、15.0mm 厚实木多层复合地板； 办公室：800mm × 800mm 灰色仿古砖； 卫生间：300mm × 300mm 防滑地砖； 楼梯间：20.0mm 厚芝麻灰花岗岩
12	内墙及柱面装饰工程	教室：耐水腻子、涂料； 办公室：耐水腻子、涂料； 卫生间：300mm × 600mm 瓷砖； 楼梯间：耐水腻子、涂料
13	天棚工程	教室：防潮腻子、涂料； 办公室：U50 轻钢龙骨、12.0mm 厚纸面石膏板、涂料； 卫生间：U38 轻钢龙骨、1.0mm 厚 600mm × 600mm 铝扣板； 楼梯间：耐水腻子、涂料
14	其他装饰工程	楼梯栏杆：不锈钢栏杆（*H*=1 050mm）； 护窗栏杆：不锈钢栏杆（*H*=900mm）； 浴厕配件：12.0mm 厚橡木纹抗倍特板隔断、20.0mm 厚大理石洗漱台、无障碍扶手
15	附属工程	散水、坡道、混凝土台阶、屋面防坠钢丝网
16	其他特征	施工电梯、超危支撑架、盘扣式钢管外墙脚手架
二	通用安装工程概况信息	
1	电气设备安装工程	动力系统：配电柜、配电箱、控制箱、焊接钢管、套接紧定式镀锌钢导管、热浸镀锌托盘式电缆桥架、热浸镀锌喷塑（防火塑粉）槽式电缆桥架、电缆 BTLY、电缆 WDZA-YJY-0.6/1kV、电缆 WDZB-YJY-0.6/1kV、电缆 WDZC-YJY-0.6/1kV、电缆 WDZCN-YJY-0.6/1kV、电缆 WDZB-KYJY-450/750； 照明系统：配电箱、套接紧定式镀锌钢导管、筒灯、平板灯、日光灯、开关、插座、热浸镀锌槽式电缆桥架、电线 WDZB-BYJ； 防雷接地系统：接闪带（避雷网）、引下线、接地跨接、接地母线

表 4-1-4(续)

2	建筑智能化工程	信息网络系统:接入层交换机、接入层防火墙、配线架、机柜、AP 无线外网点、单模光纤、校园网、设备网、AP 无线外网点、六类 RJ45 插口模块、六类非屏蔽双绞线; 综合布线系统:信息插座、42U 机柜、单模光纤、六类非屏蔽双绞线、配线架; 安全防范系统 – 出入口控制系统:出入门按钮、磁力锁、门禁读卡器、门禁控制器、电线 ZA–RVV; 安全防范系统 – 视频安防监控系统:彩色红外半球网络摄像机、彩色红外枪式网络摄像机、球形一体机、监控机柜、电线 ZA–RVV; 安全防范系统 – 电子巡查系统:巡更点; 智能一卡通管理系统:服务器、一卡通管理平台、智能数据采集器、人脸识别终端、读卡器、智能卡; 时钟系统:计算机、软件、单面子钟; 公共广播系统:IP 网络话筒扩展单元、CD 播放器、前置放大器、话筒、IP 网络系统主机、智能控制主机、IP 音频采集器、网络遥控话筒、纯后级功放、壁挂式广播、IP 壁挂音箱(功率 10W)、IP 音频输出单元、电线 WDZC–RVVP; 多媒体教学系统:激光投影机、白板、电脑、音响、功放、话筒、音频处理器、摄像机、解码器、交换机、接口模块、控制器、智能讲台、广播、直(录)播装置、电子班牌、智慧校园系统; 电源与电子设备防雷接地系统:UPS 主机 10kV·A、电池柜、12V100AH 密封式胶体免维护蓄电池、电源三级防雷器; 考试监考系统:高清摄像机、监考主机、服务器、交换机、路由器、打印机、扫描仪、身份证阅读器、存储设备、屏蔽仪; 建筑设备监控系统:DI 点、DO 点、DDC 控制箱、压差传感器、液位传感器、网控器、变配电系统通信接口、空气源热泵机组通信接口、六类非屏蔽对绞线; 建筑能耗监测系统:区域管理器、六类非屏蔽对绞线、数据采集器; 综合管路系统:热浸镀锌槽式电缆桥架、焊接钢管、套接紧定式镀锌钢导管
3	消防工程	水灭火系统 – 消火栓系统:消火栓箱、热浸镀锌钢管、无缝钢管; 火灾自动报警系统:消火栓启泵按钮、套接紧定式镀锌钢导管、电线 WDZCN–RYS、感烟探测器、感温探测器、声光报警器、楼层显示器; 电气火灾监控系统:电气火灾监控模块、套接紧定式镀锌钢导管、电线 WDZCN–RYJS、电线 WDZCN–BYJ、剩余电流式电气火灾探测器; 消防电源监控系统:消防电源监控模块、套接紧定式镀锌钢导管、电线 WDZCN–RYJS、电线 WDZCN–BYJ、区域分机; 应急照明及疏散指示系统:应急照明电源配电箱、应急吸顶灯、疏散标志灯、安全出口标志灯、套接紧定式镀锌钢导管、电线 WDZCN–BYJ
4	通风空调工程	多联机空调系统:全热交换器、VRF 空调室外机、VRF 空调室内机、一拖多风管机、镀锌薄钢板风管、冷凝管、橡塑保温; 通风系统:风机、镀锌薄钢板风管
5	给排水工程	给水系统:衬塑钢管、无规共聚聚丙烯管(PP–R 管); 排水系统:硬聚氯乙烯塑料排水管(UPVC 管)、防紫外线硬聚氯乙烯塑料排水管(UPVC 管); 卫生器具安装:洗脸盆、坐便器、蹲便器、小便器、拖把池
6	其他特征	抗震支架; 电梯:垂直电梯 4 部

表 4–1–5　地上建筑工程概况信息（图书馆）

<table>
<tr><td rowspan="6">综合概况信息</td><td>工程名称</td><td colspan="5">某普通高校项目（一）　图书馆</td></tr>
<tr><td>采集类别编码</td><td>FJ020501</td><td>建筑物层数</td><td>4</td><td>建筑面积 /m²</td><td>9 720.4</td></tr>
<tr><td>抗震设防类别</td><td>乙类</td><td>结构类型</td><td>钢 – 混凝土组合结构</td><td>装配率</td><td>—</td></tr>
<tr><td>建筑高度 /m</td><td>26.5</td><td>标准层层高 /m</td><td>4.5</td><td>基本风压 /（kN/m²）</td><td>0.45</td></tr>
<tr><td>抗震等级</td><td colspan="5">框架三级</td></tr>
<tr><td>其他特征</td><td colspan="5">首层层高 10.2m，屋顶为钢网架结构</td></tr>
<tr><td>一</td><td colspan="6">建筑与装饰工程概况信息</td></tr>
<tr><td>1</td><td>砌筑工程</td><td colspan="5">外墙：B06A5.0 蒸压砂加气混凝土砌块；
内墙：B06A3.5 蒸压砂加气混凝土砌块、B06A5.0 陶粒混凝土砌块</td></tr>
<tr><td>2</td><td>混凝土结构工程</td><td colspan="5">结构形式：现浇钢筋混凝土结构；
模板及支撑架：复合模板、盘扣式钢管支撑架</td></tr>
<tr><td>3</td><td>金属结构工程</td><td colspan="5">钢柱：箱型钢柱 Q345B，除锈等级为 Sa2.5 级，环氧富锌底漆 50μm，环氧云铁中间漆 70μm，耐火极限 2.5h；
钢梁：H 型钢梁 Q345B，除锈等级为 Sa2.5 级，环氧富锌底漆 50μm，环氧云铁中间漆 70μm，耐火极限 1.5h；
钢网架：钢管 Q345B，螺栓球连接 45 号钢，LS–1 型水性无机富锌底漆 100μm，环氧云铁中间漆 50μm，耐火极限 1.5h；
钢板楼板：自承式钢筋桁架板 TD5–100；
屋面板：0.9mm 厚 TYT65/400 铝镁锰合金屋面板，防水透气膜（满铺）30.0mm 厚吸音棉，吸音无纺布上铺 PVF 防潮膜，0.5mm 厚 HV–900 型穿孔镀铝锌压型钢底板</td></tr>
<tr><td>4</td><td>门窗工程</td><td colspan="5">普通门：定制橡木实木贴皮成品门、成品钢制木门（5.0mm 厚钢化玻璃观察窗）、断桥隔热铝合金门[（6Low–E+12A+6）mm 中空钢化玻璃]；
特种门窗：木质防火门、甲级防火窗、双轨双帘无机特级防火卷帘（耐火极限 3h）</td></tr>
<tr><td>5</td><td>屋面工程</td><td colspan="5">刚性屋面：50.0mm 厚 C20 细石混凝土、无纺聚酯纤维布、90.0mm 厚挤塑聚苯板保温层、1.5mm 厚强力交叉膜自粘防水卷材、1.5mm 厚非固化橡胶沥青防水涂料、最薄处 30.0mm 厚 LC5.0 发泡混凝土找坡 2%；
雨棚：（8+1.52PVB+8）mm 夹胶钢化超白玻璃</td></tr>
<tr><td>6</td><td>防水工程</td><td colspan="5">楼地面：2.0mm 厚聚合物水泥基防水涂料；
内墙面：2.0mm 厚聚合物水泥基防水涂料</td></tr>
<tr><td>7</td><td>防腐、隔热、保温工程</td><td colspan="5">外墙保温：50.0mm 厚无机轻集料防火保温板；
天棚保温：C50 轻钢龙骨，30.0mm 厚岩棉板、6.0mm 厚水泥压力板</td></tr>
<tr><td>8</td><td>外墙装饰及幕墙工程</td><td colspan="5">外墙装饰：抗碱封底漆、外墙腻子、外墙涂料；
幕墙：（8+1.52PVB+8）mm 夹胶钢化超白玻璃、3.0mm 厚氟碳穿孔铝板、T5 铝合金龙骨（氟碳喷涂）、铝合金格栅（氟碳喷涂）</td></tr>
</table>

表 4-1-5（续）

9	楼地面装饰工程	报告厅：15.0mm 厚实木多层复合地板、600mm × 600mm 灰色仿古地砖； 阅览室：600mm × 600mm 灰色仿古地砖、2.0mm 厚地板纹塑胶地板； 藏书室：4.0mm 厚超耐磨聚氨酯地坪； 办公室：15.0mm 厚实木多层复合地板； 卫生间：300mm × 300mm 防滑地砖； 楼梯间：20mm 厚芝麻灰花岗岩
10	内墙及柱面装饰工程	报告厅：2.0mm 厚白色冲孔铝板、15.0mm 厚条形陶铝阻燃吸音板； 阅览室：8.0mm 厚橡木实木贴皮成品免漆板、布艺阻燃硬包； 藏书室：灰色硅藻泥、12.0mm 厚石膏基高性能纤维板、U50 轻钢龙骨、2.0mm 厚白色铝板、耐水腻子、涂料； 办公室：8.0mm 厚橡木实木贴皮成品免漆板、耐水腻子、涂料； 卫生间：300mm × 600mm 瓷砖； 楼梯间：耐水腻子、涂料
11	天棚工程	报告厅：1.0mm 厚 40mm × 150mm 木纹铝方通格栅间距 150.0mm、15.0mm 厚条形陶铝阻燃吸音板、U50 轻钢龙骨、12.0mm 厚纸面石膏板、腻子、涂料； 阅览室：U50 轻钢龙骨、12.0mm 厚纸面石膏板、腻子、涂料； 藏书室：1.0mm 厚 40mm × 150mm 木纹铝方通间距 150.0mm、阻燃透光膜吊顶； 办公室：U50 轻钢龙骨、12.0mm 厚纸面石膏板、腻子、涂料； 卫生间：U38 轻钢龙骨、1.0mm 厚 600mm × 600mm 铝扣板； 楼梯间：腻子、涂料
12	其他装饰工程	楼梯栏杆：不锈钢栏杆（H=1 050mm）； 中庭栏杆：不锈钢扶手玻璃栏杆[（8+1.52PVB+8）mm 夹胶钢化玻璃]； 浴厕配件：12.0mm 厚橡木纹抗倍特板隔断、20.0mm 厚大理石洗漱台、无障碍扶手； 服务台：1 000mm × 600mm 高度 × 宽度（L=8.12m） 问询台：900mm × 600mm 高度 × 宽度（L=12.75m）
13	附属工程	散水、坡道、混凝土台阶、电缆沟、屋面防坠钢丝网
14	其他特征	施工电梯、网架安装脚手架、盘扣式钢管外墙脚手架
二	通用安装工程概况信息	
1	电气设备安装工程	动力系统：配电柜、配电箱、控制箱、焊接钢管、套接紧定式镀锌钢导管、热浸镀锌托盘式电缆桥架、热浸镀锌喷塑（防火塑粉）槽式电缆桥架、电缆 BTLY、电缆 WDZA-YJY-0.6/1kV、电缆 WDZB-YJY-0.6/1kV、电缆 WDZC-YJY-0.6/1kV、电缆 WDZCN-YJY-0.6/1kV、电缆 WDZB-KYJY-450/750； 照明系统：配电箱、套接紧定式镀锌钢导管、筒灯、平板灯、日光灯、开关、插座、热浸镀锌槽式电缆桥架、电线 WDZB-BYJ； 防雷接地系统：接闪带（避雷网）、引下线、接地跨接、接地母线

表 4-1-5（续）

2	建筑智能化工程	信息网络系统：接入层交换机、接入层防火墙、配线架、机柜、AP 无线外网点、单模光纤、校园网、设备网、AP 无线外网点、六类 RJ45 插口模块、六类非屏蔽双绞线； 综合布线系统：信息插座、42U 机柜、单模光纤、六类非屏蔽双绞线、配线架； 安全防范系统－出入口控制系统：出入门按钮、磁力锁、门禁读卡器、门禁控制器、电线 ZA-RVV； 安全防范系统－视频安防监控系统：彩色红外半球网络摄像机、彩色红外枪式网络摄像机、球形一体机、监控机柜、电线 ZA-RVV； 安全防范系统－电子巡查系统：巡更点； 智能一卡通管理系统：服务器、一卡通管理平台、智能数据采集器、人脸识别终端、读卡器、智能卡、图书借阅终端； 公共广播系统：IP 网络话筒扩展单元、CD 播放器、前置放大器、话筒、IP 网络系统主机、智能控制主机、IP 音频采集器、网络遥控话筒、纯后级功放、壁挂式广播、IP 壁挂音箱（功率 10W）、IP 音频输出单元、电线 WDZC-RVVP； 建筑设备监控系统：DI 点、DO 点、DDC 控制箱、压差传感器、液位传感器、网控器、变配电系统通信接口、空气源热泵机组通信接口、六类非屏蔽对绞线； 建筑能耗监测系统：区域管理器、接线箱、六类非屏蔽对绞线、数据采集器； 综合管路系统：热浸镀锌槽式电缆桥架、焊接钢管、套接紧定式镀锌钢导管
3	消防工程	水灭火系统－自动喷水灭火系统：快速响应喷头、湿式报警阀组、水流指示器、无缝钢管、热浸镀锌钢管； 水灭火系统－消火栓系统：消火栓箱、热浸镀锌钢管、无缝钢管； 火灾自动报警系统：消火栓启泵按钮、套接紧定式镀锌钢导管、电线 WDZCN-RYS、感烟探测器、感温探测器、声光报警、楼层显示器； 电气火灾监控系统：电气火灾监控模块、套接紧定式镀锌钢导管、电线 WDZCN-RYJS、电线 WDZCN-BYJ、剩余电流式电气火灾探测器； 消防电源监控系统：消防电源监控模块、套接紧定式镀锌钢导管、电线 WDZCN-RYJS、电线 WDZCN-BYJ、区域分机； 应急照明及疏散指示系统：应急照明电源配电箱、应急吸顶灯、疏散标志灯、安全出口标志灯、套接紧定式镀锌钢导管、电线 WDZCN-BYJ
4	通风空调工程	空调风系统：全热交换器、VRF 空调室外机、VRF 空调室内机、一拖多风管机、镀锌薄钢板风管、冷凝管、橡塑保温、风冷单螺杆式热泵机组、预制直埋保温管、风机盘管； 空调水系统：螺杆式冷水机组、冷却塔、镀锌钢管； 通风系统：风机、镀锌薄钢板风管
5	给排水工程	给水系统：衬塑钢管、无规共聚聚丙烯管（PP-R 管）； 排水系统：硬聚氯乙烯塑料排水管（UPVC 管）、防紫外线硬聚氯乙烯塑料排水管（UPVC 管）； 卫生器具安装：洗脸盆、坐便器、蹲便器、小便器、拖把池
6	其他特征	抗震支架； 电梯：垂直电梯 2 部、扶梯 2 部

表 4-1-6 地上建筑工程概况信息（体育馆）

综合概况信息	工程名称	某普通高校项目（一） 体育馆				
	采集类别编码	FJ020701	建筑物层数	3	建筑面积 /m^2	5 550.84
	抗震设防类别	乙类	结构类型	钢 – 混凝土组合结构	装配率	—
	建筑高度 /m	26.5	标准层层高 /m	8.5	基本风压 /（kN/m^2）	0.45
	抗震等级	框架三级				
	其他特征	屋顶为钢网架结构				
一	建筑与装饰工程概况信息					
1	砌筑工程	外墙：B06A5.0 蒸压砂加气混凝土砌块； 内墙：B06A3.5 蒸压砂加气混凝土砌块、B06A5.0 陶粒混凝土砌块				
2	混凝土结构工程	结构形式：现浇钢 – 混凝土组合结构； 模板及支撑架：复合模板、盘扣式钢管支撑架				
3	金属结构工程	钢柱：H 型钢柱 Q345B，除锈等级为 Sa2.5 级； 钢梁：H 型钢梁 Q345B，除锈等级为 Sa2.5 级，环氧富锌底漆 50μm，环氧云铁中间漆 70μm，耐火极限 1.5h； 钢网架：钢管 Q345B，螺栓球连接 45 号钢，LS–1 型水性无机富锌底漆 100μm，环氧云铁中间漆 50μm，耐火极限 1.5h； 钢板楼板：自承式钢筋桁架板 TD5–100； 屋面板：0.9mm 厚 TYT65/400 铝镁锰合金屋面板，防水透气膜（满铺）30.0mm 厚吸音棉，吸音无纺布上铺 PVF 防潮膜，0.5mm 厚 HV–900 型穿孔镀铝锌压型钢底板				
4	门窗工程	普通门：定制橡木实木贴皮成品门、成品钢制木门（5.0mm 厚钢化玻璃观察窗）、断桥隔热铝合金门[（6Low–E+12A+6）mm 中空钢化玻璃]； 特种门窗：木质防火门、甲级防火窗、双轨双帘无机特级防火卷帘（耐火极限 3h）				
5	防水工程	楼地面：1.5mm 厚单组份聚氨酯防水涂料； 内墙面：1.5mm 厚单组份聚氨酯防水涂料				
6	防腐、隔热、保温工程	外墙保温：50.0mm 厚无机轻集料防火保温板； 天棚保温：C50 轻钢龙骨，30.0mm 厚岩棉板、6.0mm 厚水泥压力板				
7	外墙装饰及幕墙工程	外墙装饰：抗碱封底漆、外墙腻子、外墙涂料； 幕墙：（8+1.52PVB+8）mm 夹胶钢化超白玻璃、3.0mm 厚氟碳穿孔铝板、T5 铝合金龙骨（氟碳喷涂）、氟碳喷涂铝合金格栅				
8	楼地面装饰工程	器材室：2.0mm 厚木纹塑胶地板； 室内球场：22.0mm 厚实木运动地板，EPE 防潮膜 +12.0mm 厚耐水松木胶合板 +18.0mm 厚减震夹板弹力橡胶减震垫 + 龙骨 60mm × 60mm 杉木枋； 办公室：800mm × 800mm 抛光砖； 卫生间：300mm × 300mm 防滑地砖； 楼梯间：20.0mm 厚芝麻灰花岗岩				
9	内墙及柱面装饰工程	器材室：6.0mm 厚 600mm × 1 200mm 陶瓷薄板、耐水腻子、涂料； 室内球场：15.0mm 厚橡木条形陶铝阻燃吸音板、12.0mm 厚石膏基高性能纤维板、灰色硅藻泥； 办公室：耐水腻子、涂料； 卫生间：300mm × 600mm 瓷砖； 楼梯间：耐水腻子、涂料				

表 4-1-6(续)

10	天棚工程	器材室:U50 轻钢龙骨、9.0mm 厚 600mm×600mm 穿孔铝矿棉板; 室内球场:1.0mm 厚 40mm×150mm 木纹铝方通格栅间距 150.0mm、原顶灰色涂料、U50 轻钢龙骨、1.0mm 厚 600mm×600mm 白色铝板; 办公室:U50 轻钢龙骨、12.0mm 厚纸面石膏板、涂料; 卫生间:U38 轻钢龙骨、1.0mm 厚 600mm×600mm 铝扣板; 楼梯间:耐水腻子、涂料
11	其他装饰工程	楼梯栏杆:不锈钢栏杆(H=1 050mm); 浴厕配件:12.0mm 厚橡木纹抗倍特板隔断、20.0mm 厚大理石洗漱台、无障碍扶手
12	附属工程	散水、坡道、混凝土台阶、400.0mm 宽不锈钢排水沟盖板
13	其他特征	施工电梯、网架安装脚手架、盘扣式钢管外墙脚手架
二	通用安装工程概况信息	
1	电气设备安装工程	动力系统:配电柜、配电箱、控制箱、焊接钢管、套接紧定式镀锌钢导管、热浸镀锌托盘式电缆桥架、热浸镀锌喷塑(防火塑粉)槽式电缆桥架、电缆 BTLY、电缆 WDZA-YJY-0.6/1kV、电缆 WDZB-YJY-0.6/1kV、电缆 WDZC-YJY-0.6/1kV、电缆 WDZCN-YJY-0.6/1kV、电缆 WDZB-KYJY-450/750; 照明系统:配电箱、套接紧定式镀锌钢导管、筒灯、平板灯、日光灯、工矿灯、开关、插座、热浸镀锌槽式电缆桥架、电线 WDZB-BYJ; 防雷接地系统:接闪带(避雷网)、引下线、接地跨接、接地母线
2	建筑智能化工程	信息网络系统:接入层交换机、接入层防火墙、配线架、机柜、AP 无线外网点、单模光纤、六类非屏蔽双绞线; 综合布线系统:信息插座、42U 机柜、单模光纤、六类非屏蔽双绞线、配线架; 安全防范系统 – 出入口控制系统:出入门按钮、磁力锁、门禁读卡器、门禁控制器、电线 ZA-RVV; 安全防范系统 – 视频安防监控系统:彩色红外半球网络摄像机、彩色红外枪式网络摄像机、球形一体机、监控机柜、电线 ZA-RVV; 安全防范系统 – 电子巡查系统:巡更点; 智能一卡通管理系统:服务器、一卡通管理平台、智能数据采集器、人脸识别终端、读卡器、智能卡; 场地显示屏及控制系统:显示屏、显示盘控制系统、计算机、配电柜、视频拼接处理器、接收单元; 公共广播系统:IP 网络话筒扩展单元、CD 播放器、前置放大器、话筒、IP 网络系统主机、智能控制主机、IP 音频采集器、网络遥控话筒、纯后级功放、壁挂式广播、IP 壁挂音箱(功率 10W)、IP 音频输出单元、电线 WDZC-RVVP; 扩声系统:音响、功放、音频处理器、时序控制器、播放器、调音台、话筒; 建筑设备监控系统:DI 点、DO 点、DDC 控制箱、压差传感器、液位传感器、网控器、变配电系统通信接口、空气源热泵机组通信接口、六类非屏蔽对绞线; 建筑能耗监测系统:区域管理器、接线箱、六类非屏蔽对绞线、数据采集器; 综合管路系统:热浸镀锌槽式电缆桥架、焊接钢管、套接紧定式镀锌钢导管

表 4-1-6（续）

3	消防工程	水灭火系统 - 自动喷水灭火系统：快速响应喷头、湿式报警阀组、水流指示器、无缝钢管、热浸镀锌钢管； 水灭火系统 - 消火栓系统：消火栓箱、热浸镀锌钢管、无缝钢管； 火灾自动报警系统：消火栓启泵按钮、套接紧定式镀锌钢导管、电线 WDZCN-RYS、感烟探测器、感温探测器、声光报警器、楼层显示器； 电气火灾监控系统：电气火灾监控模块、套接紧定式镀锌钢导管、电线 WDZCN-RYJS、电线 WDZCN-BYJ、剩余电流式电气火灾探测器； 消防电源监控系统：消防电源监控模块、套接紧定式镀锌钢导管、电线 WDZCN-RYJS、电线 WDZCN-BYJ、区域分机； 应急照明及疏散指示系统：应急照明电源配电箱、应急吸顶灯、疏散标志灯、安全出口标志灯、套接紧定式镀锌钢导管、电线 WDZCN-BYJ
4	通风空调工程	空调风系统：全热交换器、VRF 空调室外机、VRF 空调室内机、一拖多风管机、镀锌薄钢板风管、冷凝管、橡塑保温、风冷单螺杆式热泵机组、预制直埋保温管、风机盘管； 空调水系统：螺杆式冷水机组、冷却塔、镀锌钢管； 通风系统：风机、镀锌薄钢板风管
5	给排水工程	给水系统：衬塑钢管、无规共聚聚丙烯管（PP-R 管）； 排水系统：硬聚氯乙烯塑料排水管（UPVC 管）、防紫外线硬聚氯乙烯塑料排水管（UPVC 管）； 卫生器具安装：洗脸盆、坐便器、蹲便器、小便器、拖把池
6	其他特征	抗震支架； 电梯：垂直电梯 2 部

表 4-1-7　地上建筑工程概况信息（食堂）

综合概况信息	工程名称	某普通高校项目（一）　食堂				
	采集类别编码	FJ021401	建筑物层数	2	建筑面积 /m^2	6 532.18
	抗震设防类别	乙类	结构类型	框架结构	装配率	—
	建筑高度 /m	11.25	标准层层高 /m	4.8	基本风压 /（kN/m^2）	0.45
	抗震等级	框架三级				
	其他特征	—				
一	建筑与装饰工程概况信息					
1	土石方工程	土石方类别：二类土； 开挖深度：2.0m 以内； 外运距离：5.0km 以内； 渣土消纳处置方式：水运				
2	基坑围护工程	围护类型：80.0mm 厚 C20 混凝土（内配 ϕ 6@200 双向钢筋网片）喷锚护坡				
3	桩基工程	先张法预应力混凝土管桩 PHC500AB125-12-12-12a（平均桩长 36.0m）				
4	砌筑工程	砖基础：MU20.0 水泥实心砖、防潮层； 外墙：B06A5.0 蒸压砂加气混凝土砌块； 内墙：B06A3.5 蒸压砂加气混凝土砌块、B06A5.0 陶粒混凝土砌块				

表 4–1–7（续）

5	混凝土结构工程	基础类型：桩承台基础； 结构形式：现浇钢筋混凝土结构； 模板及支撑架：复合模板、盘扣式钢管支撑架
6	门窗工程	普通门：定制橡木实木贴皮成品门、塑钢门、成品钢制木门（5.0mm 厚钢化玻璃观察窗）、断桥隔热铝合金门[（6Low–E+12A+6）mm 中空钢化玻璃]； 普通窗：断桥隔热铝合金窗[（6Low–E+12A+6）mm 中空钢化玻璃]； 特种门窗：木质防火门、钢质防火门、乙级防火窗、双轨双帘无机特级防火卷帘（耐火极限 3h）
7	屋面工程	刚性屋面：100mm × 100mm 广场砖、50.0mm 厚 C20 细石混凝土、无纺聚酯纤维布、80.0mm 厚挤塑聚苯板保温层、1.5mm 厚强力交叉膜自粘防水卷材、1.5mm 厚非固化橡胶沥青防水涂料、最薄处 30.0mm 厚 LC5.0 发泡混凝土找坡 2%
8	防水工程	楼地面：2.0mm 厚聚合物水泥基防水涂料； 内墙面：2.0mm 厚聚合物水泥基防水涂料； 天棚面：1.5mm 厚聚合物水泥基防水涂料
9	防腐、隔热、保温工程	外墙内保温：25.0mm 厚无机轻集料保温砂浆 Ⅰ 型、5.0mm 厚聚合物抗裂砂浆； 天棚保温：C50 轻钢龙骨，30.0mm 厚岩棉板、6.0mm 厚水泥压力板
10	外墙装饰及幕墙工程	外墙装饰：抗碱封底漆、外墙腻子、外墙涂料； 幕墙（一层入口）：3.0mm 厚氟碳喷涂铝板、T5 铝合金龙骨（氟碳喷涂）、氟碳喷涂铝合金格栅
11	楼地面装饰工程	地面垫层：600.0mm 厚塘渣、100.0mm 厚碎石垫层； 办公室：15.0mm 厚 920mm × 120mm 实木多层复合地板； 餐厅：800mm × 800mm 浅色防滑地砖、4.0mm 厚超耐磨聚氨酯地坪； 厨房：300mm × 300mm 红缸砖； 卫生间：300mm × 300mm 防滑地砖； 楼梯间：20.0mm 厚芝麻灰花岗岩
12	内墙及柱面装饰工程	办公室：耐水腻子、涂料； 餐厅：300mm × 600mm 瓷砖；12.0mm 厚石膏基高性能纤维板、2.0mm 厚白色铝板、韧釉漆、灰色硅藻泥、耐水腻子、涂料； 厨房：300mm × 600mm 瓷砖； 卫生间：300mm × 600mm 瓷砖； 楼梯间：耐水腻子、涂料
13	天棚工程	办公室：U50 轻钢龙骨、12.0mm 厚纸面石膏板、腻子、涂料； 餐厅：U38 轻钢龙骨、9.0mm 厚 600mm × 600mm 穿孔铝矿棉板、12.0mm 厚石膏基高性能纤维板、防潮腻子、涂料； 厨房：1.0mm 厚 40mm × 150mm 木纹铝方通格栅间距 150.0mm、原顶灰色涂料、U50 轻钢龙骨、1.0mm 厚 600mm × 600mm 白色铝板； 卫生间：U38 轻钢龙骨、0.6mm 厚 300mm × 300mm 铝扣板； 楼梯间：耐水腻子、涂料

表 4–1–7（续）

14	其他装饰工程	楼梯栏杆：不锈钢扶手型钢栏杆（H=1 100mm）； 屋顶栏杆：不锈钢扶手型钢栏杆（H=1 200mm）； 售菜台：900mm × 800mm（L=23.02m）、900mm × 800mm（L=18.96m）、12.0mm 厚钢化玻璃、10mm 厚 600mm × 1 200mm 灰色仿大理石砖、20mm 厚人造大理石台面； 浴厕配件：12.0mm 厚橡木纹抗倍特板隔断、20.0mm 厚大理石面洗漱台、无障碍扶手
15	附属工程	散水、坡道、砖砌台阶、厨房 400mm 宽不锈钢排水沟盖板
16	其他特征	施工电梯、湿土排水、盘扣式钢管外墙脚手架
二	通用安装工程概况信息	
1	电气设备安装工程	动力系统：配电柜、配电箱、控制箱、焊接钢管、套接紧定式镀锌钢导管、热浸镀锌托盘式电缆桥架、热浸镀锌喷塑（防火塑粉）槽式电缆桥架、电缆 BTLY、电缆 WDZA–YJY–0.6/1kV、电缆 WDZB–YJY–0.6/1kV、电缆 WDZC–YJY–0.6/1kV、电缆 WDZCN–YJY–0.6/1kV、电缆 WDZB–KYJY–450/750； 照明系统：配电箱、套接紧定式镀锌钢导管、筒灯、平板灯、日光灯、开关、插座、热浸镀锌槽式电缆桥架、电线 WDZB–BYJ； 防雷接地系统：接闪带（避雷网）、引下线、接地跨接、接地母线
2	建筑智能化工程	信息网络系统：无线 AP、接入层交换机、接入层防火墙、配线架、单模光纤、六类非屏蔽双绞线； 综合布线系统：信息插座、42U 机柜、单模光纤、六类非屏蔽双绞线、配线架； 安全防范系统 – 出入口控制系统：出入门按钮、磁力锁、门禁读卡器、门禁控制器； 安全防范系统 – 视频安防监控系统：彩色红外半球网络摄像机、彩色红外枪式网络摄像机、人脸识别摄像机； 安全防范系统 – 电子巡查系统：巡更点； 智能一卡通管理系统：服务器、一卡通管理平台、智能数据采集器、人脸识别终端、读卡器、智能卡、消费终端； 信息引导及发布系统：工作站、信息发布一体机、LED 屏； 建筑设备监控系统：DI 点、DO 点、DDC 控制箱、压差传感器、液位传感器、网控器、变配电系统通信接口、空气源热泵机组通信接口、六类非屏蔽对绞线； 建筑能耗监测系统：区域管理器、接线箱、六类非屏蔽对绞线、数据采集器； 电源与电子设备防雷接地系统：20kV · A UPS 主机、阀控式铅酸免维护蓄电池 12V100AH、电池柜、配电箱、电涌保护器、接地母线、端子箱； 信息发布及引导系统：信息发布工作站、信息发布管理软件、55 寸高清液晶显示屏（1080P）、80 寸高清液晶显示屏（1080P）； 有线电视系统：光接收机、分支器、IPTV 专用交换机、光模块、墙柜、交流电源模块 PDU、电视插座、配线架、同轴电缆、单模光纤； 综合管路系统：热浸镀锌槽式电缆桥架、焊接钢管、套接紧定式镀锌钢导管； 公共广播系统：话筒、音箱、壁挂式广播

表 4-1-7（续）

3	消防工程	水灭火系统 – 自动喷水灭火系统：快速响应喷头、湿式报警阀组、水流指示器、无缝钢管、热浸镀锌钢管； 水灭火系统 – 消火栓系统：消火栓箱、热浸镀锌钢管、无缝钢管； 火灾自动报警系统：消火栓启泵按钮、套接紧定式镀锌钢导管、套屏蔽软线 WDZCN–RYS、感烟探测器、感温探测器、声光报警器、楼层显示器； 电气火灾监控系统：电气火灾监控模块、套接紧定式镀锌钢导管、电线 WDZCN–RYJS、电线 WDZCN–BYJ、剩余电流式电气火灾探测器； 消防电源监控系统：消防电源监控模块、套接紧定式镀锌钢导管、电线 WDZCN–RYJS、电线 WDZCN–BYJ、区域分机； 应急照明及疏散指示系统：应急照明电源配电箱、应急吸顶灯、疏散标志灯、安全出口标志灯、套接紧定式镀锌钢导管、电线 WDZCN–BYJ
4	通风空调工程	多联机空调系统：全热交换器、VRF 空调室外机、VRF 空调室内机、一拖多风管机、镀锌薄钢板风管、冷凝管、橡塑保温； 通风系统：风机、镀锌薄钢板风管
5	给排水工程	给水系统：衬塑钢管、无规共聚聚丙烯管（PP–R 管）； 排水系统：硬聚氯乙烯塑料排水管（UPVC 管）、防紫外线硬聚氯乙烯塑料排水管（UPVC 管）； 卫生器具安装：洗脸盆、坐便器、蹲便器、小便器、拖把池
6	其他特征	抗震支架； 电梯：垂直电梯 2 部

表 4-1-8　地上建筑工程概况信息（办公用房）

综合概况信息	工程名称	某普通高校项目（一）　办公用房				
	采集类别编码	FJ020201	建筑物层数	4	建筑面积 /m^2	12 395.14
	抗震设防类别	乙类	结构类型	框架结构	装配率	—
	建筑高度 /m	20.05	标准层层高 /m	4.2	基本风压 /（kN/m^2）	0.45
	抗震等级	框架三级				
	其他特征	首层层高 6.0m				
一	建筑与装饰工程概况信息					
1	砌筑工程	外墙：B06A5.0 蒸压砂加气混凝土砌块； 内墙：B06A3.5 蒸压砂加气混凝土砌块、B06A5.0 陶粒混凝土砌块				
2	混凝土结构工程	结构形式：现浇钢筋混凝土结构； 模板及支撑架：复合模板、盘扣式钢管支撑架				
3	门窗工程	普通门：定制橡木实木贴皮成品门、成品钢制木门（5.0mm 厚钢化玻璃观察窗）、断桥隔热铝合金门[（6Low–E+12A+6）mm 中空钢化玻璃]； 普通窗：断桥隔热铝合金窗[（6Low–E+12A+6）mm 中空钢化玻璃]； 特种门窗：木质防火门、甲级防火窗、双轨双帘无机特级防火卷帘（耐火极限 3h）				

表 4-1-8（续）

4	屋面工程	刚性屋面：50.0mm 厚 C20 细石混凝土、无纺聚酯纤维布、90.0mm 厚挤塑聚苯板保温层、1.5mm 厚强力交叉膜自粘防水卷材、1.5mm 厚非固化橡胶沥青防水涂料、最薄处 30.0mm 厚 LC5.0 发泡混凝土找坡 2%； 采光屋面：（8+1.52PVB+8）mm 夹胶钢化超白玻璃
5	防水工程	楼地面：2.0mm 厚聚合物水泥基防水涂料； 内墙面：2.0mm 厚聚合物水泥基防水涂料
6	防腐、隔热、保温工程	外墙内保温：50.0mm 厚无机轻集料防火保温板Ⅰ型、5.0mm 厚聚合物抗裂砂浆； 天棚保温：C50 轻钢龙骨，30.0mm 厚岩棉板、6.0mm 厚水泥压力板
7	外墙装饰及幕墙工程	外墙装饰：抗碱封底漆、外墙腻子、外墙涂料； 幕墙（一层入口）：3.0mm 厚氟碳穿孔铝板、T5 铝合金龙骨（氟碳喷涂）、氟碳喷涂铝合金格栅
8	楼地面装饰工程	活动室：20mm 厚无机环氧磨石、2.0mm 厚地毯纹塑胶地板； 办公室：800mm × 800mm 灰色仿古砖； 会议室：15.0mm 厚实木多层复合地板； 卫生间：300mm × 300mm 防滑地砖； 楼梯间：20.0mm 厚芝麻灰花岗岩
9	内墙及柱面装饰工程	活动室：耐水腻子、涂料； 办公室：耐水腻子、涂料； 会议室：2.0mm 厚白色冲孔铝板、15.0mm 厚条形陶铝阻燃吸音板、20.0mm 厚高强石膏板贴橡木纹阻燃装饰膜； 卫生间：300mm × 600mm 瓷砖； 楼梯间：耐水腻子、涂料
10	天棚工程	活动室：U50 轻钢龙骨、12.0mm 厚纸面石膏板、涂料； 办公室：U50 轻钢龙骨、12.0mm 厚纸面石膏板、涂料； 会议室：高强石膏板贴橡木纹阻燃装饰膜、2.0mm 厚定制木纹铝板吊顶； 卫生间：U38 轻钢龙骨、1.0mm 厚 600mm × 600mm 铝扣板； 楼梯间：耐水腻子、涂料
11	其他装饰工程	楼梯栏杆：不锈钢栏杆（H=1 050mm）； 护窗栏杆：不锈钢栏杆（H=900mm）； 浴厕配件：12.0mm 厚橡木纹抗倍特板隔断、20.0mm 厚大理石洗漱台、无障碍扶手
12	附属工程	散水、坡道、混凝土台阶、400.0mm 宽不锈钢排水沟盖板
13	其他特征	施工电梯、盘扣式钢管外墙脚手架
二	通用安装工程概况信息	
1	电气设备安装工程	动力系统：配电柜、配电箱、控制箱、焊接钢管、套接紧定式镀锌钢导管、热浸镀锌托盘式电缆桥架、热浸镀锌喷塑（防火塑粉）槽式电缆桥架、电缆 RTFY、电缆 WDZA-YJY-0.6/1kV、电缆 WDZB-YJY-0.6/1kV、电缆 WDZC-YJY-0.6/1kV、电缆 WDZN-YJY-0.6/1kV、电缆 WDZB-KYJY-450/750； 照明系统：配电箱、套接紧定式镀锌钢导管、筒灯、平板灯、日光灯、开关、插座、热浸镀锌槽式电缆桥架、电线 WDZB-BYJ； 防雷接地系统：接闪带（避雷网）、引下线、接地跨接、接地母线

表 4-1-8(续)

2	建筑智能化工程	建筑设备监控系统:空调系统监测、环境监测系统、水质监测、通风监测、电气系统监测; 信息网络系统:校园网、设备网、AP 无线外网点、六类 RJ45 插口模块; 综合布线系统:信息插座、单模光纤、大对数光缆、六类非屏蔽双绞线、六类 RJ45 插口模块; 有线电视系统:电视插座; 安全防范系统:入侵报警系统、视频安防监控系统、周界报警系统、出入口控制系统、无线对讲和电子巡查系统、车辆进出管理系统、防撞柱系统; 智能一卡通管理系统:服务器、一卡通管理平台、智能数据采集器、人脸识别终端、门禁控制器、读卡器、智能卡、考勤设备; 公共广播系统:IP 网络话筒扩展单元、CD 播放器、前置放大器、话筒、IP 网络系统主机、智能控制主机、IP 音频采集器、网络遥控话筒、纯后级功放、壁挂式广播、IP 壁挂音箱(功率 10W)、IP 音频输出单元、电线 WDZC-RVVP; 机房工程(信息网络机房):UPS 主机 200kV·A、电池柜、12V100AH 密封式胶体免维护蓄电池; 会议系统:扩声、显示、发言、摄像、中控; 多媒体教学系统:激光投影机、白板、电脑、音响、功放、话筒、音频处理器、摄像机、解码器、交换机、接口模块、控制器、智能讲台、广播、直(录)播装置、智慧校园系统; 综合管路系统:热浸镀锌槽式电缆桥架、焊接钢管、套接紧定式镀锌钢导管
3	消防工程	水灭火系统 - 自动喷水灭火系统:快速响应喷头、湿式报警阀组、水流指示器、无缝钢管、热浸镀锌钢管; 水灭火系统 - 消火栓系统:消火栓箱、热浸镀锌钢管; 火灾自动报警系统:消火栓启泵按钮、感烟式探测器、套接紧定式镀锌钢导管、电线 WDZCN-RYS; 电气火灾监控系统:剩余电流监控模块、套接紧定式镀锌钢导管、电线 WDZCN-RYJS、电线 WDZN-BYJ; 消防电源监控系统:消防电源监控模块、套接紧定式镀锌钢导管、电线 WDZN-RYJS、电线 WDZN-BYJ; 应急照明及疏散指示系统:应急照明电源配电箱、应急吸顶灯、疏散标志灯、安全出口标志灯、套接紧定式镀锌钢导管、电线 WDZN-BYJ
4	通风空调工程	空调风系统:全热交换器、VRF 空调室外机、VRF 空调室内机、一拖多风管机、镀锌薄钢板风管、橡塑保温、风冷单螺杆式热泵机组、预制直埋保温管、风机盘管; 空调水系统:螺杆式冷水机组、冷却塔、镀锌钢管; 通风系统:风机、镀锌薄钢板风管
5	给排水工程	给水系统:衬塑钢管、无规共聚聚丙烯管(PP-R 管); 排水系统:超静音聚丙烯塑料排水管(PP 管)、HDPE 雨水排水管、柔性铸铁管; 卫生器具安装:洗脸盆、坐便器、蹲便器、小便器、拖把池
6	其他特征	抗震支架; 电梯:垂直电梯 3 部

表 4-1-9　地上建筑工程概况信息（实训楼）

<table>
<tr><td rowspan="6">综合概况信息</td><td>工程名称</td><td colspan="5">某普通高校项目（一）　实训楼</td></tr>
<tr><td>采集类别编码</td><td>FJ020605</td><td>建筑物层数</td><td>5</td><td>建筑面积 /m²</td><td>20 934.58</td></tr>
<tr><td>抗震设防类别</td><td>乙类</td><td>结构类型</td><td>框架结构</td><td>装配率</td><td>—</td></tr>
<tr><td>建筑高度 /m</td><td>24.05</td><td>标准层层高 /m</td><td>4.5</td><td>基本风压 /（kN/m²）</td><td>0.45</td></tr>
<tr><td>抗震等级</td><td colspan="5">框架三级</td></tr>
<tr><td>其他特征</td><td colspan="5">首层层高 4.85m</td></tr>
<tr><td>一</td><td colspan="6">建筑与装饰工程概况信息</td></tr>
<tr><td>1</td><td>砌筑工程</td><td colspan="5">外墙：B06A5.0 蒸压砂加气混凝土砌块；
内墙：B06A3.5 蒸压砂加气混凝土砌块、B06A5.0 陶粒混凝土砌块</td></tr>
<tr><td>2</td><td>混凝土结构工程</td><td colspan="5">结构形式：现浇钢筋混凝土结构；
模板及支撑架：复合模板、盘扣式钢管支撑架</td></tr>
<tr><td>3</td><td>门窗工程</td><td colspan="5">门：定制橡木实木贴皮成品门、成品钢制木门、断桥隔热铝合金门［（6Low-E+12A+6）mm 中空钢化玻璃］；
窗：断桥隔热铝合金窗［（6Low-E+12A+6）mm 中空钢化玻璃］；
特种门窗：木质防火门、甲级防火窗、双轨双帘无机特级防火卷帘（耐火极限 3h）</td></tr>
<tr><td>4</td><td>屋面工程</td><td colspan="5">刚性屋面：50.0mm 厚 C20 细石混凝土、无纺聚酯纤维布、90.0mm 厚挤塑聚苯板保温层、1.5mm 厚强力交叉膜自粘防水卷材、1.5mm 厚非固化橡胶沥青防水涂料、最薄处 30.0mm 厚 LC5.0 发泡混凝土找坡 2%；
采光屋面：（8+1.52PVB+8）mm 夹胶钢化超白玻璃</td></tr>
<tr><td>5</td><td>防水工程</td><td colspan="5">楼地面：2.0mm 厚聚合物水泥基防水涂料；
内墙面：2.0mm 厚聚合物水泥基防水涂料</td></tr>
<tr><td>6</td><td>防腐、隔热、保温工程</td><td colspan="5">外墙内保温：50.0mm 厚无机轻集料防火保温板Ⅰ型、5.0mm 厚聚合物抗裂砂浆；
天棚保温：C50 轻钢龙骨，30.0mm 厚岩棉板、6.0mm 厚水泥压力板</td></tr>
<tr><td>7</td><td>外墙装饰及幕墙工程</td><td colspan="5">外墙装饰：抗碱封底漆、外墙腻子、外墙涂料；
幕墙（一层入口）：3.0mm 厚氟碳穿孔铝板、T5 铝合金龙骨（氟碳喷涂）、氟碳喷涂铝合金格栅</td></tr>
<tr><td>8</td><td>楼地面装饰工程</td><td colspan="5">实训用房：20.0mm 厚预制磨石板、2.0mm 厚地毯纹塑胶地板；
办公室：800mm × 800mm 灰色仿古砖；
多功能教室：2.0mm 厚地毯纹塑胶地板；
卫生间：300mm × 300mm 防滑地砖；
楼梯间：20.0mm 厚芝麻灰花岗岩</td></tr>
<tr><td>9</td><td>内墙及柱面装饰工程</td><td colspan="5">实训用房：木纹色铝板饰面、耐水腻子、涂料；
办公室：耐水腻子、涂料；
多功能教室：耐水腻子、涂料；
卫生间：300mm × 600mm 瓷砖；
楼梯间：耐水腻子、涂料</td></tr>
</table>

表 4–1–9（续）

10	天棚工程	实训用房：U50 轻钢龙骨、12.0mm 厚纸面石膏板、涂料； 办公室：U50 轻钢龙骨、12.0mm 厚纸面石膏板、涂料； 多功能教室：U50 轻钢龙骨、12.0mm 厚纸面石膏板、涂料； 卫生间：U38 轻钢龙骨、1.0mm 厚 600mm × 600mm 铝扣板； 楼梯间：耐水腻子、涂料
11	其他装饰工程	楼梯栏杆：不锈钢栏杆（H=1 050mm）； 护窗栏杆：不锈钢栏杆（H=900mm）； 浴厕配件：12.0mm 厚橡木纹抗倍特板隔断、20.0mm 厚大理石洗漱台、无障碍扶手
12	附属工程	散水、坡道、混凝土台阶、400.0mm 宽不锈钢排水沟盖板
13	其他特征	施工电梯、盘扣式钢管外墙脚手架
二	通用安装工程概况信息	
1	电气设备安装工程	动力系统：配电柜、配电箱、控制箱、焊接钢管、套接紧定式镀锌钢导管、热浸镀锌托盘式电缆桥架、热浸镀锌喷塑（防火塑粉）槽式电缆桥架、电缆 RTFY、电缆 WDZA–YJY–0.6/1kV、电缆 WDZB–YJY–0.6/1kV、电缆 WDZC–YJY–0.6/1kV、电缆 WDZN–YJY–0.6/1kV、电缆 WDZB–KYJY–450/750； 照明系统：配电箱、套接紧定式镀锌钢导管、LED 平板灯、LED 格栅灯、筒灯、三防灯、开关、插座、热浸镀锌槽式电缆桥架、电线 WDZB–BYJ； 防雷接地系统：接闪带（避雷网）、引下线、接地跨接、接地母线
2	建筑智能化工程	信息网络系统：无线 AP、交换机、光模块； 综合布线系统：信息插座、42U 机柜、单模光纤、六类非屏蔽网线； 安全防范系统 – 出入口控制系统：出入门按钮、磁力锁、门禁读卡器、门禁控制器； 安全防范系统 – 视频安防监控系统：彩色红外半球网络摄像机、彩色红外枪式网络摄像机、人脸识别摄像机； 安全防范系统 – 电子巡查系统：巡更点； 智能一卡通管理系统：智能数据采集器、人脸识别终端、读卡器、智能卡； 信息引导及发布系统：工作站、信息发布一体机； 多媒体教学系统：话筒、互动屏、功放、触控一体机、面板式 AP； 建筑设备监控系统：模块、DDC、传感器、通信接口、控制器、空气质量监控仪； 建筑能耗监测系统：管理器、接线箱； 综合管路系统：热浸镀锌槽式电缆桥架、焊接钢管、套接紧定式镀锌钢导管
3	消防工程	水灭火系统 – 自动喷水灭火系统：快速响应喷头、湿式报警阀组、水流指示器、无缝钢管、热浸镀锌钢管； 水灭火系统 – 消火栓系统：消火栓箱、热浸镀锌钢管； 火灾自动报警系统：消火栓启泵按钮、感烟探测器、套接紧定式镀锌钢导管、电线 WDZCN–RYJS； 电气火灾监控系统：剩余电流监控模块、套接紧定式镀锌钢导管、电线 WDZCN–RYJS、电线 WDZN–BYJ； 消防电源监控系统：消防电源监控模块、套接紧定式镀锌钢导管、电线 WDZN–RYJS、电线 WDZN–BYJ； 应急照明及疏散指示系统：应急照明电源配电箱、应急吸顶灯、疏散标志灯、安全出口标志灯、套接紧定式镀锌钢导管、电线 WDZN–BYJ

表 4–1–9（续）

4	通风空调工程	空调风系统：风冷螺杆式热泵机组、预制直埋保温管、风机盘管； 空调水系统：螺杆式水冷机组、冷却塔、镀锌钢管； 通风系统：风机、镀锌薄钢板风管
5	给排水工程	给水系统：衬塑钢管、无规共聚聚丙烯管（PP–R 管）； 排水系统：超静音聚丙烯塑料排水管（PP 管）、HDPE 雨水排水管、柔性铸铁管； 卫生器具安装：洗脸盆、坐便器、蹲便器、小便器、拖把池
6	其他特征	抗震支架； 电梯：垂直电梯 4 部

表 4–1–10 地上建筑工程概况信息（科研楼）

综合概况信息	工程名称	某普通高校项目（一） 科研楼				
	采集类别编码	FJ020801	建筑物层数	5	建筑面积 /m^2	9 036.18
	抗震设防类别	乙类	结构类型	框架结构	装配率	—
	建筑高度 /m	24.5	标准层层高 /m	4.2	基本风压 /（kN/m^2）	0.45
	抗震等级	框架三级				
	其他特征	首层层高 5.5m				
一	建筑与装饰工程概况信息					
1	砌筑工程	外墙：B06A5.0 蒸压砂加气混凝土砌块； 内墙：B06A3.5 蒸压砂加气混凝土砌块、B06A5.0 陶粒混凝土砌块				
2	混凝土结构工程	结构形式：现浇钢筋混凝土结构； 模板及支撑架：复合模板、盘扣式钢管支撑架				
3	门窗工程	门：定制橡木实木贴皮成品门、成品钢制木门、断桥隔热铝合金门[（6Low–E+12A+6）mm 中空钢化玻璃]； 窗：断桥隔热铝合金窗[（6Low–E+12A+6）mm 中空钢化玻璃]； 特种门窗：木质防火门、甲级防火窗、双轨双帘无机特级防火卷帘（耐火极限 3h）				
4	屋面工程	刚性屋面：50.0mm 厚 C20 细石混凝土、无纺聚酯纤维布、90.0mm 厚挤塑聚苯板保温层、1.5mm 厚强力交叉膜自粘防水卷材、1.5mm 厚非固化橡胶沥青防水涂料、最薄处 30.0mm 厚 LC5.0 发泡混凝土找坡 2%； 采光屋面:（8+1.52PVB+8）mm 夹胶钢化超白玻璃				
5	防水工程	楼地面：2.0mm 厚聚合物水泥基防水涂料； 内墙面：2.0mm 厚聚合物水泥基防水涂料				
6	防腐、隔热、保温工程	外墙内保温：50.0mm 厚无机轻集料防火保温板 I 型、5.0mm 厚聚合物抗裂砂浆； 天棚保温：C50 轻钢龙骨，30.0mm 厚岩棉板、6.0mm 厚水泥压力板				
7	外墙装饰及幕墙工程	外墙装饰：抗碱封底漆、外墙腻子、外墙涂料； 幕墙（一层入口）：3.0mm 厚氟碳穿孔铝板、T5 铝合金龙骨（氟碳喷涂）、氟碳喷涂铝合金格栅				

表 4-1-10(续)

8	楼地面装饰工程	实验用房:20.0mm 厚预制磨石板、2.0mm 厚地毯纹塑胶地板; 办公室:800mm × 800mm 灰色仿古砖; 洁净室:4.0mm 厚自流平环氧地坪; 展厅:25.0mm 厚浅灰色大理石; 卫生间:300mm × 300mm 防滑地砖; 楼梯间:20.0mm 厚芝麻灰花岗岩
9	内墙及柱面装饰工程	实验用房:耐水腻子、涂料; 办公室:腻子、涂料; 洁净室:50.0mm 厚复合彩钢板; 展厅:2.5mm 厚穿孔铝板、木纹色铝板饰面、耐水腻子、涂料; 卫生间:300mm × 600mm 瓷砖; 楼梯间:耐水腻子、涂料
10	天棚工程	实验用房:U50 轻钢龙骨、12.0mm 厚纸面石膏板、耐水腻子、涂料; 办公室:U50 轻钢龙骨、12.0mm 厚纸面石膏板、腻子、涂料; 洁净室:50.0mm 厚复合彩钢板、U50 轻钢龙骨; 展厅:1.0mm 厚 60mm × 180mm 木纹铝方通格栅间距 150.0mm、2.5mm 厚穿孔铝板、U50 轻钢龙骨、12.0mm 厚纸面石膏板、涂料; 卫生间:U38 轻钢龙骨、1.0mm 厚 600mm × 600mm 铝扣板; 楼梯间:腻子、涂料
11	其他装饰工程	楼梯栏杆:不锈钢栏杆(H=1 050mm); 护窗栏杆:不锈钢栏杆(H=900mm); 浴厕配件:12.0mm 厚橡木纹抗倍特板隔断、20.0mm 厚大理石洗漱台、无障碍扶手
12	附属工程	散水、坡道、混凝土台阶、400.0mm 宽不锈钢排水沟盖板
13	其他特征	施工电梯、盘扣式钢管外墙脚手架
二	通用安装工程概况信息	
1	电气设备安装工程	动力系统:配电柜、配电箱、控制器、焊接钢管、套接紧定式镀锌钢导管、热浸镀锌托盘式电缆桥架、热浸镀锌喷塑(防火塑粉)槽式电缆桥架、电缆 RTFY、电缆 WDZA-YJY-0.6/1kV、电缆 WDZB-YJY-0.6/1kV、电缆 WDZC-YJY-0.6/1kV、电缆 WDZN-YJY-0.6/1kV、电缆 WDZB-KYJY-450/750; 照明系统:配电箱、套接紧定式镀锌钢导管、筒灯、平板灯、日光灯、开关、插座、热浸镀锌槽式电缆桥架、电线 WDZB-BYJ; 防雷接地系统:接闪带(避雷网)、引下线、接地跨接、接地母线
2	建筑智能化工程	信息网络系统:无线 AP、交换机、光模块; 综合布线系统:信息插座、42U 机柜、单模光纤、六类非屏蔽网线; 安全防范系统 - 出入口控制系统:出入门按钮、磁力锁、门禁读卡器、门禁控制器; 安全防范系统 - 视频安防监控系统:彩色红外半球网络摄像机、彩色红外枪式网络摄像机、人脸识别摄像机;

表 4-1-10（续）

2	建筑智能化工程	安全防范系统－电子巡查系统：巡更点； 智能一卡通管理系统：智能数据采集器、人脸识别终端、门禁控制器、读卡器、智能卡； 多媒体教学系统：话筒、互动屏、功放、触控一体机、面板式 AP； 建筑设备监控系统：模块、DDC、传感器、通信接口、控制器、空气质量监控仪； 建筑能耗监测系统：管理器、接线箱； 综合管路系统：热浸镀锌槽式电缆桥架、焊接钢管、套接紧定式镀锌钢导管
3	消防工程	水灭火系统－自动喷水灭火系统：快速响应喷头、湿式报警阀组、水流指示器、无缝钢管、热浸镀锌钢管； 水灭火系统－消火栓系统：消火栓箱、热浸镀锌钢管； 火灾自动报警系统：消火栓启泵按钮、套接紧定式镀锌钢导管、电线 WDZCN-RYJS； 电气火灾监控系统：剩余电流监控模块、套接紧定式镀锌钢导管、电线 WDZCN-RYJS、电线 WDZN-BYJ； 消防电源监控系统：消防电源监控模块、套接紧定式镀锌钢导管、电线 WDZN-RYJS、电线 WDZN-BYJ； 应急照明及疏散指示：应急照明电源配电箱、应急吸顶灯、疏散标志灯、安全出口标志灯、套接紧定式镀锌钢导管、电线 WDZN-BYJ
4	通风空调工程	空调风系统：全热交换器、VRF 空调室外机、VRF 空调室内机、一拖多风管机、镀锌薄钢板风管、橡塑保温、风冷螺杆式热泵机组、预制直埋保温管、风机盘管； 空调水系统：螺杆式水冷机组、冷却塔、镀锌钢管； 通风系统：风机、镀锌薄钢板风管
5	给排水工程	给水系统：衬塑钢管、无规共聚聚丙烯管（PP-R 管）； 排水系统：超静音聚丙烯塑料排水管（PP 管）、HDPE 雨水排水管、柔性铸铁管； 卫生器具安装：洗脸盆、坐便器、蹲便器、小便器、拖把池
6	其他特征	抗震支架； 电梯：垂直电梯 2 部

表 4-1-11　地上建筑工程概况信息［1# 宿舍（公寓）］

综合概况信息	工程名称	某普通高校项目（一）　1# 宿舍（公寓）				
	采集类别编码	FJ010301	建筑物层数	16	建筑面积 /m^2	12 236.12
	抗震设防类别	乙类	结构类型	剪力墙结构	装配率	50%
	建筑高度 /m	53.4	标准层层高 /m	3.2	基本风压 /（kN/m^2）	0.45
	抗震等级	剪力墙三级				
	其他特征	首层为架空层，层高 4.2m				

表 4-1-11（续）

一	建筑与装饰工程概况信息	
1	土石方工程	土石方类别：二类土； 开挖深度：3.0m 以内； 外运距离：5.0km 以内； 渣土消纳处置方式：水运
2	基坑围护工程	围护类型：80.0mm 厚 C20 混凝土（内配 ϕ6@200 双向钢筋网片）喷锚护坡
3	桩基工程	先张法预应力混凝土管桩 PHC600AB130-15-15-15-15a（平均桩长 60.0m）
4	砌筑工程	外墙：B06A5.0 蒸压砂加气混凝土砌块； 内墙：B06A3.5 蒸压砂加气混凝土砌块、B06A5.0 陶粒混凝土砌块； 烟道、烟帽：370mm × 370mmDPW12 型成品排气道、防火阀、无动力不锈钢风帽
5	混凝土结构工程	基础类型：桩承台基础； 结构形式：装配式混凝土结构； 模板及支撑架：复合模板、盘扣式钢管支撑架
6	门窗工程	普通门：定制橡木实木贴皮成品门、断桥隔热铝合金门[（6Low-E+12A+6）mm 中空钢化玻璃]； 窗：断桥隔热铝合金窗[（6Low-E+12A+6）mm 中空钢化玻璃、手动开启装置]、铝合金防雨百叶窗； 特种门窗：木质防火门
7	屋面工程	刚性屋面：50.0mm 厚 C20 细石混凝土、无纺聚酯纤维布、65.0mm 厚挤塑聚苯板保温层、1.5mm 厚强力交叉膜自粘防水卷材、1.5mm 厚非固化橡胶沥青防水涂料、最薄处 30.0mm 厚 LC5.0 发泡混凝土找坡 2%； 种植屋面：50.0mm 厚 C20 细石混凝土、无纺聚酯纤维布、65.0mm 厚挤塑聚苯板保温层、4.0mm 厚 SBS 改性沥青耐根穿刺防水卷材、1.5mm 厚非固化橡胶沥青防水涂料、最薄处 30.0mm 厚 LC5.0 发泡混凝土找坡 2%
8	防水工程	楼地面：2.0mm 厚聚合物水泥基防水涂料； 内墙面：2.0mm 厚聚合物水泥基防水涂料； 天棚面：1.5mm 厚聚合物水泥基防水涂料
9	防腐、隔热、保温工程	外墙内保温：20.0mm 厚无机轻集料保温砂浆Ⅰ型、5.0mm 厚聚合物抗裂砂浆； 天棚保温：C50 轻钢龙骨，30.0mm 厚岩棉板、6.0mm 厚水泥压力板； 楼面保温：20.0mm 厚无机轻集料保温砂浆Ⅲ型
10	外墙装饰及幕墙工程	外墙装饰：抗碱封底漆、外墙腻子、外墙涂料
11	楼地面装饰工程	地面垫层：500.0mm 厚塘渣、100.0mm 厚碎石垫层； 宿舍：150mm × 750mm 布纹防滑地砖； 洗衣房：600mm × 600mm 仿古砖； 阳台、走道：600mm × 600mm 仿古砖； 卫生间：300mm × 300mm 防滑地砖； 楼梯间：20.0mm 厚芝麻灰花岗岩

表 4-1-11（续）

12	内墙及柱面装饰工程	宿舍：耐水腻子、涂料； 洗衣房：300mm × 600mm 瓷砖、耐水腻子、涂料； 阳台、走道：300mm × 600mm 瓷砖、耐水腻子、涂料； 卫生间：300mm × 600mm 瓷砖； 楼梯间：耐水腻子、涂料
13	天棚工程	宿舍：防潮腻子、涂料； 洗衣房：防潮腻子、涂料； 阳台、走道：U38 轻钢龙骨、1.0mm 厚 600mm × 600mm 铝扣板； 卫生间：U38 轻钢龙骨、0.6mm 厚 300mm × 300mm 铝扣板； 楼梯间：耐水腻子、涂料
14	其他装饰工程	楼梯栏杆：不锈钢扶手型钢栏杆（H=1 100mm）； 屋顶栏杆：不锈钢扶手型钢栏杆（H=1 200mm）； 浴厕配件：卫生间浴帘、20.0mm 厚人造大理石面板洗漱台、无障碍扶手
15	附属工程	散水、坡道、混凝土台阶、400.0mm 宽不锈钢排水沟盖板
16	其他特征	施工电梯、湿土排水、盘扣式钢管外墙脚手架
二	通用安装工程概况信息	
1	电气设备安装工程	照明系统：配电箱、套接紧定式镀锌钢导管、筒灯、平板灯、日光灯、开关、插座、热浸镀锌槽式电缆桥架、电线 WDZB-BYJ； 防雷接地系统：接闪带（避雷网）、引下线、接地跨接、接地母线
2	建筑智能化工程	信息网络系统：AP 无线外网点、单模光纤、接入交换机、光模块、墙柜、配线架； 综合布线系统：信息插座、42U 机柜、单模光纤、配线架； 安全防范系统 - 出入口控制系统：出入门按钮、磁力锁、门禁读卡器、门禁控制器、电线 ZA-RVV； 移动通信室内信号覆盖系统：汇聚交换机、业务板卡、模块、交换机、无线 AP、AP 端物联网接收模块； 安全防范系统 - 视频安防监控系统：电梯专用摄像机、人脸识别智能摄像机、网络全高清红外枪式摄像机、网络全高清红外半球摄像机、网络高清彩转黑低照度快球摄像机、楼层数字叠加器、开关电源； 安全防范系统 - 入侵报警系统：红外微波双鉴探测器（防拆）、求助报警按钮、声光报警器、8 防区扩展模块、单防区联动输出模块、256 防区报警主机、报警键盘、讯响器； 安全防范系统 - 出入口控制系统：四门控制器、门禁控制器电源、磁力锁、磁力锁电源、人脸识别读卡器、出门按钮、无线联网式电子门锁、三边摆闸； 校园物联网综合运营管理系统：物联网边界计算网关； 电子巡查系统：巡更点、单兵终端； 信息发布及引导系统：信息发布工作站、信息发布管理软件、55 寸高清液晶显示屏（1080P）、80 寸高清液晶显示屏（1080P）； 有线电视系统：光接收机、分支器、IPTV 专用交换机、光模块、墙柜、交流电源模块 PDU、电视插座、配线架、光缆、同轴电缆、跳线、双绞线缆；

表 4–1–11(续)

2	建筑智能化工程	智能一卡通管理系统:智能数据采集器、人脸识别终端、门禁控制器、读卡器、智能卡、一体化水控器、消费终端; 建筑设备监控系统:DI 点、DO 点、DDC 控制箱、压差传感器、液位传感器、网控器、变配电系统通信接口、空气源热泵机组通信接口、六类非屏蔽对绞线; 建筑能耗监测系统:区域管理器、接线箱、六类非屏蔽对绞线、线缆、信号避雷器; 电源与电子设备防雷接地系统:20kV·A UPS 主机、阀控式铅酸免维护蓄电池 12V100AH、电池柜、配电箱、网络监控卡、插座箱、线缆、后备保护装置、电涌保护器、接地母线、接地线、端子箱; 会议系统 – 多功能厅扩声部分:紧凑阵列主音箱、超低音音箱、返听音箱、支架、双通道专业功率放大器、数字音频处理器主机、输入输出接口、调音台、无线手持话筒、无线接收机、DVD 机、时序电源; 综合管路系统:热浸镀锌槽式电缆桥架、焊接钢管、套接紧定式镀锌钢导管
3	消防工程	水灭火系统 – 自动喷水灭火系统:快速响应喷头、湿式报警阀组、水流指示器、无缝钢管、热浸镀锌钢管; 水灭火系统 – 消火栓系统:消火栓箱、热浸镀锌钢管; 火灾自动报警系统:消火栓启泵按钮、套接紧定式镀锌钢导管、电线 WDZCN–RYS; 电气火灾监控系统:剩余电流监控模块、套接紧定式镀锌钢导管、电线 WDZCN–RYJS、电线 WDZCN–BYJ; 消防电源监控系统:消防电源监控模块、套接紧定式镀锌钢导管、电线 WDZCN–RYJS、电线 WDZCN–BYJ; 应急照明及疏散指示系统:应急照明电源配电箱、应急吸顶灯、疏散标志灯、安全出口标志灯、套接紧定式镀锌钢导管、电线 WDZCN–BYJ
4	通风空调工程	空调风系统:卫生间暖风机、分体式空调; 通风系统:风机、镀锌薄钢板风管、钢面镁质无泛卤防火板复合风管
5	给排水工程	给水系统:304 不锈钢管、PPR 给水管、远传水表、橡塑保温、铝合金薄板保护层; 热水系统:太阳能热水器、保温循环泵、压力表、304 不锈钢管、远传水表、卧式承压贮水罐、橡塑保温、铝合金薄板保护层; 排水系统:柔性铸铁排水管、硬聚氯乙烯塑料排水管(UPVC 管)、防紫外线硬聚氯乙烯塑料排水管(UPVC 管)、潜污泵、压力表、镀锌钢管; 卫生器具安装:洗脸盆、坐便器、蹲便器、小便器、拖把池、淋浴器
6	其他特征	抗震支架; 电梯:垂直电梯 3 部

表 4–1–12 地上建筑工程概况信息[2# 宿舍(公寓)]

综合概况信息	工程名称	某普通高校项目(一) 2# 宿舍(公寓)				
	采集类别编码	FJ010301	建筑物层数	16	建筑面积 /m^2	13 187.67
	抗震设防类别	乙类	结构类型	剪力墙结构	装配率	50%
	建筑高度 /m	53.4	标准层层高 /m	3.2	基本风压 /(kN/m^2)	0.45
	抗震等级	剪力墙三级				
	其他特征	首层为架空层,层高 4.2m				

注: 其他概况信息同表 4–1–11 1# 宿舍(公寓)。

表 4-1-13　地上建筑工程概况信息[3# 宿舍(公寓)]

综合概况信息	工程名称	某普通高校项目(一)　3# 宿舍(公寓)				
	采集类别编码	FJ010301	建筑物层数	16	建筑面积 /m²	13 126.89
	抗震设防类别	乙类	结构类型	剪力墙结构	装配率	50%
	建筑高度 /m	53.4	标准层层高 /m	3.2	基本风压 /(kN/m²)	0.45
	抗震等级	剪力墙三级				
	其他特征	首层为架空层,层高 4.2m				

注: 其他概况信息同表 4-1-11 1# 宿舍(公寓)。

表 4-1-14　地上建筑工程概况信息[4# 宿舍(公寓)]

综合概况信息	工程名称	某普通高校项目(一)　4# 宿舍(公寓)				
	采集类别编码	FJ010301	建筑物层数	16	建筑面积 /m²	14 187.67
	抗震设防类别	乙类	结构类型	剪力墙结构	装配率	50%
	建筑高度 /m	53.4	标准层层高 /m	3.2	基本风压 /(kN/m²)	0.45
	抗震等级	剪力墙三级				
	其他特征	首层为架空层,层高 4.2m				

注: 其他概况信息同表 4-1-11 1# 宿舍(公寓)。

表 4-1-15　地上建筑工程概况信息(垃圾房)

综合概况信息	工程名称	某普通高校项目(一)　垃圾房				
	采集类别编码	FJ021501	建筑物层数	1	建筑面积 /m²	24.56
	抗震设防类别	乙类	结构类型	框架结构	装配率	—
	建筑高度 /m	5.6	标准层层高 /m	4.5	基本风压 /(kN/m²)	0.45
	抗震等级	框架四级				
	其他特征	—				
一	建筑与装饰工程概况信息					
1	土石方工程	土石方类别:二类土; 开挖深度:2.0m 以内; 外运距离:5.0km 以内; 渣土消纳处置方式:水运				
2	砌筑工程	砖基础:50.0mm 厚碎石垫层、MU20.0 水泥实心砖、防潮层; 外墙:MU10 非粘土烧结多孔砖				

表 4-1-15（续）

3	混凝土结构工程	基础类型：独立基础； 结构形式：现浇钢筋混凝土结构； 模板及支撑架：复合模板、盘扣式钢管支撑架
4	门窗工程	普通门：铝合金门（5.0mm 钢化玻璃）； 普通窗：铝合金窗（5.0mm 钢化玻璃）
5	屋面工程	刚性屋面：40.0mm 厚 C20 细石混凝土、耐碱玻纤网格布、50.0mm 厚挤塑聚苯板保温层、3.0mm 厚 SBS 改性沥青自粘型防水卷材、2.0mm 厚非固化橡胶沥青防水涂料
6	防水工程	楼地面：2.0mm 厚聚合物水泥基防水涂料； 内墙面：2.0mm 厚聚合物水泥基复合防水涂料
7	外墙装饰及幕墙工程	外墙装饰：抗碱封底漆、外墙腻子、外墙涂料
8	楼地面装饰工程	400.0mm 厚塘渣、50.0mm 厚碎石垫层；300mm × 300mm 防滑地砖
9	内墙及柱面装饰工程	300mm × 600mm 瓷砖、耐水腻子、涂料
10	天棚工程	防潮腻子、涂料
11	附属工程	散水、坡道、砖砌台阶、混凝土排水沟、400.0mm 宽不锈钢排水沟盖板
12	其他特征	湿土排水
二	通用安装工程概况信息	
1	电气设备安装工程	照明系统：配电箱、套接紧定式镀锌钢导管、日光灯、开关、插座、热浸镀锌槽式电缆桥架； 防雷接地系统：接闪带（避雷网）、引下线、接地跨接、接地母线
2	建筑智能化工程	—
3	消防工程	水灭火系统 - 消火栓系统：消火栓箱、热浸镀锌钢管、灭火器
4	通风空调工程	—
5	给排水工程	给水系统：无规共聚聚丙烯管（PP-R 管）； 排水系统：球墨铸铁管、硬聚氯乙烯塑料排水管（UPVC 管）、防紫外线硬聚氯乙烯塑料排水管（HDPE 管）； 卫生器具安装：洗涤盆、拖把池
6	其他特征	—

表 4–1–16 地上建筑工程概况信息(门卫室)

<table>
<tr><td rowspan="6">综合概况信息</td><td>工程名称</td><td colspan="5">某普通高校项目(一) 门卫室</td></tr>
<tr><td>采集类别编码</td><td>FJ021501</td><td>建筑物层数</td><td>1</td><td>建筑面积 /m²</td><td>228.54</td></tr>
<tr><td>抗震设防类别</td><td>乙类</td><td>结构类型</td><td>框架结构</td><td>装配率</td><td>—</td></tr>
<tr><td>建筑高度 /m</td><td>8.5</td><td>标准层层高 /m</td><td>4.8</td><td>基本风压 /(kN/m²)</td><td>0.45</td></tr>
<tr><td>抗震等级</td><td colspan="5">框架四级</td></tr>
<tr><td>其他特征</td><td colspan="5">—</td></tr>
<tr><td>一</td><td colspan="6">建筑与装饰工程概况信息</td></tr>
<tr><td>1</td><td>土石方工程</td><td colspan="5">土石方类别:二类土;
开挖深度:2.0m 以内;
外运距离:5.0km 以内;
渣土消纳处置方式:水运</td></tr>
<tr><td>2</td><td>砌筑工程</td><td colspan="5">砖基础:MU20.0 水泥实心砖、防潮层;
外墙:B06A5.0 蒸压砂加气混凝土砌块;
内墙:B06A3.5 蒸压砂加气混凝土砌块</td></tr>
<tr><td>3</td><td>混凝土结构工程</td><td colspan="5">基础类型:独立基础;
结构形式:现浇混凝土结构;
模板及支撑架:复合模板、盘扣式钢管支撑架</td></tr>
<tr><td>4</td><td>门窗工程</td><td colspan="5">普通门:断桥隔热铝合金门[(6Low–E+12A+6)mm 中空钢化玻璃];
普通窗:断桥隔热铝合金窗[(6Low–E+12A+6)mm 中空钢化玻璃]、铝合金百叶窗</td></tr>
<tr><td>5</td><td>屋面工程</td><td colspan="5">刚性屋面:50.0mm 厚 C20 细石混凝土、无纺聚酯纤维布、30.0mm 厚挤塑聚苯板保温层、1.5mm 厚强力交叉膜自粘防水卷材、1.5mm 厚非固化橡胶沥青防水涂料、最薄处 30.0mm 厚 LC5.0 发泡混凝土找坡 2%</td></tr>
<tr><td>6</td><td>防水工程</td><td colspan="5">楼地面:2.0mm 厚聚合物水泥基防水涂料;
内墙面:2.0mm 厚聚合物水泥基复合防水涂料</td></tr>
<tr><td>7</td><td>防腐、隔热、保温工程</td><td colspan="5">外墙外保温:50.0mm 厚保温岩棉板</td></tr>
<tr><td>8</td><td>外墙装饰及幕墙工程</td><td colspan="5">外墙装饰:抗碱封底漆、外墙腻子、外墙涂料;
幕墙(干挂):30.0mm 厚光面黄金麻花岗岩、镀锌钢龙骨;3.0mm 厚氟碳喷涂铝板、T5 铝合金龙骨(氟碳喷涂)</td></tr>
<tr><td>9</td><td>楼地面装饰工程</td><td colspan="5">地面垫层:400.0mm 厚塘渣、50.0mm 厚碎石垫层;
传达室:600mm × 600mm 仿古地砖;
休息室:600mm × 600mm 仿古地砖;
监控室:600mm × 600mm 钢质防静电地板;
卫生间:400mm × 400mm 防滑地砖</td></tr>
</table>

表 4-1-16(续)

10	内墙及柱面装饰工程	传达室:耐水腻子、涂料; 休息室:耐水腻子、涂料; 监控室:耐水腻子、涂料; 卫生间:400mm × 800mm 瓷砖
11	天棚工程	传达室:U50 轻钢龙骨、12.0mm 厚纸面石膏板、腻子、涂料; 休息室:U50 轻钢龙骨、12.0mm 厚纸面石膏板、腻子、涂料; 监控室:U50 轻钢龙骨、14.0mm 厚 600mm × 600mm 矿棉板; 卫生间:U38 轻钢龙骨、0.6mm 厚 300mm × 300mm 铝扣板
12	附属工程	散水、坡道、混凝土台阶
13	其他特征	湿土排水
二	通用安装工程概况信息	
1	电气设备安装工程	动力系统:配电柜、配电箱、焊接钢管、电缆 WDZB-KYJY-450/750; 照明系统:配电箱、吊扇、套接紧定式镀锌钢导管、筒灯、平板灯、日光灯、开关、插座、热浸镀锌槽式电缆桥架、电线 WDZB-BYJ; 防雷接地系统:接闪带(避雷网)、引下线、接地跨接、接地母线
2	建筑智能化工程	综合布线系统:信息插座、42U 机柜、单模光纤; 安全防范系统 - 出入口控制系统:出入门按钮、磁力锁、门禁读卡器、门禁控制器、电线 ZA-RVV; 安全防范系统 - 视频安防监控系统:彩色红外枪式网络摄像机、球形一体机、监控机柜、电线 ZA-RVV; 安全防范系统 - 电子巡查系统:巡更点; 综合管路系统:热浸镀锌槽式电缆桥架、焊接钢管、套接紧定式镀锌钢导管
3	消防工程	水灭火系统 - 消火栓系统:灭火器箱; 电气火灾监控系统:火灾报警控制器(联动型)、消防电话主机、广播控制盘、500W 广播功率放大器; 应急照明及疏散指示系统:集中控制型应急主机(含电池)、集中控制型应急电源箱
4	通风空调工程	空调风系统:分体式空调
5	给排水工程	给水系统:衬塑钢管、无规共聚聚丙烯管(PP-R 管); 排水系统:硬聚氯乙烯塑料排水管(UPVC 管)、防紫外线硬聚氯乙烯塑料排水管(UPVC 管); 卫生器具安装:洗脸盆、坐便器、小便器、拖把池
6	其他特征	—

表 4-1-17 室外附属工程概况信息

<table>
<tr><td rowspan="5">综合概况信息</td><td>工程名称</td><td colspan="4">某普通高校项目(一) 室外附属工程</td></tr>
<tr><td>采集类别编码</td><td>FJ021601</td><td>室外总面积 /m²</td><td colspan="2">245 001.86</td></tr>
<tr><td>道路面积 /m²</td><td>24 356.08</td><td>绿化面积 /m²</td><td colspan="2">95 085.43</td></tr>
<tr><td>围墙长度 /m</td><td>1 029.5</td><td>运动场面积 /m²</td><td colspan="2">29 529.52</td></tr>
<tr><td>其他特征</td><td colspan="4">—</td></tr>
<tr><td colspan="6">室外附属工程概况信息</td></tr>
<tr><td>1</td><td>道路</td><td colspan="4">人行道：60.0mm 厚混凝土植草地坪、150.0mm 厚 C30 混凝土、100.0mm 厚级配碎石；
车行道：40.0mm 厚 SBS 改性细粒式沥青混凝土（AC-13）、改性乳化沥青 PC-3（0.5L/m²）、60.0mm 厚中粒式沥青混凝土（AC-20）、液体沥青透层 AL（M）-1（1L/m²）、250.0mm 厚 5% 水泥稳定碎石、100.0mm 厚级配碎石</td></tr>
<tr><td>2</td><td>景观</td><td colspan="4">园路：50.0mm 厚山东白麻花岗岩荔枝面；
木平台：120mm × 50mm 厚印尼菠萝格防腐木板；
水景：400mm × 400mm × 20mm 厚芝麻黑花岗岩、ϕ 50-60 本色卵石</td></tr>
<tr><td>3</td><td>绿化</td><td colspan="4">乔木 2 867 株、灌木 6 249 株、草坪 48 669.4m²、色带 22 235.3m²、花卉 21 228.3m²</td></tr>
<tr><td>4</td><td>围墙</td><td colspan="4">围墙高度：2.75m；
围墙形式：氟碳漆方钢管金属栏杆（H=1 750mm）；
围墙饰面：黄锈花岗岩、12.0mm 厚 240mm × 60mm 红色劈开砖；
电动伸缩门 2 樘、消防门 4 樘</td></tr>
<tr><td>5</td><td>通用安装工程</td><td colspan="4">照明系统：配电箱、焊接钢管、室外埋地塑料保护管 PE 管、电缆 YJV22-0.6/1kV、草坪灯、庭院灯（立杆 3m）、球场高杆灯（立杆 12m）、投光灯；
防雷接地系统：接地母线、接地极；
室外绿化喷灌：聚乙烯 PE 给水管、旋转散射喷头；
给水系统：球墨铸铁管、涂塑钢塑复合管；
排水系统：高密度聚乙烯 HDPE 双壁波纹管；
安全防范系统 - 入侵报警系统：电子围栏；
安全防范系统 - 出入口控制系统：人行门禁；
安全防范系统 - 视频安防监控系统：安防箱、工业交换机、网络彩色固定枪机、人脸识别摄像机、全景摄像机、PTZ 球机、电线 ZA-RVV；
安全防范系统 - 停车场管理系统：液压一体升降柱、高速升降柱控制盒、自动档车器、车检器、出入口补光抓拍一体机、出入口 LED 显示屏、软硬件一体化平台软件、电线 ZA-RVV；
信息引导及发布系统：室外全彩 LED 显示屏；
公共广播系统：室外草坪喇叭、电线 WDZC-RVVP；
综合管路系统：镀锌钢管；
水灭火系统 - 消火栓系统：球墨铸铁管、室外消火栓；
海绵城市：透水盲管、下沉式绿地、旱溪、雨水花园、滞留井、溢流井</td></tr>
</table>

表 4–1–17（续）

6	运动场	篮球场：300.0mm 厚塘渣垫层、150.0mm 厚级配碎石垫层、180.0mm 厚 C30 混凝土、8.0mm 厚硅 PU 高环保球场面层：底层涂接触剂（封底）一道 + 弹性层 2 道；50.0mm 宽白色分割线； 标准跑道（8m × 400m）：300mm 厚塘渣垫层、150mm 厚级配碎石垫层、200.0mm 厚水泥稳定碎石（5%）、50.0mm 厚 AC–16 中粒式沥青混凝土、30.0mm 厚 AC–13C 细粒式沥青混凝土、3.0mm 厚塑胶面层，10.0mm 厚聚氨酯弹性层，底层底涂一道，50.0mm 宽白色分割线； 足球场：300.0mm 厚塘渣垫层、150.0mm 厚级配碎石垫层、180.0mm 厚 C30 混凝土、25mm 厚石英砂、15.0mmGEO 天然环保填充材料、双截面单丝（钻石形 + 半月形 6 股 / 簇 12 根草丝以上）、50.0mm 三层网格底 Z 字形编制人造草
7	其他	运动场地基处理：预应力离心混凝土空心方桩 PS–A250（150）– 平均桩长 9.0m、50.0cm 碎石垫层、钢丝格栅； 道路地基处理：200.0mm 厚 C30 混凝土、600.0mm 厚塘渣（梢径 14cm 松木桩加固，长 6.0m）

二、造价指标

示例（一）造价指标见表 4–1–18~ 表 4–1–24。

表 4–1–18　整体项目造价指标表

功能规模	指标内容
生源 5 000 人	1. 整体项目造价指标分为地上建筑、地下建筑、室外附属工程，不包括教学设施设备、厨具设备、机械式停车库等； 2. 地上建筑包括会堂、教学楼、图书馆、体育馆、食堂、实训楼、办公用房、宿舍楼、科研楼、垃圾房、门卫室等

序号	整体项目造价指标 /（元 /m²）	单项工程造价指标 /（元 /m²）				备注
		指标组成	基期指标			
			合计	建筑与装饰	通用安装	
1	5 573.56	地下建筑	6 407.59	5 583.40	824.19	
2		地上建筑	4 451.03	3 437.43	1 013.60	
3		室外附属工程	534.80			

表 4–1–19　单项造价指标表

指标内容
1. 建筑与装饰工程包括土石方工程，地基处理工程，基坑围护工程，桩基工程，砌筑工程，混凝土结构工程，金属结构工程，屋面工程，防水工程，防腐、隔热、保温工程，门窗工程，外墙装饰及幕墙工程，楼地面装饰工程，内墙及柱面装饰工程，天棚工程，其他装饰工程，附属工程，施工技术措施等； 2. 通用安装工程包括电气设备安装工程、建筑智能化工程、消防工程、通风空调工程、给排水工程、电梯、充电桩、施工技术措施等； 3. 室外附属工程主要包括道路、景观、绿化、围墙、运动场、电气设备安装、建筑智能化、消防、给排水等

表 4-1-19（续）

序号	单项名称	造价指标 /（元 /m²）			备注
		建筑与装饰工程	通用安装工程	合计	
一、地下建筑					
1	地下室	5 583.39	824.19	6 407.58	
二、地上建筑					
1	会堂	4 938.81	831.05	5 769.86	桩基础
2	教学楼	3 663.79	1 054.58	4 718.37	桩基础
3	图书馆	4 395.08	1 189.74	5 584.83	
4	体育馆	4 712.37	1 187.08	5 899.44	
5	食堂	3 568.12	1 121.06	4 689.20	桩基础
6	办公用房	2 912.68	1 004.49	3 917.17	
7	实训楼	2 554.47	969.69	3 524.16	
8	科研楼	3 050.13	1 133.01	4 183.14	
9	1# 宿舍（公寓）	3 502.94	958.94	4 461.88	桩基础
10	2# 宿舍（公寓）	3 422.92	947.58	4 370.50	桩基础
11	3# 宿舍（公寓）	3 450.45	963.17	4 413.62	桩基础
12	4# 宿舍（公寓）	3 428.37	942.70	4 371.07	桩基础
13	垃圾房	3 404.90	376.87	3 781.77	独立基础
14	门卫室	6 529.10	1 352.82	7 881.92	独立基础
三、室外附属工程					
1	道路	52.16			
2	景观	92.80			
3	绿化	113.95			
4	围墙	7.42			
5	通用安装工程	144.93			
6	运动场	93.70			

表 4-1-20 造价指标单元分析表（一）

序号	一级造价指标单元	造价指标 /（元 /m^2）			备注
		地下室	会堂	教学楼	
一	建筑与装饰工程	5 583.39	4 938.81	3 663.79	
1	土石方工程	628.93	90.62	87.07	
2	基坑围护工程	551.81	55.00	33.40	
3	桩基工程	1 155.90	434.53	484.10	
4	砌筑工程	48.47	86.66	100.94	
5	混凝土结构工程	2 039.52	1 224.71	1 157.03	
6	金属结构工程	—	—	—	
7	门窗工程	120.62	61.21	252.90	
8	屋面工程	—	312.30	117.74	
9	防水工程	345.08	22.19	28.57	
10	防腐、隔热、保温工程	—	25.95	38.98	
11	外墙装饰及幕墙工程	—	1 183.99	251.34	
12	楼地面装饰工程	218.50	423.50	323.59	
13	内墙及柱面装饰工程	118.11	333.04	287.78	
14	天棚工程	68.00	275.36	221.92	
15	其他装饰工程	13.79	180.47	72.33	
16	附属工程	11.97	25.09	8.73	
17	施工技术措施	262.69	204.19	197.37	
二	通用安装工程	824.19	831.05	1 054.58	
1	电气设备安装工程	227.27	251.55	250.43	
2	建筑智能化工程	136.72	298.45	151.67	
3	消防工程	160.31	138.51	90.87	
4	通风空调工程	160.66	73.06	409.91	
5	给排水工程	78.77	56.09	72.90	
6	电梯	—	—	65.25	
7	充电桩	53.11	—	—	
8	施工技术措施	7.35	13.39	13.57	

表 4–1–21　造价指标单元分析表(二)

序号	一级造价指标单元	造价指标 /(元 /m²)			备注
		图书馆	体育馆	食堂	
一	建筑与装饰工程	4 395.08	4 712.37	3 568.12	
1	土石方工程	—	—	150.84	
2	基坑围护工程	—	—	52.93	
3	桩基工程	—	—	365.89	
4	砌筑工程	94.82	94.58	96.94	
5	混凝土结构工程	788.10	585.14	1 002.80	
6	金属结构工程	1 050.94	1 611.86	—	
7	门窗工程	76.23	118.06	212.24	
8	屋面工程	112.82	150.66	154.22	
9	防水工程	23.90	23.08	28.11	
10	防腐、隔热、保温工程	33.61	27.57	23.94	
11	外墙装饰及幕墙工程	903.32	990.36	267.58	
12	楼地面装饰工程	325.68	405.66	323.20	
13	内墙及柱面装饰工程	278.14	212.68	267.94	
14	天棚工程	375.77	159.15	298.22	
15	其他装饰工程	137.58	46.23	106.92	
16	附属工程	8.26	25.21	27.54	
17	施工技术措施	185.91	262.13	188.81	
二	通用安装工程	1 189.74	1 187.08	1 121.06	
1	电气设备安装工程	251.81	243.40	263.62	
2	建筑智能化工程	191.71	260.27	147.92	
3	消防工程	141.29	167.33	138.67	
4	通风空调工程	412.15	410.14	374.33	
5	给排水工程	56.18	33.86	108.25	
6	电梯	123.45	57.65	76.54	
7	充电桩	—	—	—	
8	施工技术措施	13.15	14.42	11.73	

表 4-1-22　造价指标单元分析表（三）

序号	一级造价指标单元	造价指标 /（元 /m²）			备注
		办公用房	实训楼	科研楼	
一	建筑与装饰工程	2 912.67	2 554.47	3 050.12	
1	土石方工程	—	—	—	
2	基坑围护工程	—	—	—	
3	桩基工程	—	—	—	
4	砌筑工程	106.67	91.23	99.73	
5	混凝土结构工程	927.17	844.68	935.72	
6	金属结构工程	—	—	—	
7	门窗工程	232.63	276.31	265.42	
8	屋面工程	133.96	109.53	120.82	
9	防水工程	24.32	24.51	25.12	
10	防腐、隔热、保温工程	36.38	35.44	44.26	
11	外墙装饰及幕墙工程	288.81	267.60	328.97	
12	楼地面装饰工程	317.83	266.86	319.00	
13	内墙及柱面装饰工程	277.75	226.37	314.84	
14	天棚工程	258.30	183.97	300.26	
15	其他装饰工程	105.83	37.41	100.40	
16	附属工程	11.85	8.33	9.67	
17	施工技术措施	191.17	182.23	185.91	
二	通用安装工程	1 004.49	969.69	1 133.00	
1	电气设备安装工程	213.61	252.31	312.60	
2	建筑智能化工程	134.20	145.09	130.46	
3	消防工程	110.80	103.38	108.00	
4	通风空调工程	395.83	319.27	435.84	
5	给排水工程	65.03	53.88	55.10	
6	电梯	72.61	83.59	77.47	
7	充电桩	—	—	—	
8	施工技术措施	12.41	12.18	13.53	

表 4-1-23　造价指标单元分析表（四）

序号	一级造价指标单元	造价指标 /（元 /m²）			备注
		1# 宿舍（公寓）	2# 宿舍（公寓）	3# 宿舍（公寓）	
一	建筑与装饰工程	3 502.94	3 422.91	3 450.46	
1	土石方工程	103.57	102.89	103.54	
2	基坑围护工程	27.07	25.12	25.23	
3	桩基工程	372.14	348.96	346.39	
4	砌筑工程	160.79	146.10	146.38	
5	混凝土结构工程	995.47	987.77	991.99	
6	金属结构工程	—	—	—	
7	门窗工程	294.67	288.61	295.79	
8	屋面工程	99.04	93.75	94.14	
9	防水工程	48.72	53.69	53.53	
10	防腐、隔热、保温工程	43.41	39.73	40.25	
11	外墙装饰及幕墙工程	270.00	271.75	273.36	
12	楼地面装饰工程	266.79	264.42	269.78	
13	内墙及柱面装饰工程	311.35	288.57	292.91	
14	天棚工程	154.45	147.60	149.57	
15	其他装饰工程	104.31	105.79	106.87	
16	附属工程	12.99	11.38	11.44	
17	施工技术措施	238.17	246.78	249.29	
二	通用安装工程	958.93	947.58	963.17	
1	电气设备安装工程	253.32	245.34	250.94	
2	建筑智能化工程	113.16	111.95	113.02	
3	消防工程	105.49	107.97	109.70	
4	通风空调工程	135.93	128.13	129.42	
5	给排水工程	246.90	256.20	262.05	
6	电梯	85.81	79.62	79.99	
7	充电桩	—	—	—	
8	施工技术措施	18.32	18.37	18.05	

表 4–1–24　造价指标单元分析表（五）

序号	一级造价指标单元	造价指标 /（元 /m²）			备注
		4# 宿舍（公寓）	垃圾房	门卫室	
一	建筑与装饰工程	3 428.37	3 404.91	6 529.10	
1	土石方工程	110.47	126.06	90.58	
2	基坑围护工程	23.35	—	—	
3	桩基工程	320.95	—	—	
4	砌筑工程	160.49	246.23	328.48	
5	混凝土结构工程	975.03	1 286.07	2 209.49	
6	金属结构工程	—	—	—	
7	门窗工程	290.84	118.05	37.16	
8	屋面工程	93.53	261.23	45.70	
9	防水工程	47.47	27.13	7.93	
10	防腐、隔热、保温工程	42.30	—	88.80	
11	外墙装饰及幕墙工程	268.22	322.86	2 820.04	
12	楼地面装饰工程	263.11	280.18	263.13	
13	内墙及柱面装饰工程	319.50	329.75	274.75	
14	天棚工程	157.81	63.88	226.11	
15	其他装饰工程	105.81	—	—	
16	附属工程	10.83	255.45	69.03	
17	施工技术措施	238.66	88.02	67.90	
二	通用安装工程	942.71	376.86	1 352.82	
1	电气设备安装工程	252.14	280.84	247.48	
2	建筑智能化工程	116.80	—	446.37	
3	消防工程	111.22	13.98	271.55	
4	通风空调工程	128.89	—	106.58	
5	给排水工程	241.59	66.05	263.90	
6	电梯	74.01	—	—	
7	充电桩	—	—	—	
8	施工技术措施	18.06	15.99	16.93	

三、技术指标

示例(一)技术指标见表 4-1-25 ~ 表 4-1-29。

表 4-1-25　造价指标单元技术指标分析表(一)

序号	造价指标单元		单位	技术指标			备注
				地下室	会堂	教学楼	
一	建筑与装饰工程						
1	土石方工程	土方	m^3/m^2	6.976	0.671	0.348	
2		石方	m^3/m^2	—	—	—	
3	基坑围护工程	水泥土连续墙	m^3/m^2	1.616	—	—	
4		支护桩	m^3/m^2	—	—	—	
5		喷射混凝土及锚杆(索)	m^2/m^2	0.775	0.276	0.255	
6		支撑	m^3/m^2	—	—	—	
7	桩基工程	预制桩	m/m^2	4.482	0.917	0.793	
8		灌注桩	m^3/m^2	1.229	0.390	0.959	
9	砌筑工程	基础	m^3/m^2	0.047	0.040	0.010	
10		砌体	m^3/m^2	0.066	0.232	0.135	
11		隔墙	m^3/m^2	—	—	—	
12		烟道、烟帽	m/m^2	—	—	—	
13	混凝土结构工程	现浇混凝土基础	m^3/m^2	1.040	0.146	0.117	
14		现浇混凝土构件	m^3/m^2	0.507	0.315	0.393	
15		现浇混凝土结构钢筋	kg/m^2	163.944	76.632	78.150	
16		装配式钢筋混凝土构件	m^3/m^2	—	—	—	
17	金属结构工程	金属结构构件	kg/m^2	—	—	—	
18		屋面板、墙面板	m^2/m^2	—	—	—	
19		钢板楼板	m^2/m^2	—	—	—	
20	门窗工程	普通门	m^2/m^2	—	0.025	0.066	
21		普通窗	m^2/m^2	—	0.184	0.231	
22		特种门窗	m^2/m^2	0.039	0.015	0.078	
23	屋面工程	刚性屋面	m^2/m^2	—	0.219	0.340	
24		瓦屋面	m^2/m^2	—	—	—	
25		其他屋面	m^2/m^2	—	—	—	

表 4–1–25（续）

序号	造价指标单元			单位	技术指标			备注
					地下室	会堂	教学楼	
26	防水工程	地下防水	底板防护	m^2/m^2	1.510	—	—	
27			外墙防护	m^2/m^2	0.274	—	—	
28			顶板防护	m^2/m^2	0.695	—	—	
29			室内防水	m^2/m^2	0.201	—	—	
30		地上防水	外墙防水	m^2/m^2	—	0.168	0.197	
31			室内防水	m^2/m^2	—	0.200	0.342	
32	防腐隔热保温工程	隔热保温	外墙外保温	m^2/m^2	—	—	—	
33			外墙内保温	m^2/m^2	—	0.447	0.672	
34			楼地面保温	m^2/m^2	—	—	—	
35			天棚保温	m^2/m^2	—	0.154	0.163	
36	外墙装饰及幕墙工程	块料外墙装饰		m^2/m^2	—	—	—	
37		涂料外墙装饰		m^2/m^2	—	0.918	1.084	
38		幕墙		m^2/m^2	—	0.112	0.017	
39	楼地面装饰工程	地面垫层		m^3/m^2	—	0.575	0.205	
40		水泥砂浆（混凝土）楼地面装饰		m^2/m^2	0.979	0.055	0.010	
41		块料楼地面装饰		m^2/m^2	0.011	0.538	0.286	
42		石材楼地面装饰		m^2/m^2	—	0.080	0.091	
43		板材楼地面装饰		m^2/m^2	—	0.274	0.540	
44	内墙及柱面装饰工程	块料内墙柱面装饰		m^2/m^2	—	0.122	0.223	
45		石材内墙柱面装饰		m^2/m^2	—	0.001	0.037	
46		涂料内墙柱面装饰		m^2/m^2	0.911	1.007	1.598	
47		板材内墙柱面装饰		m^2/m^2	—	0.659	0.247	
48	天棚工程	涂料天棚		m^2/m^2	1.407	1.092	1.186	
49		吊顶天棚		m^2/m^2	0.011	0.864	0.799	
50	其他装饰工程	扶手栏杆栏板装饰		m/m^2	0.012	0.046	0.133	
51		隔断及隔墙		m^2/m^2	—	0.035	0.074	

表 4–1–25（续）

序号	造价指标单元		单位	技术指标			备注
				地下室	会堂	教学楼	
二	通用安装工程						
1	电气设备安装工程	配电箱	套 /m^2	0.011	0.017	0.014	
2		桥架	m/m^2	0.098	0.073	0.062	
3		配管	m/m^2	0.866	1.363	1.151	
4		电力电缆	m/m^2	0.850	0.394	0.332	
5		控制电缆	m/m^2	0.203	0.493	0.329	
6		铜芯绝缘线	m/m^2	1.383	3.136	2.647	
7		照明灯具	套 /m^2	0.049	0.143	0.137	
8	建筑智能化工程	桥架	m/m^2	0.072	0.055	0.056	
9		配管	m/m^2	0.599	0.503	0.464	
10		电力电缆	m/m^2	0.077	0.059	0.060	
11		控制电缆	m/m^2	0.441	0.393	0.347	
12		铜芯绝缘线	m/m^2	0.703	0.546	0.553	
13		点位	个 /m^2	0.053	0.132	0.067	
14	消防工程	消防管	m/m^2	0.102	0.079	0.080	
15		消火栓	套 /m^2	0.003	0.004	0.004	
16		喷淋管	m/m^2	0.519	0.109	0.110	
17		喷头	个 /m^2	0.108	0.031	0.031	
18		模块	个 /m^2	0.021	0.017	0.017	
19		探测器点位	个 /m^2	0.027	0.013	0.013	
20		桥架	m/m^2	0.036	0.092	0.026	
21		配管	m/m^2	0.258	0.319	0.297	
22		电力电缆	m/m^2	0.035	0.030	0.030	
23		控制电缆	m/m^2	0.257	0.068	0.083	
24		铜芯绝缘线	m/m^2	0.696	0.488	0.418	
25		消防灯具	套 /m^2	0.032	0.023	0.034	

表 4–1–25（续）

序号	造价指标单元		单位	技术指标			备注
				地下室	会堂	教学楼	
26	通风空调工程	风机	台 /m²	0.002	0.012	0.002	
27		风管	m/m²	0.210	0.518	0.121	
28		阀门	个 /m²	0.009	0.049	0.033	
29		风口	个 /m²	0.010	0.004	0.001	
30	给排水工程	给水管	m/m²	0.042	0.100	0.101	
31		排水管	m/m²	0.047	0.173	0.174	
32		阀门	个 /m²	0.014	0.025	0.025	

表 4–1–26　造价指标单元技术指标分析表（二）

序号	造价指标单元		单位	技术指标			备注
				图书馆	体育馆	食堂	
一	建筑与装饰工程						
1	土石方工程	土方	m³/m²	—	—	0.423	
2		石方	m³/m²	—	—	—	
3	基坑围护工程	水泥土连续墙	m³/m²	—	—	—	
4		支护桩	m³/m²	—	—	—	
5		喷射混凝土及锚杆（索）	m²/m²	—	—	0.257	
6		支撑	m³/m²	—	—	—	
7	桩基工程	预制桩	m/m²	—	—	1.421	
8		灌注桩	m³/m²	—	—	—	
9	砌筑工程	基础	m³/m²	—	—	0.008	
10		砌体	m³/m²	0.168	0.052	0.194	
11		隔墙	m³/m²	—	—	—	
12		烟道、烟帽	m/m²	—	—	—	
13	混凝土结构工程	现浇混凝土基础	m³/m²	—	—	0.138	
14		现浇混凝土构件	m³/m²	0.444	0.369	0.373	
15		现浇混凝土结构钢筋	kg/m²	79.877	82.870	69.426	
16		装配式钢筋混凝土构件	m³/m²	—	—	—	

表 4-1-26（续）

序号	造价指标单元			单位	技术指标			备注
					图书馆	体育馆	食堂	
17	金属结构工程		金属结构构件	kg/m^2	0.061	0.080	—	
18			屋面板、墙面板	m^2/m^2	0.282	0.560	—	
19			钢板楼板	m^2/m^2	—	—	—	
20	门窗工程		普通门	m^2/m^2	0.036	0.007	0.060	
21			普通窗	m^2/m^2	—	—	0.257	
22			特种门窗	m^2/m^2	0.108	0.109	0.029	
23	屋面工程		刚性屋面	m^2/m^2	0.025	—	0.607	
24			瓦屋面	m^2/m^2	—	—	—	
25			其他屋面	m^2/m^2	—	—	—	
26	防水工程	地下防水	底板防护	m^2/m^2	—	—	—	
27			外墙防护	m^2/m^2	—	—	—	
28			顶板防护	m^2/m^2	—	—	—	
29			室内防水	m^2/m^2	—	—	—	
30		地上防水	外墙防水	m^2/m^2	—	—	0.163	
31			室内防水	m^2/m^2	0.201	0.201	1.037	
32	防腐隔热保温工程	隔热保温	外墙外保温	m^2/m^2	—	—	—	
33			外墙内保温	m^2/m^2	0.370	0.413	0.605	
34			楼地面保温	m^2/m^2	—	—	—	
35			天棚保温	m^2/m^2	0.210	—	—	
36	外墙装饰及幕墙工程		块料外墙装饰	m^2/m^2	—	—	—	
37			涂料外墙装饰	m^2/m^2	0.101	0.138	0.864	
38			幕墙	m^2/m^2	0.853	0.996	0.080	
39	楼地面装饰工程		地面垫层	m^3/m^2	—	—	0.284	
40			水泥砂浆（混凝土）楼地面装饰	m^2/m^2	0.025	0.026	0.047	
41			块料楼地面装饰	m^2/m^2	0.090	0.136	0.761	
42			石材楼地面装饰	m^2/m^2	0.106	—	0.058	
43			板材楼地面装饰	m^2/m^2	0.730	0.768	0.050	

表 4-1-26（续）

序号	造价指标单元		单位	技术指标			备注
				图书馆	体育馆	食堂	
44	内墙及柱面装饰工程	块料内墙柱面装饰	m^2/m^2	0.173	0.150	0.703	
45		石材内墙柱面装饰	m^2/m^2	0.021	—	—	
46		涂料内墙柱面装饰	m^2/m^2	1.881	0.817	0.627	
47		板材内墙柱面装饰	m^2/m^2	0.460	0.352	0.183	
48	天棚工程	涂料天棚	m^2/m^2	1.162	1.071	0.502	
49		吊顶天棚	m^2/m^2	0.743	0.859	0.878	
50	其他装饰工程	扶手栏杆栏板装饰	m/m^2	0.140	0.256	0.122	
51		隔断及隔墙	m^2/m^2	0.051	0.070	0.050	
二	通用安装工程						
1	电气设备安装工程	配电箱	套 $/m^2$	0.017	0.001	0.010	
2		桥架	m/m^2	0.106	0.228	0.264	
3		配管	m/m^2	1.974	1.209	1.868	
4		电力电缆	m/m^2	0.570	0.524	0.497	
5		控制电缆	m/m^2	0.228	0.219	0.187	
6		铜芯绝缘线	m/m^2	4.540	1.089	5.384	
7		照明灯具	套 $/m^2$	0.119	0.105	0.160	
8	建筑智能化工程	桥架	m/m^2	0.057	0.029	0.058	
9		配管	m/m^2	0.473	0.241	0.479	
10		电力电缆	m/m^2	0.061	0.031	0.062	
11		控制电缆	m/m^2	0.354	0.181	0.358	
12		铜芯绝缘线	m/m^2	0.565	0.288	0.571	
13		点位	个 $/m^2$	0.031	0.036	0.031	
14	消防工程	消防管	m/m^2	0.115	0.007	0.071	
15		消火栓	套 $/m^2$	0.006	0.001	0.005	
16		喷淋管	m/m^2	0.157	0.070	0.392	
17		喷头	个 $/m^2$	0.045	0.108	0.111	
18		模块	个 $/m^2$	0.024	0.054	0.036	
19		探测器点位	个 $/m^2$	0.035	0.044	0.046	

表 4-1-26（续）

序号	造价指标单元		单位	技术指标			备注
				图书馆	体育馆	食堂	
20	消防工程	桥架	m/m^2	0.037	0.058	0.048	
21		配管	m/m^2	0.424	0.203	0.706	
22		电力电缆	m/m^2	0.146	0.111	0.203	
23		控制电缆	m/m^2	0.123	0.005	0.192	
24		铜芯绝缘线	m/m^2	0.616	0.401	0.913	
25		消防灯具	套 $/m^2$	0.038	0.027	0.052	
26	通风空调工程	风机	台 $/m^2$	0.010	0.014	0.036	
27		风管	m^2/m^2	0.735	0.574	0.493	
28		阀门	个 $/m^2$	0.003	0.015	0.004	
29		风口	个 $/m^2$	0.001	0.097	0.003	
30	给排水工程	给水管	m/m^2	0.145	0.237	0.421	
31		排水管	m/m^2	0.248	0.138	0.252	
32		阀门	个 $/m^2$	0.014	0.025	0.022	

表 4-1-27　造价指标单元技术指标分析表（三）

序号	造价指标单元		单位	技术指标			备注
				办公用房	实训楼	科研楼	
一	建筑与装饰工程						
1	土石方工程	土方	m^3/m^2	—	—	—	
2		石方	m^3/m^2	—	—	—	
3	基坑围护工程	水泥土连续墙	m^3/m^2	—	—	—	
4		支护桩	m^3/m^2	—	—	—	
5		喷射混凝土及锚杆（索）	m^2/m^2	—	—	—	
6		支撑	m^3/m^2	—	—	—	
7	桩基工程	预制桩	m/m^2	—	—	—	
8		灌注桩	m^3/m^2	—	—	—	
9	砌筑工程	基础	m^3/m^2	—	—	—	
10		砌体	m^3/m^2	0.195	0.178	0.230	
11		隔墙	m^3/m^2	—	—	—	
12		烟道、烟帽	m/m^2	0.006	—	—	

表 4-1-27（续）

序号	造价指标单元			单位	技术指标			备注
					办公用房	实训楼	科研楼	
13	混凝土结构工程	现浇混凝土基础		m^3/m^2	—	—	—	
14		现浇混凝土构件		m^3/m^2	0.359	0.348	0.372	
15		现浇混凝土结构钢筋		kg/m^2	53.731	59.614	64.629	
16		装配式钢筋混凝土构件		m^3/m^2	—	—	—	
17	金属结构工程	金属结构构件		kg/m^2	—	—	—	
18		屋面板、墙面板		m^2/m^2	—	—	—	
19		钢板楼板		m^2/m^2	—	—	—	
20	门窗工程	普通门		m^2/m^2	0.053	0.044	0.073	
21		普通窗		m^2/m^2	0.230	0.226	0.191	
22		特种门窗		m^2/m^2	0.016	0.072	0.040	
23	屋面工程	刚性屋面		m^2/m^2	0.395	0.283	0.236	
24		瓦屋面		m^2/m^2	—	—	—	
25		其他屋面		m^2/m^2	—	—	—	
26	防水工程	地下防水	底板防护	m^2/m^2	—	—	—	
27			外墙防护	m^2/m^2	—	—	—	
28			顶板防护	m^2/m^2	—	—	—	
29			室内防水	m^2/m^2	—	—	—	
30		地上防水	外墙防水	m^2/m^2	0.218	0.165	0.176	
31			室内防水	m^2/m^2	0.279	0.342	0.420	
32	防腐隔热保温工程	隔热保温	外墙外保温	m^2/m^2	0.524	0.367	—	
33			外墙内保温	m^2/m^2	0.691	0.600	0.616	
34			楼地面保温	m^2/m^2	—	—	—	
35			天棚保温	m^2/m^2	0.073	—	—	
36	外墙装饰及幕墙工程	块料外墙装饰		m^2/m^2	—	—	—	
37		涂料外墙装饰		m^2/m^2	0.941	0.879	0.888	
38		幕墙		m^2/m^2	0.087	0.014	0.210	
39	楼地面装饰工程	地面垫层		m^3/m^2	—	—	—	
40		水泥砂浆（混凝土）楼地面装饰		m^2/m^2	0.317	0.193	0.021	
41		块料楼地面装饰		m^2/m^2	0.757	0.316	0.177	
42		石材楼地面装饰		m^2/m^2	0.008	0.035	0.071	
43		板材楼地面装饰		m^2/m^2	0.288	0.369	0.705	

表 4-1-27（续）

序号	造价指标单元		单位	技术指标			备注
				办公用房	实训楼	科研楼	
44	内墙及柱面装饰工程	块料内墙柱面装饰	m^2/m^2	0.197	0.117	0.187	
45		石材内墙柱面装饰	m^2/m^2	—	—	—	
46		涂料内墙柱面装饰	m^2/m^2	1.210	1.131	1.027	
47		板材内墙柱面装饰	m^2/m^2	0.388	0.237	0.238	
48	天棚工程	涂料天棚	m^2/m^2	1.154	1.235	0.994	
49		吊顶天棚	m^2/m^2	0.904	0.877	0.887	
50	其他装饰工程	扶手栏杆栏板装饰	m/m^2	0.245	0.026	0.017	
51		隔断及隔墙	m^2/m^2	0.054	0.079	0.060	
二	通用安装工程						
1	电气设备安装工程	配电箱	套 $/m^2$	0.010	0.013	0.014	
2		桥架	m/m^2	0.217	0.204	0.275	
3		配管	m/m^2	1.550	1.274	1.470	
4		电力电缆	m/m^2	0.777	0.835	0.979	
5		控制电缆	m/m^2	0.196	0.154	0.204	
6		铜芯绝缘线	m/m^2	3.509	5.252	2.074	
7		照明灯具	套 $/m^2$	0.289	0.176	0.114	
8	建筑智能化工程	桥架	m/m^2	0.124	0.070	0.039	
9		配管	m/m^2	0.880	0.479	0.257	
10		电力电缆	m/m^2	0.169	0.074	0.022	
11		控制电缆	m/m^2	7.714	5.310	2.305	
12		铜芯绝缘线	m/m^2	0.731	0.158	0.175	
13		点位	个 $/m^2$	0.074	0.083	0.010	
14	消防工程	消防管	m/m^2	0.058	0.067	0.060	
15		消火栓	套 $/m^2$	0.006	0.005	0.004	
16		喷淋管	m/m^2	0.273	0.476	0.416	
17		喷头	个 $/m^2$	0.015	0.161	0.133	
18		模块	个 $/m^2$	0.037	0.032	0.055	
19		探测器点位	个 $/m^2$	0.039	0.024	0.042	
20		桥架	m/m^2	0.089	0.026	0.037	
21		配管	m/m^2	1.440	0.732	0.736	

表 4-1-27(续)

序号	造价指标单元		单位	技术指标			备注
				办公用房	实训楼	科研楼	
22	消防工程	电力电缆	m/m²	0.134	0.212	0.305	
23		控制电缆	m/m²	1.578	0.598	0.736	
24		铜芯绝缘线	m/m²	1.265	0.631	0.505	
25		消防灯具	套/m²	0.035	0.020	0.042	
26	通风空调工程	风机	台/m²	0.029	0.022	0.037	
27		风管	m²/m²	0.522	0.717	0.829	
28		阀门	个/m²	0.034	0.061	0.018	
29		风口	个/m²	0.099	0.035	0.022	
30	给排水工程	给水管	m/m²	0.147	0.215	0.315	
31		排水管	m/m²	0.276	1.517	0.151	
32		阀门	个/m²	0.019	0.012	0.027	

表 4-1-28 造价指标单元技术指标分析表(四)

序号	造价指标单元		单位	技术指标			备注
				1# 宿舍(公寓)	2# 宿舍(公寓)	3# 宿舍(公寓)	
一	建筑与装饰工程						
1	土石方工程	土方	m³/m²	0.199	0.185	0.186	
2		石方	m³/m²	—	—	—	
3	基坑围护工程	水泥土连续墙	m³/m²	—	—	—	
4		支护桩	m³/m²	—	—	—	
5		喷射混凝土及锚杆(索)	m²/m²	0.092	0.085	0.086	
6		支撑	m³/m²	—	—	—	
7	桩基工程	预制桩	m/m²	0.662	0.614	0.619	
8		灌注桩	m³/m²	—	—	—	
9	砌筑工程	基础	m³/m²	0.011	0.011	0.011	
10		砌体	m³/m²	0.177	0.176	0.165	
11		隔墙	m³/m²	—	—	—	
12		烟道、烟帽	m/m²	0.095	0.090	0.091	

表 4-1-28（续）

序号	造价指标单元			单位	技术指标			备注
					1# 宿舍（公寓）	2# 宿舍（公寓）	3# 宿舍（公寓）	
13	混凝土结构工程	现浇混凝土基础		m^3/m^2	0.074	0.071	0.072	
14		现浇混凝土构件		m^3/m^2	0.361	0.363	0.362	
15		现浇混凝土结构钢筋		kg/m^2	61.066	59.724	60.171	
16		装配式钢筋混凝土构件		m^3/m^2	0.046	0.045	0.045	
17	金属结构工程	金属结构构件		kg/m^2	—	—	—	
18		屋面板、墙面板		m^2/m^2	—	—	—	
19		钢板楼板		m^2/m^2	—	—	—	
20	门窗工程	普通门		m^2/m^2	0.222	0.226	0.232	
21		普通窗		m^2/m^2	0.196	0.180	0.181	
22		特种门窗		m^2/m^2	0.040	0.039	0.040	
23	屋面工程	刚性屋面		m^2/m^2	0.068	0.071	0.071	
24		瓦屋面		m^2/m^2	—	—	—	
25		其他屋面		m^2/m^2	—	—	—	
26	防水工程	地下防水	底板防护	m^2/m^2	—	—	—	
27			外墙防护	m^2/m^2	—	—	—	
28			顶板防护	m^2/m^2	—	—	—	
29			室内防水	m^2/m^2	—	—	—	
30		地上防水	外墙防水	m^2/m^2	0.183	0.185	0.186	
31			室内防水	m^2/m^2	1.009	1.060	1.068	
32	防腐隔热保温工程	隔热保温	外墙外保温	m^2/m^2	—	—	—	
33			外墙内保温	m^2/m^2	0.749	0.725	0.729	
34			楼地面保温	m^2/m^2	0.868	0.856	0.857	
35			天棚保温	m^2/m^2	0.109	0.111	0.111	
36	外墙装饰及幕墙工程	块料外墙装饰		m^2/m^2	—	—	—	
37		涂料外墙装饰		m^2/m^2	1.148	1.128	1.116	
38		幕墙		m^2/m^2	—	—	—	

表 4-1-28(续)

序号	造价指标单元		单位	技术指标			备注
				1# 宿舍(公寓)	2# 宿舍(公寓)	3# 宿舍(公寓)	
39	楼地面装饰工程	地面垫层	m^3/m^2	0.027	0.026	0.026	
40		水泥砂浆(混凝土)楼地面装饰	m^2/m^2	0.043	0.049	0.058	
41		块料楼地面装饰	m^2/m^2	0.955	0.925	0.935	
42		石材楼地面装饰	m^2/m^2	0.073	0.085	0.086	
43		板材楼地面装饰	m^2/m^2	—	0.002	0.001	
44	内墙及柱面装饰工程	块料内墙柱面装饰	m^2/m^2	0.509	0.503	0.516	
45		石材内墙柱面装饰	m^2/m^2	—	—	—	
46		涂料内墙柱面装饰	m^2/m^2	1.663	1.690	1.697	
47		板材内墙柱面装饰	m^2/m^2	0.049	0.047	0.047	
48	天棚工程	涂料天棚	m^2/m^2	0.934	0.953	0.933	
49		吊顶天棚	m^2/m^2	0.292	0.290	0.292	
50	其他装饰工程	扶手栏杆栏板装饰	m/m^2	0.055	0.059	0.060	
51		隔断及隔墙	m^2/m^2	0.066	0.063	0.064	
二	通用安装工程						
1	电气设备安装工程	配电箱	套 $/m^2$	0.035	0.034	0.035	
2		桥架	m/m^2	0.084	0.079	0.078	
3		配管	m/m^2	2.041	2.148	2.183	
4		电力电缆	m/m^2	0.988	1.000	1.006	
5		控制电缆	m/m^2	0.291	0.291	0.293	
6		铜芯绝缘线	m/m^2	5.164	5.481	5.542	
7		照明灯具	套 $/m^2$	0.183	0.179	0.182	
8	建筑智能化工程	桥架	m/m^2	0.060	0.057	0.058	
9		配管	m/m^2	0.476	0.479	0.482	
10		电力电缆	m/m^2	0.061	0.061	0.062	
11		控制电缆	m/m^2	2.975	2.986	3.009	
12		铜芯绝缘线	m/m^2	0.553	0.555	0.559	
13		点位	个 $/m^2$	0.089	0.089	0.090	

表 4–1–28（续）

序号	造价指标单元		单位	技术指标			备注
				1# 宿舍（公寓）	2# 宿舍（公寓）	3# 宿舍（公寓）	
14	消防工程	消防管	m/m^2	0.052	0.045	0.048	
15		消火栓	套 $/m^2$	0.006	0.006	0.006	
16		喷淋管	m/m^2	0.311	0.328	0.331	
17		喷头	个 $/m^2$	0.106	0.107	0.108	
18		模块	个 $/m^2$	0.035	0.032	0.033	
19		探测器点位	个 $/m^2$	0.041	0.041	0.041	
20		桥架	m/m^2	0.005	0.005	0.005	
21		配管	m/m^2	0.435	0.427	0.431	
22		电力电缆	m/m^2	0.031	0.031	0.031	
23		控制电缆	m/m^2	0.065	0.061	0.062	
24		铜芯绝缘线	m/m^2	0.726	0.697	0.702	
25		消防灯具	套 $/m^2$	0.042	0.039	0.039	
26	通风空调工程	风机	台 $/m^2$	0.006	0.006	0.006	
27		风管	m^2/m^2	0.052	0.049	0.050	
28		阀门	个 $/m^2$	0.026	0.027	0.027	
29		风口	个 $/m^2$	0.000	0.000	0.000	
30	给排水工程	给水管	m/m^2	0.794	0.761	0.766	
31		排水管	m/m^2	0.508	0.508	0.513	
32		阀门	个 $/m^2$	0.107	0.100	0.102	

表 4–1–29 造价指标单元技术指标分析表（五）

序号	造价指标单元		单位	技术指标			备注
				4# 宿舍（公寓）	垃圾房	门卫室	
一	建筑与装饰工程						
1	土石方工程	土方	m^3/m^2	0.172	2.036	1.642	
2		石方	m^3/m^2	—	—	—	
3	基坑围护工程	水泥土连续墙	m^3/m^2	—	—	—	
4		支护桩	m^3/m^2	—	—	—	
5		喷射混凝土及锚杆（索）	m^2/m^2	0.079	—	—	
6		支撑	m^3/m^2	—	—	—	

表 4-1-29（续）

序号	造价指标单元			单位	技术指标			备注
					4# 宿舍（公寓）	垃圾房	门卫室	
7	桩基工程	预制桩		m/m^2	0.601	—	—	
8		灌注桩		m^3/m^2	—	—	—	
9	砌筑工程	基础		m^3/m^2	0.011	0.075	0.060	
10		砌体		m^3/m^2	0.167	0.160	0.529	
11		隔墙		m^3/m^2	—	—	—	
12		烟道、烟帽		m/m^2	0.095	—	—	
13	混凝土结构工程	现浇混凝土基础		m^3/m^2	0.070	0.298	0.464	
14		现浇混凝土构件		m^3/m^2	0.371	0.254	0.639	
15		现浇混凝土结构钢筋		kg/m^2	57.660	55.537	146.320	
16		装配式钢筋混凝土构件		m^3/m^2	0.046	—	—	
17	金属结构工程	金属结构构件		kg/m^2	—	—	—	
18		屋面板、墙面板		m^2/m^2	—	—	—	
19		钢板楼板		m^2/m^2	—	—	—	
20	门窗工程	普通门		m^2/m^2	0.215	0.147	0.022	
21		普通窗		m^2/m^2	0.198	0.092	0.033	
22		特种门窗		m^2/m^2	0.040	—	—	
23	屋面工程	刚性屋面		m^2/m^2	0.070	0.381	0.160	
24		瓦屋面		m^2/m^2	—	—	—	
25		其他屋面		m^2/m^2	—	—	—	
26	防水工程	地下防水	底板防护	m^2/m^2	—	—	—	
27			外墙防护	m^2/m^2	—	—	—	
28			顶板防护	m^2/m^2	—	—	—	
29			室内防水	m^2/m^2	—	—	—	
30		地上防水	外墙防水	m^2/m^2	0.172	—	—	
31			室内防水	m^2/m^2	1.033	—	0.168	
32	防腐隔热保温工程	隔热保温	外墙外保温	m^2/m^2	—	—	1.970	
33			外墙内保温	m^2/m^2	0.704	—	—	
34			楼地面保温	m^2/m^2	0.871	—	—	
35			天棚保温	m^2/m^2	0.110	—	—	

表 4-1-29（续）

序号	造价指标单元		单位	技术指标			备注
				$4^{\#}$宿舍（公寓）	垃圾房	门卫室	
36	外墙装饰及幕墙工程	块料外墙装饰	m^2/m^2	—	—	—	
37		涂料外墙装饰	m^2/m^2	1.113	2.141	1.062	
38		幕墙	m^2/m^2	—	—	4.490	
39	楼地面装饰工程	地面垫层	m^3/m^2	0.026	0.171	0.525	
40		水泥砂浆（混凝土）楼地面装饰	m^2/m^2	0.058	0.375	—	
41		块料楼地面装饰	m^2/m^2	0.950	0.394	0.930	
42		石材楼地面装饰	m^2/m^2	0.064	—	—	
43		板材楼地面装饰	m^2/m^2	—	—	—	
44	内墙及柱面装饰工程	块料内墙柱面装饰	m^2/m^2	0.512	1.248	—	
45		石材内墙柱面装饰	m^2/m^2	—	—	—	
46		涂料内墙柱面装饰	m^2/m^2	1.657	0.752	0.162	
47		板材内墙柱面装饰	m^2/m^2	0.046	—	0.166	
48	天棚工程	涂料天棚	m^2/m^2	0.950	0.455	0.044	
49		吊顶天棚	m^2/m^2	0.275	—	0.923	
50	其他装饰工程	扶手栏杆栏板装饰	m/m^2	0.057	—	—	
51		隔断及隔墙	m^2/m^2	0.061	—	—	
二	通用安装工程						
1	电气设备安装工程	配电箱	套 $/m^2$	0.036	0.041	0.009	
2		桥架	m/m^2	0.084	—	—	
3		配管	m/m^2	2.003	2.443	0.494	
4		电力电缆	m/m^2	1.022	1.221	0.280	
5		控制电缆	m/m^2	0.278	—	1.750	
6		铜芯绝缘线	m/m^2	5.591	7.329	0.897	
7		照明灯具	套 $/m^2$	0.191	0.041	0.022	
8	建筑智能化工程	桥架	m/m^2	0.057	—	—	
9		配管	m/m^2	0.477	—	0.551	
10		电力电缆	m/m^2	0.061	—	0.803	
11		控制电缆	m/m^2	2.980	—	5.662	
12		铜芯绝缘线	m/m^2	0.554	—	11.088	
13		点位	个 $/m^2$	0.089	—	—	

表 4-1-29（续）

序号	造价指标单元		单位	技术指标			备注
				4# 宿舍（公寓）	垃圾房	门卫室	
14	消防工程	消防管	m/m^2	0.040	—	0.166	
15		消火栓	套 $/m^2$	0.006	—	0.009	
16		喷淋管	m/m^2	0.342	—	—	
17		喷头	个 $/m^2$	0.126	—	—	
18		模块	个 $/m^2$	0.030	—	0.035	
19		探测器点位	个 $/m^2$	0.056	—	0.026	
20		桥架	m/m^2	0.004	—	—	
21		配管	m/m^2	0.438	—	0.306	
22		电力电缆	m/m^2	0.024	—	0.044	
23		控制电缆	m/m^2	0.048	—	0.263	
24		铜芯绝缘线	m/m^2	0.698	—	0.438	
25		消防灯具	套 $/m^2$	0.040	—	0.018	
26	通风空调工程	风机	台 $/m^2$	0.006	—	0.026	
27		风管	m^2/m^2	0.047	—	—	
28		阀门	个 $/m^2$	0.028	—	—	
29		风口	个 $/m^2$	0.000	—	—	
30	给排水工程	给水管	m/m^2	0.752	0.244	0.053	
31		排水管	m/m^2	0.524	0.244	0.721	
32		阀门	个 $/m^2$	0.106	—	0.018	

第二节 普通高校项目造价指标分析示例（二）

一、工程概况信息

房屋建筑工程项目概况信息见表 4-2-1。

表 4-2-1 房屋建筑工程项目概况信息

项目名称	某普通高校项目（二）		
建设地点	某市某区	质量要求	合格
资金来源	国有资金投资	发承包模式	工程总承包
项目性质	新建项目	绿色建筑等级	二星级

表 4–2–1（续）

项目名称	某普通高校项目（二）			
用地面积 /m²	640 793.00	建筑占地面积 /m²		100 402.00
建筑面积 /m²	407 590.86	其中	地上建筑面积 /m²	370 151.98
			地下建筑面积 /m²	37 438.88
抗震设防烈度	6 度	功能规模		生源 15 000 人
用电容量 /（kV·A）	14 500	计价方式		国标清单计价
造价类别	招标控制价	计价依据		浙江省 2018 版计价依据
编制基期	2024 年 7 月	工程造价 / 万元		212 717.392 8
造价指标 /（元 /m²）	5 218.90			
其他说明	1. 配备 29 台自升式塔式起重机； 2. 室内按全装修考虑； 3. 不包括变配电系统； 4. 办公用房设置信息网络机房			

相关工程概况信息见表 4–2–2~ 表 4–2–16。

表 4–2–2 地下建筑工程概况信息（地下室）

综合概况信息	工程名称	某普通高校项目（二） 地下室				
	采集类别编码	FJ020101	地下层数	1	建筑面积 /m²	37 438.88
	抗震设防类别	丙类	人防等级	核六常六	人防面积 /m²	22 209.12
	结构类型	框架结构	桩基类型	灌注桩	基坑围护形式	板桩墙
	建筑功能	停车库	防火分区数量 / 个	9	机动车位数量 / 辆	680
	抗震等级	框架四级				
	其他特征	—				
一	建筑与装饰工程概况信息					
1	土石方工程	土石方类别：二类土； 开挖深度：6.0m 以内； 外运距离：5.0km 以内； 渣土消纳处置方式：陆运				
2	基坑围护工程	基坑围护长度：970.56m（按地下室外墙结构长度计算）； 围护类型：PC 工法组合桩（ϕ 820 × 14.0mm 平均桩长 15.0m+SP- Ⅳ型拉森钢板桩平均桩长 9.0m），ϕ 700 双轴水泥搅拌桩（水泥掺量 16%）； 外运距离：5.0km 以内； 渣土消纳处置方式：陆运				
3	桩基工程	ϕ 600mm 泥浆护壁转盘式成孔灌注桩（平均桩长 51.0m）； ϕ 700mm 泥浆护壁转盘式成孔灌注桩（平均桩长 56.5m）； ϕ 800mm 泥浆护壁转盘式成孔灌注桩（平均桩长 58.0m）； 外运距离：5.0km 以内； 渣土消纳处置方式：陆运				
4	砌筑工程	MU15 混凝土多孔砖（240mm × 115mm × 90mm）				

表 4–2–2（续）

5	混凝土结构工程	基础类型：筏板基础； 结构形式：现浇钢筋混凝土结构； 模板及支撑架：复合模板、盘扣式钢管支撑架
6	门窗工程	特种门窗：木质防火门、人防门、双轨双帘无机特级防火卷帘（耐火极限 3h）
7	防水工程	底板：1.5mm 厚预铺反粘式丁基自粘高分子防水卷材（HDPE）、1.0mm 厚水泥渗透结晶型防水涂料； 侧墙：3.0mm 厚 SBS 聚酯胎Ⅱ型改性沥青防水卷材、50.0mm 厚挤塑聚苯板； 顶板：70.0mm 厚 C20 细石混凝土保护层，内配 ϕ6.0@300 双向钢筋网 6m×6m 分缝 25.0mm 宽，嵌沥青油膏、200g 聚氨酯无纺布、4.0mm 厚 SBS 改性沥青耐根穿刺防水卷材、2.0mm 厚非固化橡胶沥青防水涂料、30.0mm 厚轻质混凝土； 水泵房：2.0mm 厚聚合物水泥防水涂料； 消防水池：1.5mm 厚聚合物水泥基复合防水涂料
8	楼地面装饰工程	机动车库：1.2mm 厚环氧树脂自流平地坪漆，18.0mm 厚水泥自流平砂浆，磨机打磨，30.0mm 厚 1∶3 水泥砂浆找平，随捣随抹； 楼梯间：800mm×800mm 地砖； 机动车坡道：混凝土密封固化剂，20.0mm 厚耐磨混凝土面层，随捣随抹，130.0mm 厚 C20 细石混凝土找平层，内配 ϕ6@200 单层双向钢筋； 水泵房：600mm×600mm 防滑地砖
9	内墙及柱面装饰工程	汽车库：防霉腻子、防霉涂料； 自行车库：防霉腻子、防霉涂料； 楼梯间：防霉腻子、防霉涂料； 水泵房：防霉腻子、防霉涂料
10	天棚工程	汽车库：防霉腻子、防霉涂料； 自行车库：防霉腻子、防霉涂料； 楼梯间：防霉腻子、防霉涂料； 水泵房：T 型轻钢龙骨、14.0mm 厚 600mm×600mm 矿棉板、防霉涂料
11	其他装饰工程	楼梯栏杆：不锈钢扶手型钢栏杆（H=1 100mm）
12	附属工程	排水沟；380.0mm 宽复合树脂格栅盖板； 集水井：50.0mm 厚球墨铸铁盖板
13	其他特征	大型机械：双轴水泥搅拌桩机 6 台、冲抓式成孔桩机 12 台、履带式挖掘机 10 台； 施工降排水：湿土排水
二	通用安装工程概况信息	
1	电气设备安装工程	动力系统：配电柜、配电箱、控制箱、焊接钢管、套接紧定式镀锌钢导管、热浸镀锌喷塑（防火塑粉）槽式电缆桥架、电缆 BBTRZ、电缆 WDZC–YJY–0.6/1kV； 照明系统：配电箱、套接紧定式镀锌钢导管、感应延时吸顶灯、双管荧光灯、单管荧光灯、单管防爆荧光灯、开关、插座、热浸镀锌槽式电缆桥架、电线 WDZC–BYJ； 防雷接地系统：引下线、接地跨接、接地母线

表 4-2-2（续）

2	建筑智能化工程	信息网络系统：AP 无线外网点、单模光纤、接入交换机、接入层防火墙、机柜、配线架； 综合布线系统：信息插座、单模光纤、机柜、配线架； 安全防范系统－视频安防监控系统：网络枪机摄像机、网络半球摄像机、监控机柜、电线 RVV、六类非屏蔽双绞线； 建筑设备监控系统：控制器、网络扩展模块、控制器机箱、液位开关、室内一氧化碳浓度传感器； 公共广播系统：功率放大器、前置放大器、壁挂喇叭、电线 ZCN-RVSP； 安全防范系统－视频安防监控系统：彩色红外枪式网络摄像机、电线 ZA-RVV； 智能照明系统：焊接钢管、电缆 WDZB-KYJV-450/750、智能照明控制器、智能控制开关； 综合管路系统：热浸镀锌槽式电缆桥架、焊接钢管、套接紧定式镀锌钢导管
3	消防工程	水灭火系统－自动喷水灭火系统：热浸镀锌钢管、温式报警阀组、水流指示器、喷淋泵、喷头、稳压装置； 水灭火系统－消火栓系统：消火栓箱、消防泵、热浸镀锌钢管、稳压装置； 火灾自动报警系统：消火栓启泵按钮、声光报警器、楼层显示器、感烟探测器、套接紧定式镀锌钢导管、电线 WDZAN-BYJR； 电气火灾监控系统：剩余电流监控模块、电气火灾探测器、套接紧定式镀锌钢导管、电线 WDZN-RYJSP； 消防电源监控系统：消防电源监控区域分机、消防电源监控模块、套接紧定式镀锌钢导管、电线 WDZN-RYS； 应急照明及疏散指示系统：应急照明电源配电箱、应急吸顶灯、疏散标志灯、安全出口标志灯、焊接钢管、电线 WDZBN-RYJS
4	通风空调工程	通风系统：风机、镀锌薄钢板风管； 防排烟系统：风机、镀锌薄钢板风管； 人防通风系统：风机、镀锌薄钢板风管
5	给排水工程	给水系统：衬塑钢管、无规共聚聚丙烯管（PP-R 管）； 压力排水系统：热镀锌钢管、潜污泵、阀门、压力表
6	其他特征	抗震支架； 充电桩：快充 20 台，慢充 185 台

表 4-2-3　地上建筑工程概况信息（教学楼）

综合概况信息	工程名称	某普通高校项目（二）　教学楼				
	采集类别编码	FJ020604	建筑物层数	5	建筑面积 /m^2	48 775.54
	抗震设防类别	丙类	结构类型	框架结构	装配率	—
	建筑高度 /m	21.45	标准层层高 /m	3.9	基本风压 /（kN/m^2）	0.45
	抗震等级	框架四级				
	其他特征	由 3 幢单体组成，首层架空，层高 4.2m				

表 4-2-3（续）

一	建筑与装饰工程概况信息	
1	砌筑工程	外墙：B07A5.0 陶粒增强加气砌块； 内墙：B06A5.0 蒸压砂加气混凝土砌块； 卫生间内墙：烧结页岩多孔砖
2	混凝土结构工程	结构形式：现浇钢筋混凝土结构； 模板及支撑架：复合模板、盘扣式钢管支撑架
3	门窗工程	普通门：橡木板装饰木门、钢质门（5.0mm 厚钢化玻璃观察窗）、断桥隔热铝合金门［（6Low-E+12A+6）mm 中空钢化玻璃］； 普通窗：断桥隔热铝合金窗［（6Low-E+12A+6）mm 中空钢化玻璃］、铝合金百叶窗； 特种门窗：钢质防火门、双轨双帘无机特级防火卷帘（耐火极限 3h）
4	屋面工程	刚性屋面：40.0mm 厚 C20 细石混凝土、丙纶编织土工布、75.0mm 厚挤塑聚苯板保温层、3.0mm 厚 SBS 聚酯胎 Ⅱ 型改性沥青防水卷材、2.0mm 厚非固化橡胶沥青防水涂料、20.0mm 厚水泥砂浆找平层； 瓦屋面：灰色水泥瓦；挂瓦条 30mm × 30mm，顺水条 30mm × 30mm；50.0mm 厚 C20 细石混凝土、丙纶编织土工布、75.0mm 厚挤塑聚苯板保温层、3.0mm 厚 SBS 聚酯胎 Ⅱ 型改性沥青防水卷材、2.0mm 厚非固化橡胶沥青防水涂料、20.0mm 厚水泥砂浆找平层
5	防水工程	楼地面：1.5mm 厚聚氨酯防水涂料、1.0mm 厚水泥渗透结晶型防水涂料； 内墙面：2.0mm 厚聚合物水泥防水涂料； 外墙面：2.0mm 厚聚合物水泥防水涂料
6	防腐、隔热、保温工程	外墙内保温：20.0mm 厚无机轻集料保温砂浆 Ⅰ 型、5.0mm 厚抗裂砂浆复合耐碱玻纤网； 天棚保温：C50 轻钢龙骨，30.0mm 厚岩棉板、5.0mm 厚抗裂砂浆复合耐碱玻纤网
7	外墙装饰及幕墙工程	外墙装饰：抗碱封底漆、外墙腻子、外墙弹性涂料； 幕墙：T5 铝合金龙骨（氟碳喷涂）、铝合金格栅（氟碳喷涂）、3.0mm 厚氟碳喷涂铝板
8	楼地面装饰工程	走廊：800mm × 800mm 浅色玻化砖； 教室：2.0mm 厚木纹色同质透心地胶板、15.0mm 厚实木多层复合地板； 办公室：800mm × 800mm 浅色玻化砖； 卫生间：600mm × 600mm 防滑地砖； 楼梯间：20.0mm 厚芝麻灰花岗岩
9	内墙及柱面装饰工程	走廊、教室：腻子、涂料； 办公室：腻子、涂料； 卫生间：300mm × 600mm 瓷砖； 楼梯间：腻子、涂料； 电梯厅：C50 轻钢龙骨、4.0mm 厚木纹色复合铝板
10	天棚工程	走廊：U50 轻钢龙骨、1.0mm 厚 40mm × 100mm 木纹铝方通格栅间距 150.0mm； 教室：U50 轻钢龙骨、9.5mm 厚纸面石膏板、腻子、涂料； 办公室：U50 轻钢龙骨、9.5mm 厚纸面石膏板、腻子、涂料； 卫生间：U38 轻钢龙骨、0.8mm 厚 600mm × 600mm 铝扣板； 楼梯间：腻子、涂料； 电梯厅：C50 轻钢龙骨、4.0mm 厚木纹色复合铝板

表 4-2-3（续）

11	其他装饰工程	楼梯栏杆：不锈钢栏杆（H=1 050mm）； 护窗栏杆：不锈钢栏杆（H=950mm）； 浴厕配件：12.0mm 厚橡木纹抗倍特板隔断、20.0mm 厚灰色大理石洗漱台、无障碍扶手
12	附属工程	散水、坡道、混凝土台阶
13	其他特征	施工电梯、超危支撑架、盘扣式钢管外墙脚手架
二	通用安装工程概况信息	
1	电气设备安装工程	动力系统：配电柜、配电箱、控制箱、焊接钢管、套接紧定式镀锌钢导管、热浸镀锌喷塑（防火塑粉）槽式电缆桥架、电缆 BBTRZ、电缆 WDZC-YJY-0.6/1kV； 照明系统：配电箱、套接紧定式镀锌钢导管、大平圆吸顶灯、筒灯、双管嵌入式荧光灯箱、黑板灯、双管荧光灯、单管荧光灯、壁灯、嵌顶灯带、开关、插座、热浸镀锌槽式电缆桥架、电线 WDZB-BYJ； 防雷接地系统：接闪带（避雷网）、引下线、接地跨接、接地母线
2	建筑智能化工程	信息网络系统：AP 无线外网点、单模光纤、接入交换机、接入层防火墙、机柜、配线架； 综合布线系统：信息插座、42U 机柜、单模光纤、配线架； 安全防范系统 – 出入口控制系统：出入门按钮、磁力锁、门禁读卡器、无线门锁、门禁控制器、电线 RVV、六类非屏蔽双绞线； 安全防范系统 – 视频安防监控系统：人脸筒型摄像机、网络枪机摄像机、网络半球摄像机、球型网络摄像机、电梯摄像机、监控机柜、电线 RVV、六类非屏蔽双绞线； 智能一卡通管理系统：服务器、一卡通管理平台、智能数据采集器、人脸识别终端、读卡器、智能卡、考勤设备； 建筑能耗监测系统：电表网络采集器、水表网络采集器、区域管理器； 公共广播系统：功率放大器、前置放大器、网络解码器、壁挂喇叭、电线 ZCN-RVSP； 电源与电子设备防雷接地系统：UPS 主机 10kV·A、电池柜、12V100AH 密封式胶体免维护蓄电池、电源三级防雷器； 安全防范系统 – 安全防范综合管理系统：单模光模块、设备网堆叠线缆、交换机、网络入侵防护系统、出口行为管理、互联网出口 WAF、数据中心防火墙、webvpn、反向代理、漏扫设备、终端检测与响应软件、设备网核心； 信息引导及发布系统：多功能校园视窗、多功能视窗电子班牌； 综合管路系统：热浸镀锌槽式电缆桥架、焊接钢管、套接紧定式镀锌钢导管； 多媒体教学系统：高清摄像机、云录播软件、拾音器、投影仪、电子白板、投影幕布、功率放大器、扬声器、调音台、高清录播一体机； 电子考务系统：高清摄像机、麦克风、监考主机、考试专用计算机、服务器、交换机、路由器、打印机、扫描仪、身份证阅读器、存储设备、屏蔽仪

表 4–2–3(续)

3	消防工程	水灭火系统 – 自动喷水灭火系统:热浸镀锌钢管、湿式报警阀组、水流指示器、喷头; 水灭火系统 – 消火栓系统:消火栓箱、热浸镀锌钢管; 火灾自动报警系统:消火栓启泵按钮、声光报警器、楼层显示器、感烟探测器、套接紧定式镀锌钢导管、电线 WDZCN–RYS; 电气火灾监控系统:剩余电流监控模块、电气火灾探测器、套接紧定式镀锌钢导管、电线 WDZCN–RYJS、电线 WDZCN–BYJ; 消防电源监控系统:消防电源监控模块、套接紧定式镀锌钢导管、电线 WDZCN–RYJS、电线 WDZCN–BYJ; 应急照明及疏散指示系统:应急照明电源配电箱、应急吸顶灯、疏散标志灯、安全出口标志灯、焊接钢管、电线 WDZBN–RYJS
4	通风空调工程	多联机空调系统:全热交换器、VRF 空调室外机、VRF 空调室内机、一拖多风管机、离心玻璃棉保温消声直接成型风管、冷凝管、橡塑保温; 通风系统:风机、镀锌薄钢板风管
5	给排水工程	给水系统:衬塑钢管、无规共聚聚丙烯管(PP–R 管); 排水系统:球墨铸铁管、硬聚氯乙烯塑料排水管(UPVC 管)、防紫外线硬聚氯乙烯塑料排水管(HDPE 管); 卫生器具安装:洗脸盆、坐便器、蹲便器、小便器、拖把池
6	其他特征	抗震支架; 电梯:垂直电梯 10 部

表 4–2–4 地上建筑工程概况信息(办公用房)

综合概况信息	工程名称	某普通高校项目(二) 办公用房				
	采集类别编码	FJ020201	建筑物层数	11	建筑面积 /m^2	36 445.14
	抗震设防类别	丙类	结构类型	框架结构	装配率	—
	建筑高度 /m	42.5	标准层层高 /m	3.6	基本风压 /(kN/m^2)	0.45
	抗震等级	框架四级				
	其他特征	首层层高 4.5m				
一	建筑与装饰工程概况信息					
1	砌筑工程	外墙:B07A5.0 陶粒增强加气砌块; 内墙:B06A5.0 蒸压砂加气混凝土砌块、烧结页岩多孔砖(240mm × 115mm × 90mm)				
2	混凝土结构工程	结构形式:现浇钢筋混凝土结构; 模板及支撑架:复合模板、盘扣式钢管支撑架				
3	门窗工程	普通门:橡木板装饰木门、钢质门(5.0mm 厚钢化玻璃观察窗)、断桥隔热铝合金门[(6Low–E+12A+6)mm 中空钢化玻璃]; 普通窗:断桥隔热铝合金窗[(6Low–E+12A+6)mm 中空钢化玻璃]、铝合金百叶窗; 特种门窗:钢质防火门、双轨双帘无机特级防火卷帘(耐火极限 3h)				

表 4-2-4（续）

4	屋面工程	刚性屋面：40.0mm 厚 C20 细石混凝土、丙纶编织土工布、75.0mm 厚挤塑聚苯板保温层、3.0mm 厚 SBS 聚酯胎Ⅱ型改性沥青防水卷材、2.0mm 厚非固化橡胶沥青防水涂料、20.0mm 厚水泥砂浆找平层； 瓦屋面：灰色水泥瓦；挂瓦条 30mm × 30mm，顺水条 30mm × 30mm；50.0mm 厚 C20 细石混凝土、丙纶编织土工布、75.0mm 厚挤塑聚苯板保温层、3.0mm 厚 SBS 聚酯胎Ⅱ型改性沥青防水卷材、2.0mm 厚非固化橡胶沥青防水涂料、20.0mm 厚水泥砂浆找平层
5	防水工程	楼地面：1.5mm 厚聚氨酯防水涂料、1.0mm 厚水泥渗透结晶型防水涂料； 内墙面：2.0mm 厚聚合物水泥防水涂料； 外墙面：2.0mm 厚聚合物水泥防水涂料
6	防腐、隔热、保温工程	外墙内保温：20.0mm 厚无机轻集料保温砂浆Ⅰ型、5.0mm 厚抗裂砂浆复合耐碱玻纤网； 天棚保温：C50 轻钢龙骨，30.0mm 厚岩棉板、5.0mm 厚抗裂砂浆复合耐碱玻纤网
7	外墙装饰及幕墙工程	外墙装饰：抗碱封底漆、外墙腻子、外墙弹性涂料； 幕墙：T5 铝合金龙骨（氟碳喷涂）、铝合金格栅（氟碳喷涂）、3.0mm 厚氟碳喷涂铝板
8	楼地面装饰工程	走廊：800mm × 800mm 浅色玻化砖； 教室：2.0mm 厚木纹色同质透心地胶板、15.0mm 厚实木多层复合地板； 办公室：800mm × 800mm 浅色玻化砖； 卫生间：600mm × 600mm 防滑地砖； 楼梯间：20.0mm 厚芝麻灰花岗岩
9	内墙及柱面装饰工程	走廊、教室：耐水腻子、涂料； 办公室：耐水腻子、涂料； 卫生间：300mm × 600mm 瓷砖； 楼梯间：耐水腻子、涂料； 电梯厅：C50 轻钢龙骨、4.0mm 厚木纹色复合铝板
10	天棚工程	走廊：U50 轻钢龙骨、1.0mm 厚 40mm × 100mm 木纹铝方通格栅间距 150.0mm； 教室：U50 轻钢龙骨、9.5mm 厚纸面石膏板、腻子、涂料； 办公室：U50 轻钢龙骨、9.5mm 厚纸面石膏板、腻子、涂料； 卫生间：U38 轻钢龙骨、0.8mm 厚 600mm × 600mm 铝扣板； 楼梯间：腻子、涂料； 电梯厅：C50 轻钢龙骨、4.0mm 厚木纹色复合铝板
11	其他装饰工程	楼梯栏杆：不锈钢栏杆（H=1 050mm）； 护窗栏杆：不锈钢栏杆（H=950mm）； 浴厕配件：12.0mm 厚橡木纹抗倍特板隔断、20.0mm 厚灰色大理石洗漱台、无障碍扶手
12	附属工程	散水、坡道、混凝土台阶
13	其他特征	施工电梯、超危支撑架、盘扣式钢管外墙脚手架

表 4-2-4(续)

二	通用安装工程概况信息	
1	电气设备安装工程	动力系统:配电柜、配电箱、控制箱、焊接钢管、套接紧定式镀锌钢导管、热浸镀锌喷塑(防火塑粉)槽式电缆桥架、电缆 BBTRZ、电缆 WDZC-YJY-0.6/1kV; 照明系统:配电箱、套接紧定式镀锌钢导管、大平圆吸顶灯、筒灯、射灯、平板灯、双管荧光灯、单管荧光灯、壁灯、灯带、开关、插座、热浸镀锌槽式电缆桥架、电线 WDZB-BYJ; 防雷接地系统:接闪带(避雷网)、引下线、接地跨接、接地母线
2	建筑智能化工程	信息网络系统:AP 无线外网点、单模光纤、接入交换机、接入层防火墙、机柜、配线架; 综合布线系统:信息插座、42U 机柜、单模光纤、配线架; 安全防范系统 - 入侵报警系统:总线报警主机、总线扩展模块、紧急按钮、警灯警号; 安全防范系统 - 出入口控制系统:出入门按钮、磁力锁、门禁读卡器、无线门锁、门禁控制器、电线 RVV、六类非屏蔽双绞线; 安全防范系统 - 视频安防监控系统:人脸筒型摄像机、网络枪机摄像机、网络半球摄像机、球型网络摄像机、电梯摄像机、监控机柜、电线 RVV、六类非屏蔽双绞线; 智能一卡通管理系统:服务器、一卡通管理平台、智能数据采集器、人脸识别终端、读卡器、智能卡、考勤设备; 建筑能耗监测系统:电表网络采集器、水表网络采集器, 公共广播系统:功率放大器、前置放大器、网络解码器、壁挂喇叭、电线 ZCN-RVSP; 电源与电子设备防雷接地系统:UPS 主机 15kV·A、电池柜、12V100AH 密封式胶体免维护蓄电池、电源三级防雷器; 安全防范系统 - 安全防范综合管理系统:单模光模块、设备网堆叠线缆、交换机、网络入侵防护系统、出口行为管理、互联网出口 WAF、数据中心防火墙、webvpn、反向代理、漏扫设备、终端检测与响应软件、设备网核心; 会议系统:会议一体机、多媒体地插、全彩 LED 显示屏、投影机、可变扩散线阵列扬声器、功率放大器、补声音箱、数字音频矩阵、16 路调音台、会议话筒、8 路电源时序器、主席机、代表机; 信息引导及发布系统:多功能校园视窗、数字视窗、165 寸全互动信息展示中心系统大屏; 综合管路系统:热浸镀锌槽式电缆桥架、焊接钢管、套接紧定式镀锌钢导管; 机房工程(信息网络机房):UPS 主机 200kV·A、电池柜、12V100AH 密封式胶体免维护蓄电池
3	消防工程	水灭火系统 - 自动喷水灭火系统:热浸镀锌钢管、湿式报警阀组、水流指示器、喷头; 水灭火系统 - 消火栓系统:消火栓箱、热浸镀锌钢管; 火灾自动报警系统:消火栓启泵按钮、声光报警器、楼层显示器、感烟探测器、套接紧定式镀锌钢导管、电线 WDZAN-BYJR; 电气火灾监控系统:剩余电流监控模块、电气火灾探测器、套接紧定式镀锌钢导管、电线 WDZN-RYJSP; 消防电源监控系统:消防电源监控区域分机、消防电源监控模块 、套接紧定式镀锌钢导管、电线 WDZN-RYS; 应急照明及疏散指示系统:应急照明电源配电箱、应急吸顶灯、疏散标志灯、安全出口标志灯、焊接钢管、电线 WDZBN-RYJS

表 4-2-4（续）

4	通风空调工程	多联机空调系统：全热交换器、VRF 空调室外机、VRF 空调室内机、一拖多风管机、离心玻璃棉保温消声直接成型风管、冷凝管、橡塑保温； 通风系统：风机、镀锌薄钢板风管； 防排烟系统：风机、镀锌薄钢板风管
5	给排水工程	给水系统：衬塑钢管、无规共聚聚丙烯管（PP-R 管）； 排水系统：球墨铸铁管、硬聚氯乙烯塑料排水管（UPVC 管）、防紫外线硬聚氯乙烯塑料排水管（HDPE 管）； 卫生器具安装：洗脸盆、坐便器、蹲便器、小便器、拖把池
6	其他特征	抗震支架； 电梯：垂直电梯 8 部

表 4-2-5　地上建筑工程概况信息（体育馆）

综合概况信息	工程名称	某普通高校项目（二）　体育馆				
	采集类别编码	FJ020701	建筑物层数	3	建筑面积 /m^2	30 405.32
	抗震设防类别	丙类	结构类型	钢 - 混凝土组合结构	装配率	—
	建筑高度 /m	28.5	标准层层高 /m	8.5	基本风压 /（kN/m^2）	0.45
	抗震等级	框架四级				
	其他特征	屋顶层为钢网架结构				
一	建筑与装饰工程概况信息					
1	土石方工程	土石方类别：二类土； 开挖深度：4.0m 以内； 外运距离：5.0km 以内； 渣土消纳处置方式：陆运				
2	基坑围护工程	围护类型：100.0mm 厚 C20 混凝土（内配 ϕ6@200 双向钢筋网片）喷锚护坡				
3	桩基工程	ϕ600mm 泥浆护壁转盘式成孔灌注桩（平均桩长 56.25m）； ϕ700mm 泥浆护壁转盘式成孔灌注桩（平均桩长 52.55m）； 外运距离：5.0km 以内； 渣土消纳处置方式：陆运				
4	砌筑工程	砖基础：MU15.0 混凝土实心砖（240mm × 115mm × 53mm）； 外墙：B07A5.0 陶粒增强加气砌块； 内墙：B06A5.0 蒸压砂加气混凝土砌块、MU20.0 烧结页岩多孔砖（240mm × 115mm × 90mm）				
5	混凝土结构工程	基础类型：桩承台基础； 结构形式：现浇钢筋混凝土结构； 模板及支撑架：复合模板、盘扣式钢管支撑架				

表 4–2–5(续)

6	金属结构工程	钢梁:H 型钢梁 Q390B/355B,除锈等级为 Sa2.5 级,环氧富锌底漆 50μm,环氧云铁中间漆 70μm,防火极限≥ 2.0h(薄型防火涂料),氟碳面漆; 钢网架:Q235B/Q345B,底层:环氧富锌底漆涂料,干膜厚度 70μm;中间层:环氧云铁中间漆,干膜厚度 110μm;面层:氟碳面漆,干膜厚度 70μm,防火极限≥ 1.0h(薄型防火涂料); 钢板楼板:HB2–100,上弦钢筋为 ϕ10,下弦钢筋为 ϕ10,腹杆钢筋为 ϕ5,桁架高度 h_t 为 100.0mm; 屋面板:0.9mm 直立锁边铝镁锰合金屋面板,0.49mm 防水透气膜,50.0mm 厚吸音棉(容重 24kg/m^3),1.2mm 厚 G350–DP600 高强度压型钢底板
7	门窗工程	普通门:橡木板装饰木门、钢质门(5.0mm 厚钢化玻璃观察窗)、断桥隔热铝合金门[(6Low–E+12A+6)mm 中空钢化玻璃]; 普通窗:断桥隔热铝合金窗[(6Low–E+12A+6)mm 中空钢化玻璃]、铝合金百叶窗; 特种门窗:钢质防火门、双轨双帘无机特级防火卷帘(耐火极限 3h)
8	防水工程	楼地面:2.0mm 厚聚氨酯防水涂料、2.0mm 厚水泥渗透结晶型防水涂料、1.2mm 氯化聚氯乙烯防水卷材; 内墙面:2.0mm 厚聚合物水泥防水涂料、2.0mm 厚水泥渗透结晶型防水涂料、3.0mm 厚 SBS 聚酯胎Ⅱ型改性沥青防水卷材
9	防腐、隔热、保温工程	100.0mm 厚保温岩棉板
10	外墙装饰及幕墙工程	外墙装饰:抗碱封底漆、外墙腻子、外墙弹性涂料; 幕墙:T5 铝合金龙骨(氟碳喷涂)、铝合金格栅(氟碳喷涂)、[8(超白钢化 Low–E)+12A+8(钢化)]mm 玻璃、3.0mm 厚氟碳喷涂铝板
11	楼地面装饰工程	泳池:马赛克; 泳池走道:2.0mm 厚木纹色同质透心地胶板; 篮球场:22.0mm 厚实木运动地板,EPE 防潮膜 +12mm 厚松木胶合板 +16mm 厚减震夹板弹力橡胶减震垫 + 龙骨 50mm × 50mm 杉木枋; 乒乓球活动室,训练馆,瑜伽室、武术室:2.0mm 厚木纹色同质透心地胶板; 游泳馆门厅、贵宾门厅:15.0mm 厚灰色无机环氧磨石; 运动员更衣室、淋浴间;600mm × 600mm 防滑地砖; 贵宾接待厅、贵宾休息室:500mm × 500mm 灰色块毯; 会议室、办公室:800mm × 800mm 米色仿大理石地砖; 运动员门厅、运动员门厅走道:15.0mm 厚灰色无机环氧磨石; 裁判门厅、无障碍门厅、媒体门厅、公共走道:灰色无机磨石; 运动员休息室:200mm × 900mm 米色仿大理石地砖; 运动员医疗、兴奋剂检测室:600mm × 600mm 防滑地砖; 观众大厅:15.0mm 厚灰色无机环氧磨石; 解说室、声控室,灯控室:30.0mm 厚 600mm × 600mm 钢质防静电活动地板; 卫生间:600mm × 600mm 防滑地砖; 楼梯间:20mm 厚芝麻灰花岗岩

表 4-2-5（续）

12	内墙及柱面装饰工程	游泳馆门厅：C50 轻钢龙骨、4.0mm 厚 600mm × 1 200mm 白色 / 彩色复合铝板； 运动员更衣室、淋浴间：300mm × 600mm 仿大理石墙面砖； 贵宾门厅：C50 轻钢龙骨、4.0mm 厚 600mm × 1 200mm 白色 / 彩色复合铝板； 贵宾接待厅、贵宾休息室：C50 轻钢龙骨、4.0mm 厚 600mm × 1 200mm 白色 / 彩色复合铝板、腻子、涂料； 会议室、办公室：C50 轻钢龙骨、4.0mm 厚仿木纹饰面陶铝吸音板、腻子、涂料； 运动员门厅、运动员门厅走道：C50 轻钢龙骨、4.0mm 厚 600mm × 1 200mm 白色 / 彩色复合铝板； 裁判门厅、无障碍门厅、媒体门厅、管理区公共走道：C50 轻钢龙骨、4.0mm 厚 600mm × 1 200mm 白色 / 彩色复合铝板； 乒乓球活动室：无机涂料； 运动员休息室、运动员医疗、兴奋剂检测：腻子、涂料； 篮球场：C50 轻钢龙骨、4.0mm 厚仿木纹饰面陶铝吸音板、腻子、涂料； 观众大厅：C50 轻钢龙骨、4.0mm 厚 600mm × 1 200mm 白色 / 彩色复合铝板、腻子、涂料； 活动羽毛球场：C50 轻钢龙骨、4.0mm 厚 600mm × 1 200mm 白色 / 彩色复合铝板、腻子、涂料； 跆拳道、瑜伽、武术、健美操室：C50 轻钢龙骨、4.0mm 厚 600mm × 1 200mm 白色 / 彩色复合铝板、腻子、涂料； 解说、声控室、灯控室：腻子、涂料； 卫生间：300mm × 600mm 仿大理石墙面砖； 楼梯间：腻子、涂料； 电梯厅：C50 轻钢龙骨、4.0mm 厚木纹色复合铝板
13	天棚工程	游泳馆门厅：U50 轻钢龙骨、12.0mm 厚纸面石膏板、白色纳米釉面漆哑光漆； 运动员更衣室、淋浴间：U50 轻钢龙骨、600mm × 600mm 白色抗菌板； 贵宾门厅：U50 轻钢龙骨、12.0mm 厚纸面石膏板、腻子、涂料、2.5mm 厚仿木纹铝单板； 贵宾接待厅、贵宾休息室：U50 轻钢龙骨、12.0mm 厚纸面石膏板、腻子、涂料； 会议室、办公室：U50 轻钢龙骨、12.0mm 厚纸面石膏板、腻子、白色纳米釉面漆哑光漆； 运动员门厅、运动员门厅走道：U50 轻钢龙骨、12.0mm 厚纸面石膏板、腻子、涂料、1.0mm 厚 40mm × 100mm 木纹铝方通格栅间距 150.0mm； 裁判门厅、无障碍门厅、媒体门厅、管理区公共走道：U50 轻钢龙骨、12.0mm 厚纸面石膏板、腻子、涂料； 乒乓球活动室：U50 轻钢龙骨、14.0mm 厚 600mm × 600mm 穿孔矿棉板； 运动员休息室，运动员医疗、兴奋剂检测室：600mm × 600mm 白色抗菌板； 观众大厅：U50 轻钢龙骨、12.0mm 厚纸面石膏板、腻子、涂料、1.0mm 厚 40mm × 100mm 木纹铝方通格栅间距 150.0mm； 活动羽毛球场：U50 轻钢龙骨、14.0mm 厚 600mm × 600mm 穿孔矿棉板、1.0mm 厚 40mm × 100mm 木纹铝方通格栅间距 @100； 跆拳道、瑜伽、武术、健美操室：U50 轻钢龙骨、14.0mm 厚 600mm × 600mm 穿孔矿棉板、1.0mm 厚 40mm × 100mm 木纹铝方通格栅间距 150.0mm； 解说、声控室、灯控室：U50 轻钢龙骨、12.0mm 厚纸面石膏板、腻子、涂料、1.0mm 厚 40mm × 100mm 木纹铝方通格栅间距 @100； 卫生间：U50 轻钢龙骨、12.0mm 厚纸面石膏板、腻子、涂料、1.0mm 厚 600mm × 600mm 铝扣板； 楼梯间：腻子、涂料； 电梯厅：C50 轻钢龙骨、4.0mm 厚木纹色复合铝板

表 4–2–5(续)

14	其他装饰工程	体育馆楼梯间栏杆:镀锌钢管栏杆(H=1 100mm); 体育馆室外楼梯栏杆:镀锌钢管栏杆(H=1 200mm); 体育馆栏杆:镀锌钢管栏杆(H=1 100mm); 浴厕配件:12.0mm 厚橡木纹抗倍特板隔断、20.0mm 厚大理石洗漱台、无障碍扶手
15	附属工程	地沟盖板:300.0mm 宽铸铁盖板、400.0mm 宽铸铁盖板; 泳池溢水沟成品箅子:300.0mm 宽组合式塑料格栅板
16	其他特征	湿土排水、施工电梯、超危支撑架、网架安装脚手架、盘扣式钢管外墙脚手架
二	通用安装工程概况信息	
1	电气设备安装工程	动力系统:配电柜、配电箱、控制箱、焊接钢管、套接紧定式镀锌钢导管、热浸镀锌托盘式电缆桥架、热浸镀锌喷塑(防火塑粉)槽式电缆桥架、电缆 BTLY、电缆 WDZA–YJY–0.6/1kV、电缆 WDZAN–YJY–0.6/1kV; 照明系统:配电箱、吊扇、套接紧定式镀锌钢导管、筒灯、平板灯、日光灯、工矿灯、开关、插座、热浸镀锌槽式电缆桥架、电线 WDZ–BYJ; 防雷接地系统:接闪带(避雷网)、引下线、接地跨接、接地母线
2	建筑智能化工程	信息网络系统:AP 无线外网点、接入交换机、接入层防火墙、机柜、配线架; 综合布线系统:信息插座、机柜、配线架、六类非屏蔽双绞线; 安全防范系统 – 出入口控制系统:无线联网门锁、数据采集终端; 安全防范系统 – 视频安防监控系统:彩色红外半球网络摄像机、彩色红外枪式网络摄像机、拾音器筒型摄像机、球形一体机、监控机柜、无线网桥; 安全防范系统 – 电子巡查系统:巡更点; 安全防范系统 – 报警系统:双鉴探测器; 安全防范系统 – 周界防范系统:安防箱、围墙声光警戒相机; 智能一卡通管理系统:服务器、一卡通管理平台、智能数据采集器、人脸识别终端、读卡器、智能卡; 建筑设备监控系统:一氧化碳浓度传感器、温湿度传感器、压差开关、水流开关、液位开关、模块; 公共广播系统:广播功放、IP 音频输入模块、前置放大器、音箱、扬声器、数字音频处理器、调音台、时序电源控制器、真分集无线话筒、天线分配器; 电源与电子设备防雷接地系统:UPS 主机 10kV·A、电池柜、12V100AH 密封式胶体免维护蓄电池、电源三级防雷器; 建筑能耗监测系统:远传水表具数据采集器、集中器、转发控制器; 综合管路系统:热浸镀锌槽式电缆桥架、焊接钢管、套接紧定式镀锌钢导管; 信息引导及发布系统:多功能校园视窗、数字视窗、165 寸全互动信息展示中心系统大屏; 场地显示屏及控制系统:LED 显示屏、服务器、视频处理器、交换机、路由器
3	消防工程	水灭火系统 – 消火栓系统:消火栓箱、热浸镀锌钢管、灭火器; 水灭火系统 – 自动喷水灭火系统:热浸镀锌钢管、湿式报警阀组、水流指示器、喷头; 水灭火系统 – 消防水炮水系统:热浸镀锌钢管、阀门、消防水炮;

表 4-2-5（续）

3	消防工程	火灾自动报警系统：消火栓启泵按钮、感烟探测器、感温探测器、手动报警按钮、声光报警器、电话分机、总线隔离器、模块、模块箱、火灾显示器、消防端子控制箱、焊接钢管、电线 WDZCN-RVS、电缆 WDZN-KYJY-450/750、电线 WDZCN-RVSP、电线 WDZCN-BYJ； 电气火灾监控系统：剩余电流监控模块、电气火灾探测器、焊接钢管、电线 WDZCN-RVVP、电线 WDZCN-BYJ； 消防电源监控系统：消防电源监控区域分机、消防电源监控模块、焊接钢管、电线 WDZCN-RVS、电线 WDZCN-BYJ； 应急照明及疏散指示系统：应急照明电源配电箱、应急吸顶灯、疏散标志灯、安全出口标志灯、焊接钢管、电线 WDZN-RYJS； 防火门监控系统：防火门监控模块、焊接钢管、电线 WDZCN-RVS、电线 WDZCN-BYJ
4	通风空调工程	供暖系统：分集水器、镀锌钢管、地暖循环泵； 空调风系统：全热交换器、VRF 空调室外机、VRF 空调室内机、一拖多风管机、镀锌薄钢板风管、橡塑保温、风冷单螺杆式热泵机组、预制直埋保温管、风机盘管； 空调水系统：螺杆式冷水机组、冷却塔、镀锌钢管； 通风系统：风机、镀锌薄钢板风管； 防排烟系统：镀锌薄钢板风管、消防风机
5	给排水工程	给水系统：薄壁不锈钢管、无规共聚聚丙烯管（PP-R 管）、阀门、橡塑保温； 排水系统：硬聚氯乙烯塑料排水管（UPVC 管）、防紫外线硬聚氯乙烯塑料排水管（UPVC 管）、虹吸式塑料雨水管（HDPE 管）、虹吸式雨水斗、柔性铸铁排水管； 卫生器具安装：洗脸盆、坐便器、蹲便器、小便器、拖把池
6	其他特征	抗震支架； 电梯：垂直电梯 4 部

表 4-2-6 地上建筑工程概况信息（图书馆）

综合概况信息	工程名称	某普通高校项目（二） 图书馆				
	采集类别编码	FJ020501	建筑物层数	7	建筑面积 /m²	32 969.56
	抗震设防类别	丙类	结构类型	钢 – 混凝土组合结构	装配率	—
	建筑高度 /m	39.85	标准层层高 /m	4.50	基本风压 /（kN/m²）	0.45
	抗震等级	框架三级				
	其他特征	首层层高 8.15m，二层层高 5.55m，屋顶层为钢网架结构				
一	建筑与装饰工程概况信息					
1	土石方工程	土石方类别：二类土； 开挖深度：4.0m 以内； 外运距离：5.0km 以内； 渣土消纳处置方式：陆运				

表 4-2-6(续)

2	基坑围护工程	围护类型:100.0mm 厚 C20 混凝土(内配 ϕ6@200 双向钢筋网片)喷锚护坡
3	桩基工程	ϕ600 泥浆护壁转盘式成孔灌注桩(平均桩长 56.5m); 外运距离:5.0km 以内; 渣土消纳处置方式:陆运
4	砌筑工程	砖基础:MU15.0 混凝土实心砖(240mm×115mm×53mm); 外墙:B07A5.0 陶粒增强加气砌块; 内墙:B06A5.0 蒸压砂加气混凝土砌块、MU20.0 烧结页岩多孔砖(240mm×115mm×90mm)
5	混凝土结构工程	基础类型:桩承台基础; 结构形式:现浇钢筋混凝土结构; 模板及支撑架:复合模板、盘扣式钢管支撑架
6	金属结构工程	钢柱:箱型钢柱 Q345B,除锈等级为 Sa2.5 级,环氧富锌底漆 50μm,环氧云铁中间漆 70μm,耐火极限 2.5h(薄型防火涂料),氟碳面漆; 钢梁:H 型钢梁 Q390B/355B,除锈等级为 Sa2.5 级,环氧富锌底漆 50μm,环氧云铁中间漆 70μm,防火极限≥ 2.0h(薄型防火涂料),氟碳面漆; 钢网架:Q235B/Q345B,底层:环氧富锌底漆涂料,干膜厚度 70μm;中间层:环氧云铁中间漆,干膜厚度 110μm;面层:氟碳面漆,干膜厚度 70μm,防火极限≥ 1.0h(薄型防火涂料)
7	门窗工程	普通门:橡木板装饰木门、钢质门(5.0mm 厚钢化玻璃观察窗)、断桥隔热铝合金门[(6Low-E+12A+6)mm 中空钢化玻璃]; 普通窗:断桥隔热铝合金窗[(6Low-E+12A+6)mm 中空钢化玻璃]、铝合金百叶窗; 特种门窗:钢质防火门、双轨双帘无机特级防火卷帘(耐火极限 3h)
8	屋面工程	刚性屋面:40.0mm 厚 C20 细石混凝土(内配 ϕ6@200 双向钢筋)、丙纶编织土工布、75.0mm 厚挤塑聚苯板保温层、3.0mm 厚 SBS 聚酯胎Ⅱ型改性沥青防水卷材、2.0mm 厚非固化橡胶沥青防水涂料、20.0mm 厚水泥砂浆找平层; 其他屋面:[8(钢化 Low-E)+12A+6(半钢化)+1.14PVB+6(半钢化)]mm 中空夹层玻璃
9	防水工程	楼地面:1.5mm 厚聚氨酯防水涂料、1.0mm 厚水泥渗透结晶型防水涂料; 内墙面:2.0mm 厚聚合物水泥防水涂料; 外墙面:2.0mm 厚聚合物水泥防水涂料
10	防腐、隔热、保温工程	外墙内保温:20.0mm 厚无机轻集料保温砂浆Ⅰ型、5.0mm 厚抗裂砂浆复合耐碱玻纤网; 天棚保温:C50 轻钢龙骨,30.0mm 厚岩棉板、5.0mm 厚抗裂砂浆复合耐碱玻纤网
11	外墙装饰及幕墙工程	外墙装饰:抗碱封底漆、外墙腻子、外墙弹性涂料; 幕墙:T5 铝合金龙骨(氟碳喷涂)、铝合金格栅(氟碳喷涂)、[8(超白钢化 LOW-E)+12A+8(钢化)]mm 玻璃、3.0mm 厚氟碳喷涂铝板
12	楼地面装饰工程	地面垫层:500.0mm 厚塘渣、100.0mm 厚碎石垫层; 楼梯间:20.0mm 厚白麻花岗岩; 卫生间:300mm×600mm 防滑地砖; 电梯厅:800mm×800mm 米仿大理石地砖、20.0mm 厚米白色大理石; 入口前厅:20.0mm 厚米色大理石; 休息区、临时展览区:15.0mm 厚多层实木地板; 一般阅览区:2.0mm 厚木纹色同质透心地胶板;

表 4-2-6（续）

12	楼地面装饰工程	信息共享空间：600mm × 600mm 陶瓷面抗静电地板； 学术报告厅：2.0mm 厚木纹色同质透心地胶板； 办公室、会议室：15.0mm 厚多层实木地板； 自习室：800mm × 800mm 环氧磨石地砖； 档案室、密集书库、走廊：800mm × 800mm 米色仿大理石地砖
13	内墙及柱面装饰工程	楼梯间：腻子、涂料； 卫生间：300mm × 600mm 墙面砖、彩色马赛克； 电梯厅：C50 轻钢龙骨、4.0mm 厚仿木纹复合铝板； 入口前厅：25.0mm 厚米色大理石干挂； 休息区：型钢龙骨、25.0mm 厚木纹洞石干挂、20.0mm 厚金属铝复合铝板、腻子、涂料； 阅览区：C50 轻钢龙骨、4.0mm 厚仿木纹复合铝板、腻子、涂料； 信息共享空间：C50 轻钢龙骨、4.0mm 厚仿木纹复合铝板、腻子、涂料； 学术报告厅：2.0mm 厚穿孔吸音复合铝板、布艺硬包； 办公室：U50 轻钢龙骨、9.5mm 厚纸面石膏板、腻子、涂料； 自习室：C50 轻钢龙骨、4.0mm 厚仿木纹复合铝板、腻子、涂料； 档案室、密集书库、走廊：C50 轻钢龙骨、4.0mm 厚仿木纹复合铝板、腻子、涂料
14	天棚工程	楼梯间：腻子、涂料； 卫生间：U38 轻钢龙骨、0.8mm 厚 600mm × 600mm 铝扣板； 电梯厅：U50 型轻钢龙骨、9.5mm 厚纸面石膏板、腻子、涂料； 入口前厅：U50 型轻钢龙骨、9.5mm 厚纸面石膏板、腻子、涂料； 休息区：U50 型轻钢龙骨、9.5mm 厚纸面石膏板、腻子、涂料、抗指纹不锈钢、1.0mm 厚 40mm × 100mm 木纹铝方通格栅间距 150.0mm； 一般阅览区：U50 型轻钢龙骨、9.5mm 厚纸面石膏板、腻子、涂料、1.0mm 厚 40mm × 100mm 木纹铝方通格栅间距 150.0mm、14.0mm 厚 600mm × 600mm 矿棉板； 信息共享空间：U50 型轻钢龙骨、9.5mm 厚纸面石膏板、1.0mm 厚 40mm × 100mm 木纹铝方通格栅间距 150.0mm； 学术报告厅：U50 型轻钢龙骨、12.0mm 厚穿孔石膏板、腻子、涂料； 办公室、会议室：U50 型轻钢龙骨、9.5mm 厚纸面石膏板、腻子、涂料； 自习室：U50 型轻钢龙骨、9.5mm 厚纸面石膏板、穿孔石膏板、腻子、涂料； 档案室、密集书库：U50 型轻钢龙骨、9.5mm 厚纸面石膏板、腻子、涂料； 走廊：U50 型轻钢龙骨、9.5mm 厚纸面石膏板、1.0mm 厚 40mm × 100mm 木纹铝方通格栅间距 150.0mm
15	其他装饰工程	护窗栏杆：不锈钢栏杆（H=1 100mm）； 楼梯栏杆：不锈钢栏杆（H=900mm）； 玻璃栏板：（8+1.52PVB+8）mm 超白钢化夹层玻璃（H=1 350mm）； 卫生间隔断：成品木纹抗倍特隔断； 其他：成品定制柜
16	附属工程	台阶：30.0mm 厚火烧面花岗岩石板
17	其他特征	湿土排水、施工电梯、超危支撑架、网架安装脚手架、盘扣式钢管外墙脚手架

表 4-2-6(续)

二	通用安装工程概况信息	
1	电气设备安装工程	动力系统:配电柜、配电箱、控制箱、焊接钢管、套接紧定式镀锌钢导管、热浸镀锌喷塑(防火塑粉)槽式电缆桥架、电缆 BBTRZ、电缆 WDZC-YJY-0.6/1kV; 照明系统:配电箱、套接紧定式镀锌钢导管、大平圆吸顶灯、筒灯、射灯、平板灯、线条灯、双管荧光灯、单管荧光灯、壁灯、灯带、开关、插座、热浸镀锌槽式电缆桥架、电线 WDZB-BYJ; 防雷接地系统:接闪带(避雷网)、引下线、接地跨接、接地母线
2	建筑智能化工程	信息网络系统:AP 无线外网点、单模光纤、接入交换机、接入层防火墙、机柜、配线架; 综合布线系统:信息插座、42U 机柜、单模光纤、配线架; 安全防范系统 – 入侵报警系统:总线报警主机、总线扩展模块、紧急按钮、警灯警号; 安全防范系统 – 出入口控制系统:出入门按钮、磁力锁、门禁读卡器、无线门锁、门禁控制器、电线 RVV、六类非屏蔽双绞线; 安全防范系统 – 视频安防监控系统:人脸筒型摄像机、网络枪机摄像机、网络半球摄像机、球型网络摄像机、电梯摄像机、监控机柜、电线 RVV、六类非屏蔽双绞线; 智能一卡通管理系统:服务器、一卡通管理平台、智能数据采集器、人脸识别终端、读卡器、智能卡、图书借阅终端; 建筑能耗监测系统:电表网络采集器、水表网络采集器; 公共广播系统:功率放大器、前置放大器、网络解码器、壁挂喇叭、电线 ZCN-RVSP; 电源与电子设备防雷接地系统:UPS 主机 15kV·A、电池柜、12V100AH 密封式胶体免维护蓄电池、电源三级防雷器; 安全防范系统 – 安全防范综合管理系统:单模光模块、设备网堆叠线缆、交换机、网络入侵防护系统、出口行为管理、互联网出口 WAF、数据中心防火墙、webvpn、反向代理、漏扫设备、终端检测与响应软件、设备网核心; 多媒体教学系统:会议一体机、多媒体地插、全彩 LED 显示屏、激光高清投影机、可变扩散线阵列扬声器、功率放大器、返听音箱、数字音频矩阵、16 路调音台、会议话筒、8 路电源时序器、抑制器; 信息引导及发布系统:165 英寸全互动信息展示中心系统大屏、多功能图书馆视窗、图书馆预约签到门禁视窗; 综合管路系统:热浸镀锌槽式电缆桥架、焊接钢管、套接紧定式镀锌钢导管
3	消防工程	水灭火系统 – 自动喷水灭火系统:热浸镀锌钢管、湿式报警阀组、水流指示器、喷头; 水灭火系统 – 消火栓系统:消火栓箱、热浸镀锌钢管; 火灾自动报警系统:消火栓启泵按钮、声光报警器、楼层显示器、感烟探测器、套接紧定式镀锌钢导管、电线 WDZAN-BYJR; 电气火灾监控系统:剩余电流监控模块、电气火灾探测器、套接紧定式镀锌钢导管、电线 WDZN-RYJSP; 消防电源监控系统:消防电源监控区域分机、消防电源监控模块 、套接紧定式镀锌钢导管、电线 WDZN-RYS; 应急照明及疏散指示系统:应急照明电源配电箱、应急吸顶灯、疏散标志灯、安全出口标志灯、焊接钢管、电线 WDZBN-RYJS

表 4-2-6（续）

4	通风空调工程	空调风系统：全热交换器、VRF 空调室外机、VRF 空调室内机、一拖多风管机、离心玻璃棉保温消声直接成型风管、风冷单螺杆式热泵机组、预制直埋保温管、风机盘管； 空调水系统：螺杆式冷水机组、冷却塔、镀锌钢管； 通风系统：风机、镀锌薄钢板风管； 防排烟系统：风机、镀锌薄钢板风管
5	给排水工程	给水系统：衬塑钢管、无规共聚聚丙烯管（PP-R 管）； 排水系统：球墨铸铁管、硬聚氯乙烯塑料排水管（UPVC 管）、防紫外线硬聚氯乙烯塑料排水管（HDPE 管）； 卫生器具安装：洗脸盆、坐便器、蹲便器、小便器、拖把池
6	其他特征	抗震支架； 电梯：垂直电梯 6 部

表 4-2-7　地上建筑工程概况信息（实训室）

综合概况信息	工程名称	某普通高校项目（二）　实训楼				
	采集类别编码	FJ020605	建筑物层数	6	建筑面积 /m^2	37 845.32
	抗震设防类别	丙类	结构类型	框架结构	装配率	—
	建筑高度 /m	27.85	标准层层高 /m	3.9	基本风压 /（kN/m^2）	0.45
	抗震等级	框架四级				
	其他特征	首层层高 6.25m，二层层高 4.5m				
一	建筑与装饰工程概况信息					
1	土石方工程	土石方类别：二类土； 开挖深度：3.0m 以内； 外运距离：5.0km 以内； 渣土消纳处置方式：陆运				
2	基坑围护工程	围护类型：100.0mm 厚 C20 混凝土（内配 ϕ6@200 双向钢筋网片）喷锚护坡				
3	桩基工程	ϕ600mm 泥浆护壁转盘式成孔灌注桩（平均桩长 55.25m） ϕ700mm 泥浆护壁转盘式成孔灌注桩（平均桩长 56.15m） 外运距离：5.0km 以内； 渣土消纳处置方式：陆运				
4	砌筑工程	砖基础：MU15.0 混凝土实心砖（240mm × 115mm × 53mm） 外墙：B07A5.0 陶粒增强加气砌块； 内墙：B06A5.0 蒸压砂加气混凝土砌块、MU20.0 烧结页岩多孔砖（240mm × 115mm × 90mm）				
5	混凝土结构工程	基础类型：桩承台基础； 结构形式：现浇钢筋混凝土结构； 模板及支撑架：复合模板、盘扣式钢管支撑架				
6	门窗工程	普通门：橡木板装饰木门、钢质门（5.0mm 厚钢化玻璃观察窗）、断桥隔热铝合金门[（6Low-E+12A+6）mm 中空钢化玻璃]； 普通窗：断桥隔热铝合金窗[（6Low-E+12A+6）mm 中空钢化玻璃]、铝合金百叶窗； 特种门窗：钢质防火门、双轨双帘无机特级防火卷帘（耐火极限 3h）				

表 4-2-7(续)

7	屋面工程	刚性屋面:40.0mm 厚 C20 细石混凝土、丙纶编织土工布、75.0mm 厚挤塑聚苯板保温层、3.0mm 厚 SBS 聚酯胎Ⅱ型改性沥青防水卷材、2.0mm 厚非固化橡胶沥青防水涂料、20.0mm 厚水泥砂浆找平层; 瓦屋面:灰色水泥瓦;挂瓦条 30mm×30mm,顺水条 30mm×30mm;50.0mm 厚 C20 细石混凝土、丙纶编织土工布、75.0mm 厚挤塑聚苯板保温层、3.0mm 厚 SBS 聚酯胎Ⅱ型改性沥青防水卷材、2.0mm 厚非固化橡胶沥青防水涂料、20.0mm 厚水泥砂浆找平层
8	防水工程	楼地面:1.5mm 厚聚氨酯防水涂料、1.0mm 厚水泥渗透结晶型防水涂料; 内墙面:2.0mm 厚聚合物水泥防水涂料; 外墙面:2.0mm 厚聚合物水泥防水涂料
9	防腐、隔热、保温工程	外墙内保温:20.0mm 厚无机轻集料保温砂浆Ⅰ型、5.0mm 厚抗裂砂浆复合耐碱玻纤网
10	外墙装饰及幕墙工程	外墙装饰:抗碱封底漆、外墙腻子、外墙弹性涂料; 幕墙:T5 铝合金龙骨(氟碳喷涂)、铝合金格栅(氟碳喷涂)、3.0mm 厚氟碳喷涂铝板
11	楼地面装饰工程	地面垫层:500.0mm 厚塘渣、100.0mm 厚碎石垫层; 实训用房:1.2mm 厚环氧树脂自流平地坪漆、18.0mm 厚自流平水泥砂浆、2.0mm 厚地毯纹塑胶地板; 办公室:800mm×800mm 灰色玻化砖; 多功能教室:2.0mm 厚地毯纹塑胶地板; 卫生间:300mm×300mm 防滑地砖; 楼梯间:20.0mm 厚芝麻灰花岗岩; 电梯厅:20.0mm 厚芝麻灰花岗岩
12	内墙及柱面装饰工程	实训用房:C50 轻钢龙骨、4.0mm 厚木纹色复合铝板、腻子、涂料; 办公室:腻子、涂料; 多功能教室:C50 轻钢龙骨、4.0mm 厚木纹色复合铝板、腻子、涂料; 卫生间:300mm×600mm 瓷砖; 楼梯间:腻子、涂料; 电梯厅:C50 轻钢龙骨、4.0mm 厚木纹色复合铝板
13	天棚工程	走廊:U50 轻钢龙骨、1.0mm 厚 40mm×100mm 木纹铝方通格栅间距 150.0mm; 实训用房:U50 轻钢龙骨、14.0mm 厚 600mm×600mm 硅酸钙板、涂料; 办公室:U50 轻钢龙骨、14.0mm 厚 600mm×600mm 硅酸钙板、涂料; 多功能教室:U50 轻钢龙骨、14.0mm 厚 600mm×600mm 硅酸钙板、涂料; 卫生间:U38 轻钢龙骨、1.0mm 厚 600mm×600mm 铝扣板; 楼梯间:腻子、涂料; 电梯厅:C50 轻钢龙骨、4.0mm 厚木纹色复合铝板
14	其他装饰工程	楼梯栏杆:不锈钢栏杆(H=1 050mm); 护窗栏杆:不锈钢栏杆(H=900mm); 浴厕配件:12.0mm 厚橡木纹抗倍特板隔断、20.0mm 厚大理石洗漱台、无障碍扶手
15	附属工程	散水、坡道、混凝土台阶
16	其他特征	湿土排水、施工电梯、盘扣式钢管外墙脚手架

表 4–2–7（续）

二	通用安装工程概况信息	
1	电气设备安装工程	动力系统：配电柜、配电箱、控制箱、焊接钢管、套接紧定式镀锌钢导管、热浸镀锌梯式电缆桥架、热浸镀锌喷塑（防火塑粉）槽式电缆桥架、电缆 BTTZ、电缆 WDZC–YJY–0.6/1kV； 照明系统：配电箱、吊扇、套接紧定式镀锌钢导管、工矿灯、日光灯、筒灯、开关、插座、热浸镀锌槽式电缆桥架、电线 WDZC–BYJ、电线 BV； 防雷接地系统：接闪带（避雷网）、引下线、均压环、接地母线
2	建筑智能化工程	信息网络系统：AP 无线外网点、单模光纤、接入交换机、接入层防火墙、机柜、配线架； 综合布线系统：信息插座、42U 机柜、单模光纤、配线架； 安全防范系统 – 出入口控制系统：出入门按钮、磁力锁、门禁读卡器、无线门锁、门禁控制器、电线 RVV、六类非屏蔽双绞线； 安全防范系统 – 视频安防监控系统：人脸筒型摄像机、网络枪机摄像机、网络半球摄像机、球型网络摄像机、电梯摄像机、监控机柜、电线 RVV、六类非屏蔽双绞线； 智能一卡通管理系统：服务器、一卡通管理平台、智能数据采集器、人脸识别终端、读卡器、智能卡； 建筑能耗监测系统：电表网络采集器、水表网络采集器； 公共广播系统：功率放大器、前置放大器、网络解码器、壁挂喇叭、电线 ZCN–RVSP； 电源与电子设备防雷接地系统：UPS 主机 10kV·A、电池柜、12V100AH 密封式胶体免维护蓄电池、电源三级防雷器； 安全防范系统 – 安全防范综合管理系统：单模光模块、设备网堆叠线缆、交换机、网络入侵防护系统、出口行为管理、互联网出口 WAF、数据中心防火墙、webvpn、反向代理、漏扫设备、终端检测与响应软件、设备网核心； 会议系统：会议一体机、多媒体地插、单模光模块、交换机、设备网堆叠线缆； 信息引导及发布系统：多功能校园视窗、多功能视窗班牌； 综合管路系统：热浸镀锌槽式电缆桥架、焊接钢管、套接紧定式镀锌钢导管
3	消防工程	水灭火系统 – 自动喷水灭火系统：热浸镀锌钢管、湿式报警阀组、水流指示器、喷头； 水灭火系统 – 消火栓系统：消火栓箱、热浸镀锌钢管； 火灾自动报警系统：消火栓启泵按钮、声光报警器、楼层显示器、感烟探测器、套接紧定式镀锌钢导管、电线 WDZAN–BYJ； 应急照明及疏散指示系统：应急照明电源配电箱、应急吸顶灯、疏散标志灯、安全出口标志灯、多信息复合标志灯、楼层指示标志灯、套接紧定式镀锌钢导管、电线 WDZCN–RYJS
4	通风空调工程	空调风系统：全热交换器、VRF 空调室外机、VRF 空调室内机、一拖多风管机、离心玻璃棉保温消声直接成型风管、风冷单螺杆式热泵机组、预制直埋保温管、风机盘管； 空调水系统：螺杆式冷水机组、冷却塔、镀锌钢管； 通风系统：风机、镀锌薄钢板风管
5	给排水工程	给水系统：衬塑钢管、无规共聚聚丙烯管（PP–R 管）； 排水系统：球墨铸铁管、硬聚氯乙烯塑料排水管（UPVC 管）、防紫外线硬聚氯乙烯塑料排水管（HDPE 管）； 卫生器具安装：洗脸盆、坐便器、蹲便器、小便器、拖把池
6	其他特征	抗震支架； 电梯：垂直电梯 8 部

表 4-2-8 地上建筑工程概况信息（科研楼）

<table>
<tr><td rowspan="6">综合概况信息</td><td>工程名称</td><td colspan="5">某普通高校项目（二） 科研楼</td></tr>
<tr><td>采集类别编码</td><td>FJ020801</td><td>建筑物层数</td><td>3</td><td>建筑面积 /m²</td><td>24 691.96</td></tr>
<tr><td>抗震设防类别</td><td>丙类</td><td>结构类型</td><td>框架结构</td><td>装配率</td><td>—</td></tr>
<tr><td>建筑高度 /m</td><td>17.5</td><td>标准层层高 /m</td><td>4.5</td><td>基本风压 /（kN/m²）</td><td>0.45</td></tr>
<tr><td>抗震等级</td><td colspan="5">框架四级</td></tr>
<tr><td>其他特征</td><td colspan="5">首层层高 6.5m</td></tr>
<tr><td>一</td><td colspan="6">建筑与装饰工程概况信息</td></tr>
<tr><td>1</td><td>土石方工程</td><td colspan="5">土石方类别：二类土；
开挖深度：3.0m 以内；
外运距离：5.0km 以内；
渣土消纳处置方式：陆运</td></tr>
<tr><td>2</td><td>基坑围护工程</td><td colspan="5">围护类型：100.0mm 厚 C20 混凝土（内配 ϕ6@200 双向钢筋网片）喷锚护坡</td></tr>
<tr><td>3</td><td>桩基工程</td><td colspan="5">ϕ600mm 泥浆护壁转盘式成孔灌注桩（平均桩长 54.5m）；
外运距离：5.0km 以内；
渣土消纳处置方式：陆运</td></tr>
<tr><td>4</td><td>砌筑工程</td><td colspan="5">砖基础：MU15.0 混凝土实心砖（240mm × 115mm × 53mm）；
外墙：B07A5.0 陶粒增强加气砌块；
内墙：B06A5.0 蒸压砂加气混凝土砌块、MU20.0 烧结页岩多孔砖（240mm × 115mm × 90mm）</td></tr>
<tr><td>5</td><td>混凝土结构工程</td><td colspan="5">基础类型：桩承台基础；
结构形式：现浇钢筋混凝土结构；
模板及支撑架：复合模板、盘扣式钢管支撑架</td></tr>
<tr><td>6</td><td>门窗工程</td><td colspan="5">普通门：橡木板装饰木门、钢质门（5.0mm 厚钢化玻璃观察窗）、断桥隔热铝合金门[（6Low-E+12A+6）mm 中空钢化玻璃]；
普通窗：断桥隔热铝合金窗[（6Low-E+12A+6）mm 中空钢化玻璃]、铝合金百叶窗；
特种门窗：钢质防火门、双轨双帘无机特级防火卷帘（耐火极限 3h）</td></tr>
<tr><td>7</td><td>屋面工程</td><td colspan="5">刚性屋面：40.0mm 厚 C20 细石混凝土、丙纶编织土工布、75.0mm 厚挤塑聚苯板保温层、3.0mm 厚 SBS 聚酯胎Ⅱ型改性沥青防水卷材、2.0mm 厚非固化橡胶沥青防水涂料、20.0mm 厚水泥砂浆找平层；
瓦屋面：灰色水泥瓦；挂瓦条 30mm × 30mm，顺水条 30mm × 30mm；50.0mm 厚 C20 细石混凝土、丙纶编织土工布、75.0mm 厚挤塑聚苯板保温层、3.0mm 厚 SBS 聚酯胎Ⅱ型改性沥青防水卷材、2.0mm 厚非固化橡胶沥青防水涂料、20.0mm 厚水泥砂浆找平层</td></tr>
<tr><td>8</td><td>防水工程</td><td colspan="5">楼地面：1.5mm 厚聚氨酯防水涂料、1.0mm 厚水泥渗透结晶型防水涂料；
内墙面：2.0mm 厚聚合物水泥防水涂料；
外墙面：2.0mm 厚聚合物水泥防水涂料</td></tr>
<tr><td>9</td><td>防腐、隔热、保温工程</td><td colspan="5">外墙内保温：20.0mm 厚无机轻集料保温砂浆Ⅰ型、5.0mm 厚抗裂砂浆复合耐碱玻纤网</td></tr>
</table>

表 4-2-8（续）

10	外墙装饰及幕墙工程	外墙装饰：抗碱封底漆、外墙腻子、外墙弹性涂料； 幕墙：T5 铝合金龙骨（氟碳喷涂）、铝合金格栅（氟碳喷涂）、3.0mm 厚氟碳喷涂铝板
11	楼地面装饰工程	地面垫层：500.0mm 厚塘渣、100.0mm 厚碎石垫层； 实验室：12.0mm 厚无机环氧磨石、2.0mm 厚地毯纹塑胶地板； 办公室：800mm × 800mm 灰色仿古砖； 洁净室：4.0mm 厚自流平环氧地坪； 展厅：25.0mm 厚浅灰色大理石； 卫生间：300mm × 300mm 防滑地砖； 楼梯间：20mm 厚芝麻灰花岗岩； 电梯厅：20mm 厚芝麻灰花岗岩
12	内墙及柱面装饰工程	走廊、办公室：耐水腻子、涂料； 实验室：耐水腻子、涂料； 洁净室：50.0mm 厚复合彩钢板； 卫生间：300mm × 600mm 瓷砖； 楼梯间：腻子、涂料； 电梯厅：C50 轻钢龙骨、4.0mm 厚木纹色复合铝板
13	天棚工程	走廊：U50 轻钢龙骨、1.0mm 厚 40mm × 100mm 木纹铝方通格栅间距 150.0mm； 实验室：U50 轻钢龙骨、9.5mm 厚纸面石膏板、涂料； 洁净室：50.0mm 厚复合彩钢板； 办公室：U50 轻钢龙骨、9.5mm 厚纸面石膏板、涂料； 卫生间：U38 轻钢龙骨、0.8mm 厚 600mm × 600mm 铝扣板； 楼梯间：腻子、涂料； 电梯厅：C50 轻钢龙骨、4.0mm 厚木纹色复合铝板
14	其他装饰工程	楼梯栏杆：不锈钢栏杆（H=1 050mm）； 护窗栏杆：不锈钢栏杆（H=950mm）； 浴厕配件：12.0mm 厚橡木纹抗倍特板隔断、20.0mm 厚灰色大理石洗漱台、无障碍扶手
15	附属工程	散水、坡道、混凝土台阶
16	其他特征	湿土排水、施工电梯、盘扣式钢管外墙脚手架
二	通用安装工程概况信息	
1	电气设备安装工程	动力系统：配电柜、配电箱、控制箱、焊接钢管、套接紧定式镀锌钢导管、热浸镀锌喷塑（防火塑粉）槽式电缆桥架、电缆 BBTRZ、电缆 WDZC-YJY-0.6/1kV； 照明系统：配电箱、套接紧定式镀锌钢导管、筒灯、平板灯、日光灯、开关、插座、热浸镀锌槽式电缆桥架、电线 WDZC-BYJ； 防雷接地系统：接闪带（避雷网）、引下线、均压环、接地母线

表 4-2-8(续)

2	建筑智能化工程	信息网络系统:AP 无线外网点、单模光纤、接入交换机、接入层防火墙、机柜、配线架; 综合布线系统:信息插座、42U 机柜、单模光纤、配线架; 安全防范系统 – 入侵报警系统:总线报警主机、总线扩展模块、紧急按钮、警灯警号; 安全防范系统 – 出入口控制系统:出入门按钮、磁力锁、门禁读卡器、无线门锁、门禁控制器、电线 RVV、六类非屏蔽双绞线; 安全防范系统 – 视频安防监控系统:人脸筒型摄像机、网络枪机摄像机、网络半球摄像机、球型网络摄像机、电梯摄像机、监控机柜、电线 RVV、六类非屏蔽双绞线; 智能一卡通管理系统:服务器、一卡通管理平台、智能数据采集器、人脸识别终端、读卡器、智能卡; 建筑能耗监测系统:电表网络采集器、水表网络采集器; 公共广播系统:功率放大器、前置放大器、网络解码器、壁挂喇叭、电线 ZCN-RVSP; 电源与电子设备防雷接地系统:UPS 主机 2kV·A、电池柜、12V100AH 密封式胶体免维护蓄电池、电源三级防雷器; 综合管路系统:热浸镀锌槽式电缆桥架、焊接钢管、套接紧定式镀锌钢导管
3	消防工程	水灭火系统 – 自动喷水灭火系统:热浸镀锌钢管、湿式报警阀组、水流指示器、喷头; 水灭火系统 – 消火栓系统:消火栓箱、热浸镀锌钢管; 火灾自动报警系统:消火栓启泵按钮、声光报警器、楼层显示器、感烟探测器、总线短路隔离器、焊接钢管、电线 WDZCN-BYJR; 应急照明及疏散指示系统:应急照明电源配电箱、应急吸顶灯、疏散标志灯、安全出口标志灯、多信息复合标志灯、楼层指示标志灯、套接紧定式镀锌钢导管、电线 WDZCN-RYJS
4	通风空调工程	空调风系统:全热交换器、VRF 空调室外机、VRF 空调室内机、一拖多风管机、离心玻璃棉保温消声直接成型风管、风冷单螺杆式热泵机组、预制直埋保温管、风机盘管; 空调水系统:螺杆式冷水机组、冷却塔、镀锌钢管; 通风系统:风机、镀锌薄钢板风管
5	给排水工程	给水系统:衬塑钢管、无规共聚聚丙烯管(PP-R 管); 排水系统:球墨铸铁管、硬聚氯乙烯塑料排水管(UPVC 管)、防紫外线硬聚氯乙烯塑料排水管(HDPE 管); 卫生器具安装:洗脸盆、坐便器、蹲便器、小便器、拖把池
6	其他特征	抗震支架; 电梯:垂直电梯 5 部

表 4-2-9 地上建筑工程概况信息[1# 宿舍(公寓)]

<table>
<tr><td rowspan="6">综合概况信息</td><td>工程名称</td><td colspan="6">某普通高校项目(二) 1# 宿舍(公寓)</td></tr>
<tr><td>采集类别编码</td><td>FJ010301</td><td>建筑物层数</td><td>16</td><td>建筑面积 /m²</td><td>61 983.2</td></tr>
<tr><td>抗震设防类别</td><td>丙类</td><td>结构类型</td><td>框架结构</td><td>装配率</td><td>—</td></tr>
<tr><td>建筑高度 /m</td><td>59.85</td><td>标准层层高 /m</td><td>3.6</td><td>基本风压 /(kN/m²)</td><td>0.45</td></tr>
<tr><td>抗震等级</td><td colspan="5">框架四级</td></tr>
<tr><td>其他特征</td><td colspan="5">由 3 幢单体组成,首层层高 4.2m</td></tr>
<tr><td>一</td><td colspan="6">建筑与装饰工程概况信息</td></tr>
<tr><td>1</td><td>土石方工程</td><td colspan="5">土石方类别:二类土;
开挖深度:3.0m 以内;
外运距离:5.0km 以内;
渣土消纳处置方式:陆运</td></tr>
<tr><td>2</td><td>基坑围护工程</td><td colspan="5">围护类型:100.0mm 厚 C20 混凝土(内配 ϕ6@200 双向钢筋网片)喷锚护坡</td></tr>
<tr><td>3</td><td>桩基工程</td><td colspan="5">先张法预应力混凝土管桩 PHC500AB125-15-15-14a(平均桩长 44m)</td></tr>
<tr><td>4</td><td>砌筑工程</td><td colspan="5">砖基础:MU15.0 混凝土实心砖(240mm × 115mm × 53mm);
外墙:B07A5.0 陶粒增强加气砌块;
内墙:B06A5.0 蒸压砂加气混凝土砌块、MU20.0 烧结页岩多孔砖(240mm × 115mm × 90mm)</td></tr>
<tr><td>5</td><td>混凝土结构工程</td><td colspan="5">基础类型:桩承台基础;
结构形式:现浇钢筋混凝土结构;
模板及支撑架:复合模板、盘扣式钢管支撑架</td></tr>
<tr><td>6</td><td>门窗工程</td><td colspan="5">普通门:橡木板装饰木门、断桥隔热铝合金门[(6Low-E+12A+6)mm 中空钢化玻璃];
普通窗:断桥隔热铝合金窗[(6Low-E+12A+6)mm 中空钢化玻璃]、铝合金百叶窗;
特种门窗:钢质防火门</td></tr>
<tr><td>7</td><td>屋面工程</td><td colspan="5">刚性屋面:40.0mm 厚 C20 细石混凝土、丙纶编织土工布、75.0mm 厚挤塑聚苯板保温层、3.0mm 厚 SBS 聚酯胎 Ⅱ 型改性沥青防水卷材、2.0mm 厚非固化橡胶沥青防水涂料、20.0mm 厚水泥砂浆找平层;
瓦屋面:灰色水泥瓦;挂瓦条 30mm × 30mm,顺水条 30mm × 30mm;50.0mm 厚 C20 细石混凝土、丙纶编织土工布、75.0mm 厚挤塑聚苯板保温层、3.0mm 厚 SBS 聚酯胎 Ⅱ 型改性沥青防水卷材、2.0mm 厚非固化橡胶沥青防水涂料、20.0mm 厚水泥砂浆找平层</td></tr>
<tr><td>8</td><td>防水工程</td><td colspan="5">楼地面:1.5mm 厚聚氨酯防水涂料、1.0mm 厚水泥渗透结晶型防水涂料;
内墙面:2.0mm 厚聚合物水泥防水涂料;
外墙面:2.0mm 厚聚合物水泥防水涂料</td></tr>
</table>

表 4-2-9（续）

9	防腐、隔热、保温工程	外墙内保温：20.0mm 厚无机轻集料保温砂浆Ⅰ型、5.0mm 厚聚合物抗裂砂浆； 天棚保温：C50 轻钢龙骨，30.0mm 厚岩棉板、5.0mm 厚抗裂砂浆复合耐碱玻纤网； 楼面保温：10.0mm 厚硬泡聚氨酯喷涂
10	外墙装饰及幕墙工程	外墙装饰：抗碱封底漆、外墙腻子、外墙弹性涂料； 幕墙：T5 铝合金龙骨（氟碳喷涂）、铝合金格栅（氟碳喷涂）、3.0mm 厚氟碳喷涂铝板
11	楼地面装饰工程	地面垫层：500.0mm 厚塘渣、100.0mm 厚碎石垫层； 宿舍：600mm × 600mm 木纹色地砖； 洗衣房：600mm × 600mm 米色防滑地砖； 阳台：600mm × 600mm 防滑地砖； 卫生间：600mm × 600mm 防滑地砖； 楼梯间：20.0mm 厚芝麻灰花岗岩； 电梯厅：600mm × 1 200mm 仿木纹破抛光砖； 活动室、会客室、管理用房、布草间：14.0mm 厚实木复合地板； 走道：600mm × 600mm 木纹色地砖
12	内墙及柱面装饰工程	宿舍：腻子、涂料； 洗衣房：300mm × 600mm 瓷砖、腻子、涂料； 阳台：300mm × 600mm 瓷砖、腻子、涂料； 卫生间：300mm × 600mm 瓷砖； 楼梯间：腻子、涂料 电梯厅：600mm × 1 200mm 仿木纹破抛光砖； 活动室、会客室、管理用房、布草间：14.0mm 厚实木复合地板； 走道：腻子、涂料
13	天棚工程	宿舍：U50 轻钢龙骨、12.0mm 厚纸面石膏板、腻子、涂料； 洗衣房：U50 轻钢龙骨、12.0mm 厚纸面石膏板、腻子、涂料； 阳台：U38 轻钢龙骨、1.0mm 厚 600mm × 600mm 铝扣板； 卫生间：U38 轻钢龙骨、0.6mm 厚 300mm × 300mm 铝扣板； 楼梯间：腻子、涂料； 电梯厅：1.0mm 厚 40mm × 100mm 木纹铝方通格栅间距 150.0mm； 活动室、会客室、管理用房、布草间：U50 轻钢龙骨、12.0mm 厚纸面石膏板、腻子、涂料； 走道：1.0mm 厚 40mm × 100mm 木纹铝方通格栅间距 150.0mm
14	其他装饰工程	楼梯栏杆：不锈钢扶手型钢栏杆（*H*=1 100mm）； 屋顶栏杆：不锈钢扶手型钢栏杆（*H*=1 200mm）； 浴厕配件：卫生间浴帘、20.0mm 厚人造大理石面板洗漱台、无障碍扶手
15	附属工程	散水、坡道、混凝土台阶、400.0mm 宽不锈钢排水沟盖板
16	其他特征	湿土排水、施工电梯、盘扣式钢管外墙脚手架
二	通用安装工程概况信息	
1	电气设备安装工程	动力系统：配电柜、配电箱、控制箱、焊接钢管、套接紧定式镀锌钢导管、热浸镀锌托盘式电缆桥架、热浸镀锌喷塑（防火塑粉）槽式电缆桥架、电缆 BBTRZ、电缆 WDZ-YJY-0.6/1kV；

表 4-2-9（续）

1	电气设备安装工程	照明系统：配电箱、吊扇、套接紧定式镀锌钢导管、筒灯、平板灯、日光灯、开关、插座、热浸镀锌槽式电缆桥架、电线 WDZ-BYJ； 防雷接地系统：接闪带（避雷网）、引下线、接地跨接、接地母线
2	建筑智能化工程	信息网络系统：AP 无线外网点、接入交换机、接入层防火墙、机柜、配线架； 综合布线系统：信息插座、机柜、配线架、六类非屏蔽双绞线； 安全防范系统 - 出入口控制系统：无线联网门锁、数据采集终端、门禁控制器； 安全防范系统 - 视频安防监控系统：彩色红外半球网络摄像机、彩色红外枪式网络摄像机、拾音器筒型摄像机、球形一体机、监控机柜、无线网桥； 安全防范系统 - 电子巡查系统：巡更点； 安全防范系统 - 报警系统：双鉴探测器； 智能一卡通管理系统：智能数据采集器、人脸识别终端、读卡器、智能卡、一体化水控器； 建筑设备监控系统：一氧化碳浓度传感器、温湿度传感器、压差开关、水流开关、液位开关、模块； 公共广播系统：广播功放、IP 音频输入模块、前置放大器、音箱、扬声器、数字音频处理器、调音台、时序电源控制器、真分集无线话筒、天线分配器； 电源与电子设备防雷接地系统：UPS 主机 10kV·A、电池柜、12V100AH 密封式胶体免维护蓄电池、电源三级防雷器； 建筑能耗监测系统：远传水表具数据采集器、集中器、转发控制器； 综合管路系统：热浸镀锌槽式电缆桥架、焊接钢管、套接紧定式镀锌钢导管
3	消防工程	水灭火系统 - 自动喷水灭火系统：热浸镀锌钢管、湿式报警阀组、水流指示器、喷头； 水灭火系统 - 消火栓系统：消火栓箱、热浸镀锌钢管、灭火器； 火灾自动报警系统：消火栓启泵按钮、声光报警器、感烟探测器、总线隔离器、模块箱、火灾显示器、焊接钢管、电线 WDZN-BYJ； 消防电源监控系统：消防电源监控区域分机、消防电源监控模块、套接紧定式镀锌钢导管、电线 WDZCN-RYJS、电线 WDZCN-BYJ； 应急照明及疏散指示系统：应急照明电源配电箱、应急吸顶灯、疏散标志灯、安全出口标志灯、焊接钢管、电线 WDZN-RYJS
4	通风空调工程	空调风系统：卫生间暖风机、分体式空调； 通风系统：风机、镀锌薄钢板风管、复合型风管、风管阀门、消声器； 防排烟系统：镀锌薄钢板风管、复合型风管、消防风机、风管阀门、静压箱、消声器、挡烟垂壁
5	给排水工程	给水系统：钢塑给水管、薄壁不锈钢管、无规共聚聚丙烯管（PP-R 管）、阀门、橡塑保温； 热水系统：太阳能热水器、保温循环泵、压力表、304 不锈钢管、远传水表、卧式承压贮水罐、橡塑保温、铝合金薄板保护层； 排水系统：硬聚氯乙烯塑料排水管（UPVC 管）、防紫外线硬聚氯乙烯塑料排水管（UPVC 管）、塑料雨水管（HDPE 管）、虹吸式雨水斗、柔性铸铁排水管、套管； 卫生器具安装：洗脸盆、坐便器、蹲便器、小便器、拖把池、淋浴器
6	其他特征	抗震支架； 电梯：垂直电梯 12 部

表 4-2-10 地上建筑工程概况信息［2# 宿舍（公寓）］

综合概况信息	工程名称	某普通高校项目（二） 2# 宿舍（公寓）				
	采集类别编码	FJ010301	建筑物层数	16	建筑面积 /m^2	53 460.4
	抗震设防类别	丙类	结构类型	框架结构	装配率	—
	建筑高度 /m	59.85	标准层层高 /m	3.6	基本风压 /（kN/m^2）	0.45
	抗震等级	框架三级				
	其他特征	由 3 幢单体组成，首层层高 4.20m				

注：其他概况信息同表 4-2-9 1# 宿舍（公寓）。

表 4-2-11 地上建筑工程概况信息（食堂）

综合概况信息	工程名称	某普通高校项目（二） 食堂				
	采集类别编码	FJ021401	建筑物层数	3	建筑面积 /m^2	24 417
	抗震设防类别	丙类	结构类型	框架结构	装配率	—
	建筑高度 /m	15.30	标准层层高 /m	4.80	基本风压 /（kN/m^2）	0.45
	抗震等级	框架四级				
	其他特征	—				
一	建筑与装饰工程概况信息					
1	土石方工程	土石方类别：二类土； 开挖深度：3.0m 以内； 外运距离：5.0km 以内； 渣土消纳处置方式：陆运				
2	基坑围护工程	围护类型：100.0mm 厚 C20 混凝土（内配 ϕ6@200 双向钢筋网片）喷锚护坡				
3	桩基工程	先张法预应力混凝土管桩 PHC500AB110-15-15-11b（平均桩长 41.0m）				
4	砌筑工程	砖基础：MU15.0 混凝土实心砖（240mm × 115mm × 53mm）； 外墙：B07A5.0 陶粒增强加气砌块； 内墙：B06A5.0 蒸压砂加气混凝土砌块、MU20.0 烧结页岩多孔砖（240mm × 115mm × 90mm）				
5	混凝土结构工程	基础类型：桩承台基础； 结构形式：现浇钢筋混凝土结构； 模板及支撑架：复合模板、盘扣式钢管支撑架				

表 4-2-11（续）

6	门窗工程	普通门：橡木板装饰木门、钢质门（5.0mm 厚钢化玻璃观察窗）、断桥隔热铝合金门［（6Low-E+12A+6）mm 中空钢化玻璃］； 普通窗：断桥隔热铝合金窗［（6Low-E+12A+6）mm 中空钢化玻璃］、铝合金百叶窗； 特种门窗：钢质防火门、双轨双帘无机特级防火卷帘（耐火极限 3h）
7	屋面工程	刚性屋面：40.0mm 厚 C20 细石混凝土、丙纶编织土工布、75.0mm 厚挤塑聚苯板保温层、3.0mm 厚 SBS 聚酯胎Ⅱ型改性沥青防水卷材、2.0mm 厚非固化橡胶沥青防水涂料、20.0mm 厚水泥砂浆找平层； 瓦屋面：灰色水泥瓦；挂瓦条 30mm × 30mm，顺水条 30mm × 30mm；50.0mm 厚 C20 细石混凝土、丙纶编织土工布、75.0mm 厚挤塑聚苯板保温层、3.0mm 厚 SBS 聚酯胎Ⅱ型改性沥青防水卷材、2.0mm 厚非固化橡胶沥青防水涂料、20.0mm 厚水泥砂浆找平层
8	防水工程	楼地面：1.5mm 厚聚氨酯防水涂料、1.0mm 厚水泥渗透结晶型防水涂料； 内墙面：2.0mm 厚聚合物水泥防水涂料； 外墙面：2.0mm 厚聚合物水泥防水涂料
9	防腐、隔热、保温工程	保温隔热墙面（外墙内保温）：5.0mm 厚抗裂砂浆复合耐碱玻纤网、20.0mm 厚无机轻集料保温砂浆Ⅰ型
10	外墙装饰及幕墙工程	外墙装饰：抗碱封底漆、外墙腻子、外墙弹性涂料
11	楼地面装饰工程	地面垫层：500.0mm 厚塘渣、100.0mm 厚碎石垫层； 办公室：15.0mm 厚 920mm × 120mm 实木多层复合地板； 餐厅：800mm × 800mm 浅色防滑地砖、4.0mm 厚超耐磨聚氨酯地坪； 厨房：300mm × 300mm 红缸砖； 卫生间：300mm × 300mm 防滑地砖； 楼梯间：20mm 厚芝麻灰花岗岩； 电梯厅：20mm 厚芝麻灰花岗岩
12	内墙及柱面装饰工程	办公室：腻子、涂料； 餐厅：300mm × 600mm 瓷砖；12.0mm 厚石膏基高性能纤维板、2.0mm 厚白色铝板、韧釉漆、灰色硅藻泥、耐水腻子、涂料； 厨房：300mm × 600mm 瓷砖； 卫生间：300mm × 600mm 瓷砖； 楼梯间：腻子、涂料； 电梯厅：C50 轻钢龙骨、4.0mm 厚木纹色复合铝板

表 4-2-11(续)

13	天棚工程	办公室:U50 轻钢龙骨、12.0mm 厚纸面石膏板、腻子、涂料; 餐厅:T 型轻钢龙骨、9.0mm 厚 600mm × 600mm 穿孔铝矿棉板、12.0mm 厚石膏基高性能纤维板、防潮腻子、涂料; 厨房:1.0mm 厚 40mm × 100mm 木纹铝方通格栅间距 150.0mm、原顶灰色涂料、U50 轻钢龙骨、1.0mm 厚 600mm × 600mm 白色铝板; 卫生间:U38 轻钢龙骨、0.8mm 厚 300mm × 300mm 铝扣板; 楼梯间:腻子、涂料; 电梯厅:C50 轻钢龙骨、4.0mm 厚木纹色复合铝板
14	其他装饰工程	楼梯栏杆:不锈钢扶手型钢栏杆(H=1 100mm); 售菜台:900mm × 800mm(总长度 L=165.55m)、12.0mm 厚钢化玻璃、10mm 厚 600mm × 1 200mm 灰色仿大理石砖、20.0mm 厚人造大理石台面; 浴厕配件:12.0mm 厚橡木纹抗倍特板隔断、20.0mm 厚大理石面洗漱台、无障碍扶手
15	附属工程	散水、坡道、砖砌台阶、厨房 400.0mm 宽不锈钢排水沟盖板
16	其他特征	湿土排水、施工电梯、超危支撑架、盘扣式钢管外墙脚手架
二	通用安装工程概况信息	
1	电气设备安装工程	动力系统:配电柜、配电箱、控制箱、焊接钢管、套接紧定式镀锌钢导管、防火模压增强底彩钢电缆桥架、热浸镀锌喷塑(防火塑粉)槽式电缆桥架、电缆 WDZ-YJY-0.6/1kV、电缆 WDZN-YJY-0.6/1kV、电缆 NG-A; 照明系统:配电箱、吊扇、套接紧定式镀锌钢导管、筒灯、平板灯、日光灯、开关、插座、热浸镀锌槽式电缆桥架、电线 WDZ-BYJ; 防雷接地系统:接闪带(避雷网)、引下线、接地跨接、接地母线
2	建筑智能化工程	信息网络系统:AP 无线外网点、接入交换机、接入层防火墙、机柜、配线架; 综合布线系统:信息插座、机柜、配线架、六类非屏蔽双绞线; 安全防范系统 - 出入口控制系统:无线联网门锁、数据采集终端、门禁控制器; 安全防范系统 - 视频安防监控系统:彩色红外半球网络摄像机、彩色红外枪式网络摄像机、拾音器筒型摄像机、球形一体机、监控机柜、无线网桥; 安全防范系统 - 电子巡查系统:巡更点; 安全防范系统 - 报警系统:双鉴探测器; 安全防范系统 - 周界防范系统:安防箱、围墙声光警戒相机; 智能化一卡通管理系统:智能数据采集器、人脸识别终端、读卡器、智能卡、消费终端;

表 4-2-11（续）

2	建筑智能化工程	建筑设备监控系统：一氧化碳浓度传感器、温湿度传感器、压差开关、水流开关、液位开关、模块； 公共广播系统：广播功放、IP 音频输入模块、前置放大器、音箱、扬声器、数字音频处理器、调音台、时序电源控制器、真分集无线话筒、天线分配器； 电源与电子设备防雷接地系统：UPS 主机 10kV·A、电池柜、12V100AH 密封式胶体免维护蓄电池、电源三级防雷器； 建筑能耗监测系统：远传水表具数据采集器、集中器、转发控制器； 综合管路系统：热浸镀锌槽式电缆桥架、焊接钢管、套接紧定式镀锌钢导管
3	消防工程	水灭火系统 – 消火栓系统：消火栓箱、热浸镀锌钢管、灭火器； 水灭火系统 – 喷淋系统：热浸镀锌钢管、湿式报警阀组、水流指示器、喷头； 火灾自动报警系统：消火栓启泵按钮、感烟探测器、感温探测器、手动报警按钮、声光报警器、电话分机、总线隔离器、模块、模块箱、火灾显示器、焊接钢管、电缆 WDZN-KYJY-450/750、电线 WDZAN-BYJ； 电气火灾监控系统：剩余电流监控模块、电气火灾探测器、焊接钢管、电线 WDZN-RYJSP； 消防电源监控系统：消防电源监控区域分机、消防电源监控模块、焊接钢管、电线 WDZN-RYS、电线 WDZCN-BYJ； 应急照明及疏散指示系统：应急照明电源配电箱、应急吸顶灯、疏散标志灯、安全出口标志灯、焊接钢管、电线 WDZN-RYJS
4	通风空调工程	多联机空调系统：全热交换器、VRF 空调室外机、VRF 空调室内机、一拖多风管机、复合型风管、橡塑保温、冷凝管； 通风系统：风机、镀锌薄钢板风管； 防排烟系统：镀锌薄钢板风管、消防风机
5	给排水工程	给水系统：薄壁不锈钢管、无规共聚聚丙烯管（PP-R 管）、阀门、支吊架、除锈刷漆、套管、橡塑保温、保护层、变频供水设备、微电解水箱水处理机、不锈钢生活水箱； 热水系统：太阳能热水器、保温循环泵、压力表、304 不锈钢管、远传水表、卧式承压贮水罐、橡塑保温、铝合金薄板保护层； 排水系统：硬聚氯乙烯塑料排水管（UPVC 管）、防紫外线硬聚氯乙烯塑料排水管（UPVC 管）、柔性铸铁排水管； 卫生器具安装：洗脸盆、坐便器、蹲便器、小便器、拖把池
6	其他特征	抗震支架； 电梯：垂直电梯 4 部

表 4-2-12 地上建筑工程概况信息(剧院)

<table>
<tr><td rowspan="6">综合概况信息</td><td>工程名称</td><td colspan="5">某普通高校项目(二) 剧院</td></tr>
<tr><td>采集类别编码</td><td>FJ020509</td><td>建筑物层数</td><td>4</td><td>建筑面积 /m²</td><td>13 690.10</td></tr>
<tr><td>抗震设防类别</td><td>乙类</td><td>结构类型</td><td>框架结构</td><td>装配率</td><td>—</td></tr>
<tr><td>建筑高度 /m</td><td>28.60</td><td>标准层层高 /m</td><td>6.00</td><td>基本风压 /(kN/m²)</td><td>0.45</td></tr>
<tr><td>抗震等级</td><td colspan="5">框架三级</td></tr>
<tr><td>其他特征</td><td colspan="5">首层层高 8.6m</td></tr>
<tr><td>一</td><td colspan="6">建筑与装饰工程概况信息</td></tr>
<tr><td>1</td><td>土石方工程</td><td colspan="5">土石方类别:二类土;
开挖深度:3.0m 以内;
外运距离:5.0km 以内;
渣土消纳处置方式:陆运</td></tr>
<tr><td>2</td><td>基坑围护工程</td><td colspan="5">围护类型:100.0mm 厚 C20 混凝土(内配 ϕ6@200 双向钢筋网片)喷锚护坡</td></tr>
<tr><td>3</td><td>桩基工程</td><td colspan="5">ϕ700 泥浆护壁成孔灌注桩(平均桩长 65m);
外运距离:5.0km 以内;
渣土消纳处置方式:陆运</td></tr>
<tr><td>4</td><td>砌筑工程</td><td colspan="5">砖基础:MU15.0 混凝土实心砖(240mm × 115mm × 53mm);
外墙:B07A5.0 陶粒增强加气砌块;
内墙:B06A5.0 蒸压砂加气混凝土砌块、MU20.0 烧结页岩多孔砖(240mm × 115mm × 90mm)</td></tr>
<tr><td>5</td><td>混凝土结构工程</td><td colspan="5">基础类型:桩承台基础;
结构形式:现浇钢筋混凝土结构;
模板及支撑架:复合模板、盘扣式钢管支撑架</td></tr>
<tr><td>6</td><td>门窗工程</td><td colspan="5">普通门:橡木板装饰木门、钢质门(5.0mm 厚钢化玻璃观察窗)、断桥隔热铝合金门[(6Low-E+12A+6)mm 中空钢化玻璃];
普通窗:断桥隔热铝合金窗[(6Low-E+12A+6)mm 中空钢化玻璃]、铝合金百叶窗;
特种门窗:钢质防火门、双轨双帘无机特级防火卷帘(耐火极限 3h)</td></tr>
<tr><td>7</td><td>屋面工程</td><td colspan="5">刚性屋面:40.0mm 厚 C20 细石混凝土、丙纶编织土工布、75.0mm 厚挤塑聚苯板保温层、3.0mm 厚 SBS 聚酯胎 Ⅱ 型改性沥青防水卷材、2.0mm 厚非固化橡胶沥青防水涂料、20.0mm 厚水泥砂浆找平层;
瓦屋面:灰色水泥瓦;挂瓦条 30mm × 30mm,顺水条 30mm × 30mm;50.0mm 厚 C20 细石混凝土、丙纶编织土工布、75.0mm 厚挤塑聚苯板保温层、3.0mm 厚 SBS 聚酯胎 Ⅱ 型改性沥青防水卷材、2.0mm 厚非固化橡胶沥青防水涂料、20.0mm 厚水泥砂浆找平层;
种植屋面:土工布过滤层,遇出地面竖墙等构件上翻 100.0mm 高;成品 PVC 疏水板一道(抗压强度不小于 300kPa);70.0mm 厚 C20 细石混凝土(内配 ϕ6@200 双向钢筋网)保护层,6.0m × 6.0m 分格缝(缝宽 20mm),嵌沥青油膏;无纺布隔离层(容重 200g/m²);4.0mm 厚自粘改性沥青耐根穿刺防水卷材;2.0mm 厚非固化橡胶沥青防水涂料;20.0mm 厚 1 : 3 水泥砂浆找平层;最薄处 30.0mm 厚 LC7.5 轻集料混凝土找坡</td></tr>
</table>

表 4-2-12（续）

8	防水工程	楼地面：1.5mm 厚聚氨酯防水涂料、1.0mm 厚水泥渗透结晶型防水涂料； 内墙面：2.0mm 厚聚合物水泥防水涂料； 外墙面：2.0mm 厚聚合物水泥防水涂料
9	防腐、隔热、保温工程	外墙内保温：20.0mm 厚无机轻集料保温砂浆Ⅰ型、5.0mm 厚抗裂砂浆复合耐碱玻纤网； 天棚保温：C50 轻钢龙骨，30.0mm 厚岩棉板、5.0mm 厚抗裂砂浆复合耐碱玻纤网
10	外墙装饰及幕墙工程	外墙装饰：抗碱封底漆、外墙腻子、外墙弹性涂料； 幕墙：T5 铝合金龙骨（氟碳喷涂）、铝合金格栅（氟碳喷涂）、[8mm（超白钢化 Low-E）+12A+8mm（钢化）]玻璃、3.0mm 厚氟碳喷涂铝板
11	楼地面装饰工程	剧院正厅、休息厅：1 800mm × 900mm 灰色仿大理石地砖； 疏散侧厅、贵宾通道、疏散通道、声闸：800mm × 800mm 灰色仿大理石地砖； 观众席看台：2.0mm 厚灰色地毯纹塑胶地板； 楼梯间、台阶：25.0mm 厚灰色大理石； 卫生间：600mm × 600mm 灰色仿大理石防滑地砖； 办公室、会议室、化妆间、抢妆间、VIP 化妆间：2.0mm 厚灰色地毯纹塑胶地板； 消控室、调音 / 调光室、同声翻译室、主席台机械控制室、机房、功放室、观察室：40.0mm 厚 600mm × 600mm 陶瓷面抗静电地板； 道具室：800mm × 800mm 浅色玻化砖； 音响间：1.2mm 厚环氧树脂自流平地坪漆、18.0mm 厚自流平水泥砂浆、2.0mm 厚地毯纹塑胶地板； 舞蹈、排练室：22.0mm 厚实木地板，EPE 防潮膜 +12mm 厚松木胶合板 +16mm 厚减震夹板弹力橡胶减震垫 + 龙骨 50mm × 50mm 杉木枋； 电梯厅：20.0mm 厚芝麻灰花岗岩
12	内墙及柱面装饰工程	剧院正厅、休息厅：型钢龙骨、1.2mm 厚仿古铜不锈钢、米色仿大理石墙砖、2.5mm 厚白色铝板； 疏散侧厅、贵宾通道、疏散通道、声闸：型钢龙骨、800mm × 800mm 米色仿大理石墙砖； 观众厅、舞台区：型钢龙骨、2.0mm 厚穿孔钢板、1.5mm 厚 60mm × 60mm 仿木纹铝方通间距 100.0mm； 静压室：C50 轻钢龙骨、10.0mm 厚穿孔硅酸钙板； 楼梯间：腻子、涂料； 卫生间：300mm × 600mm 仿大理石墙砖、300mm × 600mm 米色哑光墙面砖； 办公室、会议室：15.0mm 厚陶铝条形吸音木纹板； 化妆间、抢妆间、VIP 化妆间：C50 轻钢龙骨、6.0mm 厚无石棉石英纤维水泥装饰洁净板； 消控室、调音 / 调光室、同声翻译室、主席台机械控制室、机房、功放室、观察室：C50 轻钢龙骨、10.0mm 厚穿孔硅酸钙板、腻子、涂料； 音响间：C50 轻钢龙骨、10.0mm 厚穿孔硅酸钙板； 舞蹈、排练室：C50 轻钢龙骨、15.0mm 厚陶铝条形吸音木纹板； 电梯厅：C50 轻钢龙骨、4.0mm 厚木纹色复合铝板
13	天棚工程	剧院正厅、休息厅：U50 轻钢龙骨、12.0mm 厚纸面石膏板、腻子、涂料； 疏散侧厅、贵宾通道、疏散通道、声闸：U50 轻钢龙骨、12.0mm 厚纸面石膏板、腻子、涂料； 光桥、声桥：U50 轻钢龙骨、10.0mm 厚穿孔硅酸钙板；

表 4–2–12（续）

13	天棚工程	消控室：U50 轻钢龙骨、600mm × 600mm 白色穿孔铝扣板； 工具间：T 型轻钢龙骨、9.0mm 厚 600mm × 600mm 穿孔铝矿棉板、12.0mm 厚石膏基高性能纤维板、腻子、涂料； 卫生间：U38 轻钢龙骨、0.8mm 厚 300mm × 300mm 铝扣板； 办公室、会议室：U50 轻钢龙骨、12.0mm 厚纸面石膏板、腻子、涂料； 化妆间、抢妆间、VIP 化妆间：C50 轻钢龙骨、6.0mm 厚无石棉石英纤维水泥装饰洁净板； 消控室、调音 / 调光室、同声翻译室、主席台机械控制室、机房、功放室、观察室：C50 轻钢龙骨、10.0mm 厚穿孔硅酸钙板、腻子、涂料； 舞蹈、排练室：C50 轻钢龙骨、15.0mm 厚陶铝条形吸音木纹板； 电梯厅：C50 轻钢龙骨、4.0mm 厚木纹色复合铝板
14	其他装饰工程	楼梯栏杆：镀锌钢管栏杆（*H*=1 050mm）； 平台栏杆：镀锌钢管栏杆（*H*=1 100mm）； 观众厅栏杆：镀锌钢管栏杆（*H*=1 200mm）； 玻璃栏板：100mm × 40mm 仿古铜不锈钢扶手铜色烤漆实心立柱钢板 @600mm [（6+0.76PVB+6）mm 夹胶玻璃]； 浴厕配件：12.0mm 厚橡木纹抗倍特板隔断、20.0mm 厚大理石洗漱台、无障碍扶手
15	附属工程	散水、坡道、混凝土台阶
16	其他特征	湿土排水、施工电梯、超危支撑架、盘扣式钢管外墙脚手架
二	通用安装工程概况信息	
1	电气设备安装工程	动力系统：配电柜、配电箱、控制箱、焊接钢管、套接紧定式镀锌钢导管、不锈钢桥架、热浸镀锌喷塑（防火塑粉）槽式电缆桥架、热浸镀锌托盘式电缆桥架、电缆 BBTRZ、电缆 WDZ-YJY-0.6/1kV、电缆 WDZAN-YJY-0.6/1kV、电缆 RTTYZ、电缆 WDZN-YJY-0.6/1kV、电缆 WDZA-YJY-0.6/1kV、电缆 BBTRZ； 照明系统：配电箱、吊扇、套接紧定式镀锌钢导管、筒灯、平板灯、艺术灯、月光灯、开关、插座、热浸镀锌槽式电缆桥架、电线 WDZA-BYJ、电线 WDZN-BYJ； 防雷接地系统：接闪带（避雷网）、引下线、接地跨接、接地母线
2	建筑智能化工程	信息网络系统：AP 无线外网点、接入交换机、接入层防火墙、机柜、配线架； 综合布线系统：信息插座、机柜、配线架、六类非屏蔽双绞线； 安全防范系统 – 出入口控制系统：无线联网门锁、数据采集终端、门禁控制器； 安全防范系统 – 视频安防监控系统：彩色红外半球网络摄像机、彩色红外枪式网络摄像机、拾音器筒型摄像机、球形一体机、监控机柜、无线网桥； 安全防范系统 – 电子巡查系统：巡更点； 安全防范系统 – 报警系统：双鉴探测器； 智能一卡通管理系统：服务器、一卡通管理平台、智能数据采集器、人脸识别终端、读卡器、智能卡；

表 4-2-12（续）

2	建筑智能化工程	建筑设备监控系统：一氧化碳浓度传感器、温湿度传感器、压差开关、水流开关、液位开关、模块； 公共广播系统：广播功放、IP 音频输入模块、前置放大器、音箱、扬声器、数字音频处理器、调音台、时序电源控制器、真分集无线话筒、天线分配器； 电源与电子设备防雷接地系统：UPS 主机 10kV·A、电池柜、12V100AH 密封式胶体免维护蓄电池、电源三级防雷器； 建筑能耗监测系统：远传水表具数据采集器、集中器、转发控制器； 综合管路系统：热浸镀锌槽式电缆桥架、焊接钢管、套接紧定式镀锌钢导管
3	消防工程	水灭火系统 - 消火栓系统：消火栓箱、热浸镀锌钢管、灭火器； 水灭火系统 - 自动喷水灭火系统：热浸镀锌钢管、湿式报警阀组、水流指示器、喷头； 水灭火系统 - 消防水炮水系统：热浸镀锌钢管、消防水炮； 火灾自动报警系统：消火栓启泵按钮、感烟探测器、感温探测器、手动报警按钮、声光报警器、电话分机、总线隔离器、模块、模块箱、火灾显示器、焊接钢管、电线 WDZCN-RVS、电缆 WDZN-KYJY-450/750、电线 WDZCN-RVSP、电线 WDZCN-BYJ； 电气火灾监控系统：剩余电流监控模块、电气火灾探测器、焊接钢管、电线 WDZCN-RVVP、电线 WDZCN-BYJ； 消防电源监控系统：消防电源监控区域分机、消防电源监控模块、焊接钢管、电线 WDZCN-RVS、电线 WDZCN-BYJ； 应急照明及疏散指示系统：应急照明电源配电箱、应急吸顶灯、疏散标志灯、安全出口标志灯、焊接钢管、电线 WDZN-RYJS； 防火门监控系统：防火门监控模块、焊接钢管、电线 WDZCN-RVS、电线 WDZCN-BYJ
4	通风空调工程	空调风系统：全热交换器、VRF 空调室外机、VRF 空调室内机、一拖多风管机、复合型风管、风冷单螺杆式热泵机组、预制直埋保温管、风机盘管； 空调水系统：螺杆式冷水机组、冷却塔、镀锌钢管； 通风系统：风机、镀锌薄钢板风管； 防排烟系统：镀锌薄钢板风管、消防风机
5	给排水工程	给水系统：薄壁不锈钢管、无规共聚聚丙烯管（PP-R 管）、阀门、橡塑保温； 热水系统：太阳能热水器、保温循环泵、压力表、304 不锈钢管、远传水表、卧式承压贮水罐、橡塑保温、铝合金薄板保护层； 排水系统：硬聚氯乙烯塑料排水管（UPVC 管）、防紫外线硬聚氯乙烯塑料排水管（UPVC 管）、虹吸式塑料雨水管（HDPE 管）、虹吸式雨水斗、柔性铸铁排水管； 卫生器具安装：洗脸盆、坐便器、蹲便器、小便器、拖把池、地漏、淋浴
6	其他特征	抗震支架； 电梯：垂直电梯 3 部

表 4-2-13　地上建筑工程概况信息（师生活动用房）

<table>
<tr><td rowspan="6">综合概况信息</td><td>工程名称</td><td colspan="5">某普通高校项目（二）　师生活动用房</td></tr>
<tr><td>采集类别编码</td><td>FJ020606</td><td>建筑物层数</td><td>4</td><td>建筑面积 /m²</td><td>4 668.02</td></tr>
<tr><td>抗震设防类别</td><td>丙类</td><td>结构类型</td><td>框架结构</td><td>装配率</td><td>—</td></tr>
<tr><td>建筑高度 /m</td><td>18.20</td><td>标准层层高 /m</td><td>4.20</td><td>基本风压 /（kN/m²）</td><td>0.45</td></tr>
<tr><td>抗震等级</td><td colspan="5">框架四级</td></tr>
<tr><td>其他特征</td><td colspan="5">—</td></tr>
<tr><td>一</td><td colspan="6">建筑与装饰工程概况信息</td></tr>
<tr><td>1</td><td>土石方工程</td><td colspan="5">土石方类别：二类土；
开挖深度：3.0m 以内；
外运距离：5.0km 以内；
渣土消纳处置方式：陆运</td></tr>
<tr><td>2</td><td>基坑围护工程</td><td colspan="5">围护类型：100.0mm 厚 C20 混凝土（内配 φ6@200 双向钢筋网片）喷锚护坡</td></tr>
<tr><td>3</td><td>桩基工程</td><td colspan="5">先张法预应力混凝土管桩 PHC500AB110-15-15-11b（平均桩长 41.0m）</td></tr>
<tr><td>4</td><td>砌筑工程</td><td colspan="5">砖基础：MU15.0 混凝土实心砖（240mm × 115mm × 53mm）
外墙：B07A5.0 陶粒增强加气砌块；
内墙：B06A5.0 蒸压砂加气混凝土砌块、MU20.0 烧结页岩多孔砖（240mm × 115mm × 90mm）</td></tr>
<tr><td>5</td><td>混凝土结构工程</td><td colspan="5">基础类型：桩承台基础；
结构形式：现浇钢筋混凝土结构；
模板及支撑架：复合模板、盘扣式钢管支撑架</td></tr>
<tr><td>6</td><td>门窗工程</td><td colspan="5">普通门：橡木板装饰木门、钢质门（5.0mm 厚钢化玻璃观察窗）、断桥隔热铝合金门[（6Low-E+12A+6）mm 中空钢化玻璃]；
普通窗：断桥隔热铝合金窗[（6Low-E+12A+6）mm 中空钢化玻璃]、铝合金百叶窗；
特种门窗：钢质防火门</td></tr>
<tr><td>7</td><td>屋面工程</td><td colspan="5">刚性屋面：40.0mm 厚 C20 细石混凝土、丙纶编织土工布、75.0mm 厚挤塑聚苯板保温层、3.0mm 厚 SBS 聚酯胎Ⅱ型改性沥青防水卷材、2.0mm 厚非固化橡胶沥青防水涂料、20.0mm 厚水泥砂浆找平层；
瓦屋面：灰色水泥瓦；挂瓦条 30mm × 30mm，顺水条 30mm × 30mm；50.0mm 厚 C20 细石混凝土、丙纶编织土工布、75.0mm 厚挤塑聚苯板保温层、3.0mm 厚 SBS 聚酯胎Ⅱ型改性沥青防水卷材、2.0mm 厚非固化橡胶沥青防水涂料、20.0mm 厚水泥砂浆找平层</td></tr>
<tr><td>8</td><td>防水工程</td><td colspan="5">楼地面：1.5mm 厚聚氨酯防水涂料、1.0mm 厚水泥渗透结晶型防水涂料；
内墙面：2.0mm 厚聚合物水泥防水涂料；
外墙面：2.0mm 厚聚合物水泥防水涂料</td></tr>
<tr><td>9</td><td>防腐、隔热、保温工程</td><td colspan="5">外墙内保温：20.0mm 厚无机轻集料保温砂浆Ⅰ型、5.0mm 厚抗裂砂浆复合耐碱玻纤网；
天棚保温：C50 轻钢龙骨，30.0mm 厚岩棉板、5.0mm 厚抗裂砂浆复合耐碱玻纤网</td></tr>
</table>

表 4-2-13（续）

10	外墙装饰及幕墙工程	外墙装饰：抗碱封底漆、外墙腻子、外墙弹性涂料； 幕墙：T5 铝合金龙骨（氟碳喷涂）、铝合金格栅（氟碳喷涂）、［6mm（超白钢化 Low-E）+12A+6mm（钢化）］玻璃、3.0mm 厚氟碳喷涂铝板
11	楼地面装饰工程	走廊：800mm × 800mm 浅色玻化砖； 活动室：2.0mm 厚木纹色同质透心地胶板、15.0mm 厚实木多层复合地板； 办公室：800mm × 800mm 浅色玻化砖； 卫生间：600mm × 600mm 防滑地砖； 楼梯间：20.0mm 厚芝麻灰花岗岩； 电梯厅：20.0mm 厚芝麻灰花岗岩
12	内墙及柱面装饰工程	走廊、活动室：C50 轻钢龙骨、4.0mm 厚木纹色复合铝板、腻子、涂料； 办公室：C50 轻钢龙骨、4.0mm 厚木纹色复合铝板、腻子、涂料； 卫生间：300mm × 600mm 瓷砖； 楼梯间：耐水腻子、涂料； 电梯厅：C50 轻钢龙骨、4.0mm 厚木纹色复合铝板
13	天棚工程	走廊：U50 轻钢龙骨、1.0mm 厚 40mm × 100mm 木纹铝方通格栅间距 150.0mm； 活动室：U50 轻钢龙骨、9.5mm 厚纸面石膏板、腻子、涂料； 办公室：U50 轻钢龙骨、9.5mm 厚纸面石膏板、腻子、涂料； 卫生间：U38 轻钢龙骨、0.8mm 厚 600mm × 600mm 铝扣板； 楼梯间：腻子、涂料； 电梯厅：C50 轻钢龙骨、4.0mm 厚木纹色复合铝板
14	其他装饰工程	楼梯栏杆：不锈钢栏杆（H=1 050mm）； 护窗栏杆：不锈钢栏杆（H=950mm）； 浴厕配件：12.0mm 厚橡木纹抗倍特板隔断、20.0mm 厚灰色大理石洗漱台、无障碍扶手
15	附属工程	散水、坡道、混凝土台阶
16	其他特征	施工电梯、盘扣式钢管外墙脚手架
二	通用安装工程概况信息	
1	电气设备安装工程	动力系统：配电柜、配电箱、控制箱、焊接钢管、套接紧定式镀锌钢导管、不锈钢桥架、热浸镀锌喷塑（防火塑粉）槽式电缆桥架、电缆 BBTRZ、电缆 WDZ-YJY-0.6/1kV； 照明系统：配电箱、吊扇、套接紧定式镀锌钢导管、筒灯、平板灯、日光灯、开关、插座、热浸镀锌槽式电缆桥架、电线 WDZ-BYJ、电线 WDZN-BYJ； 防雷接地系统：接闪带（避雷网）、引下线、接地跨接、接地母线

表 4-2-13(续)

2	建筑智能化工程	信息网络系统:AP无线外网点、接入交换机、接入层防火墙、机柜、配线架; 综合布线系统:信息插座、机柜、配线架、六类非屏蔽双绞线; 安全防范系统-出入口控制系统:无线联网门锁、数据采集终端、门禁控制器; 安全防范系统-视频安防监控系统:彩色红外半球网络摄像机、彩色红外枪式网络摄像机、拾音器筒型摄像机、球形一体机、监控机柜、无线网桥; 安全防范系统-电子巡查系统:巡更点; 安全防范系统-报警系统:双鉴探测器; 智能一卡通管理系统:服务器、一卡通管理平台、智能数据采集器、人脸识别终端、读卡器、智能卡; 建筑设备监控系统:一氧化碳浓度传感器、温湿度传感器、压差开关、水流开关、液位开关、模块; 公共广播系统:广播功放、IP音频输入模块、前置放大器、音箱、扬声器、数字音频处理器、调音台、时序电源控制器、真分集无线话筒、天线分配器; 电源与电子设备防雷接地系统:UPS主机10kV·A、电池柜、12V100AH密封式胶体免维护蓄电池、电源三级防雷器; 建筑能耗监测系统:远传水表具数据采集器、集中器、转发控制器; 综合管路系统:热浸镀锌槽式电缆桥架、焊接钢管、套接紧定式镀锌钢导管
3	消防工程	水灭火系统-自动喷水灭火系统:热浸镀锌钢管、湿式报警阀组、水流指示器、喷头; 水灭火系统-消火栓系统:消火栓箱、热浸镀锌钢管; 火灾自动报警系统:消火栓启泵按钮、声光报警器、楼层显示器、感烟探测器、套接紧定式镀锌钢导管、电线WDZAN-BYJR; 电气火灾监控系统:剩余电流监控模块、电气火灾探测器、套接紧定式镀锌钢导管、电线WDZN-RYJSP; 消防电源监控系统:消防电源监控区域分机、消防电源监控模块、套接紧定式镀锌钢导管、电线WDZN-RYS; 应急照明及疏散指示系统:应急照明电源配电箱、应急吸顶灯、疏散标志灯、安全出口标志灯、焊接钢管、电线WDZBN-RYJS
4	通风空调工程	多联机空调系统:全热交换器、VRF空调室外机、VRF空调室内机、一拖多风管机、离心玻璃棉保温消声直接成型风管、冷凝管、橡塑保温; 通风系统:风机、镀锌薄钢板风管; 防排烟系统:风机、镀锌薄钢板风管
5	给排水工程	给水系统:衬塑钢管、无规共聚聚丙烯管(PP-R管); 排水系统:球墨铸铁管、硬聚氯乙烯塑料排水管(UPVC管)、防紫外线硬聚氯乙烯塑料排水管(HDPE管); 卫生器具安装:洗脸盆、坐便器、蹲便器、小便器、拖把池
6	其他特征	抗震支架; 电梯:垂直电梯2部

表 4-2-14　地上建筑工程概况信息（配电房）

<table>
<tr><td rowspan="6">综合概况信息</td><td>工程名称</td><td colspan="5">某普通高校项目（二）　配电房</td></tr>
<tr><td>采集类别编码</td><td>FJ021501</td><td>建筑物层数</td><td>1</td><td>建筑面积 /m²</td><td>656.52</td></tr>
<tr><td>抗震设防类别</td><td>丙类</td><td>结构类型</td><td>框架结构</td><td>装配率</td><td>—</td></tr>
<tr><td>建筑高度 /m</td><td>6.50</td><td>标准层层高 /m</td><td>6.00</td><td>基本风压 /（kN/m²）</td><td>0.45</td></tr>
<tr><td>抗震等级</td><td colspan="5">框架四级</td></tr>
<tr><td>其他特征</td><td colspan="5">—</td></tr>
<tr><td>一</td><td colspan="6">建筑与装饰工程概况信息</td></tr>
<tr><td>1</td><td>土石方工程</td><td colspan="5">土石方类别：二类土；
开挖深度：2.0m 以内；
外运距离：5.0km 以内；
渣土消纳处置方式：陆运</td></tr>
<tr><td>2</td><td>桩基工程</td><td colspan="5">先张法预应力混凝土管桩 PHC500AB110-15-15b（平均桩长 30.0m）</td></tr>
<tr><td>3</td><td>砌筑工程</td><td colspan="5">砖基础：MU15.0 混凝土实心砖（240mm × 115mm × 53mm）；
外墙：MU20.0 烧结页岩多孔砖（240mm × 115mm × 90mm）；
内墙：MU20.0 烧结页岩多孔砖（240mm × 115mm × 90mm）</td></tr>
<tr><td>4</td><td>混凝土结构工程</td><td colspan="5">基础类型：桩承台基础；
结构形式：现浇钢筋混凝土结构；
模板及支撑架：复合模板、盘扣式钢管支撑架</td></tr>
<tr><td>5</td><td>门窗工程</td><td colspan="5">普通窗：铝合金窗（6.0mm 厚钢化玻璃）、铝合金百叶窗；
特种门窗：钢质防火门</td></tr>
<tr><td>6</td><td>屋面工程</td><td colspan="5">刚性屋面：40.0mm 厚 C20 细石混凝土、丙纶编织土工布、3.0mm 厚 SBS 聚酯胎Ⅱ型改性沥青防水卷材、2.0mm 厚非固化橡胶沥青防水涂料、20.0mm 厚水泥砂浆找平层；
瓦屋面：灰色水泥瓦；挂瓦条 30mm × 30mm，顺水条 30mm × 30mm；50.0mm 厚 C20 细石混凝土、丙纶编织土工布、3.0mm 厚 SBS 聚酯胎Ⅱ型改性沥青防水卷材、2.0mm 厚非固化橡胶沥青防水涂料、20.0mm 厚水泥砂浆找平层</td></tr>
<tr><td>7</td><td>防水工程</td><td colspan="5">楼（地）面卷材防水（地侧 2）：3.0mm 厚 SBS 聚酯胎Ⅱ型改性沥青防水卷材；
墙面防水（门窗洞口防水）：JS 聚合物水泥基防水涂料</td></tr>
<tr><td>8</td><td>防腐、隔热、保温工程</td><td colspan="5">—</td></tr>
<tr><td>9</td><td>外墙装饰及幕墙工程</td><td colspan="5">外墙装饰：抗碱封底漆、外墙腻子、外墙弹性涂料</td></tr>
<tr><td>10</td><td>楼地面装饰工程</td><td colspan="5">300.0mm 厚塘渣、100.0mm 厚碎石垫层；50.0mm 厚 C25 细石混凝土</td></tr>
<tr><td>11</td><td>内墙及柱面装饰工程</td><td colspan="5">腻子、涂料</td></tr>
<tr><td>12</td><td>天棚工程</td><td colspan="5">腻子、涂料</td></tr>
</table>

表 4-2-14（续）

13	附属工程	砖砌台阶、混凝土排水沟、400.0mm 宽不锈钢排水沟盖板
14	其他特征	—
二	通用安装工程概况信息	
1	电气设备安装工程	照明系统：配电箱、套接紧定式镀锌钢导管、日光灯、开关、插座、电线 WDZ-BYJ、电线 WDZN-BYJ； 防雷接地系统：接闪带（避雷网）、引下线、接地跨接、接地母线
2	建筑智能化工程	—
3	消防工程	水灭火系统 - 消火栓系统：消火栓箱、热浸镀锌钢管、灭火器； 火灾自动报警系统：消火栓启泵按钮、感烟探测器、感温探测器、手动报警按钮、声光报警器、电话分机
4	通风空调工程	空调风系统：分体式空调
5	给排水工程	排水系统：防紫外线硬聚氯乙烯塑料排水管（UPVC 管）
6	其他特征	—

表 4-2-15　地上建筑工程概况信息（门卫室）

综合概况信息	工程名称	某普通高校项目（二）　门卫室				
	采集类别编码	FJ021501	建筑物层数	1	建筑面积 /m^2	143.9
	抗震设防类别	丙类	结构类型	框架结构	装配率	—
	建筑高度 /m	5.40	标准层层高 /m	3.9	基本风压 /（kN/m^2）	0.45
	抗震等级	框架四级				
	其他特征	—				
一	建筑与装饰工程概况信息					
1	土石方工程	土石方类别：二类土； 开挖深度：2.0m 以内； 外运距离：5.0km 以内； 渣土消纳处置方式：陆运				
2	桩基工程	先张法预应力混凝土管桩 PHC500AB110-15-11b（平均桩长 26.0m）				
3	砌筑工程	砖基础：MU15.0 混凝土实心砖（240mm × 115mm × 53mm）； 外墙：B07A5.0 陶粒增强加气砌块； 内墙：B06A5.0 蒸压砂加气混凝土砌块、MU20.0 烧结页岩多孔砖（240mm × 115mm × 90mm）				
4	混凝土结构工程	基础类型：桩承台基础； 结构形式：现浇钢筋混凝土结构； 模板及支撑架：复合模板、盘扣式钢管支撑架				

表 4-2-15（续）

5	门窗工程	普通门：橡木板装饰木门、断桥隔热铝合金门［（6Low-E+12A+6）mm 中空钢化玻璃］； 普通窗：断桥隔热铝合金窗［（6Low-E+12A+6）mm 中空钢化玻璃］
6	屋面工程	刚性屋面：40.0mm 厚 C20 细石混凝土、丙纶编织土工布、3.0mm 厚 SBS 聚酯胎Ⅱ型改性沥青防水卷材、2.0mm 厚非固化橡胶沥青防水涂料、20.0mm 厚水泥砂浆找平层
7	防水工程	卫生间地面：1.5mm 厚聚氨酯涂料防水层； 卫生间墙面：1.5mm 厚聚氨酯涂料防水层
8	防腐、隔热、保温工程	外墙内保温：20.0mm 厚无机轻集料保温砂浆Ⅰ型、5.0mm 厚抗裂砂浆复合耐碱玻纤网
9	外墙装饰及幕墙工程	外墙装饰：抗碱封底漆、外墙腻子、外墙弹性涂料
10	楼地面装饰工程	地面垫层：300.0mm 厚塘渣、100.0mm 厚碎石垫层； 传达室：600mm × 600mm 仿古地砖； 办公室：600mm × 600mm 仿古地砖； 监控室：600mm × 600mm 钢质防静电地板； 卫生间：300mm × 300mm 防滑地砖
11	内墙及柱面装饰工程	传达室：耐水腻子、涂料； 办公室：耐水腻子、涂料； 监控室：耐水腻子、涂料； 卫生间：300mm × 600mm 瓷砖
12	天棚工程	传达室：U50 轻钢龙骨、12.0mm 厚纸面石膏板、腻子、涂料； 办公室：U50 轻钢龙骨、12.0mm 厚纸面石膏板、腻子、涂料； 监控室：U50 轻钢龙骨、14.0mm 厚 600mm × 600mm 矿棉板； 卫生间：U38 轻钢龙骨、0.8mm 厚 300mm × 300mm 铝扣板
13	附属工程	散水、坡道、混凝土台阶
14	其他特征	湿土排水
二	通用安装工程概况信息	
1	电气设备安装工程	动力系统：配电箱、焊接钢管、套接紧定式镀锌钢导管； 照明系统：配电箱、套接紧定式镀锌钢导管、筒灯、平板灯、日光灯、开关、插座、电线 WDZB-BYJ； 防雷接地系统：接闪带（避雷网）、引下线、均压环
2	建筑智能化工程	信息网络系统：AP 无线外网点、单模光纤； 综合布线系统：信息插座、42U 机柜、单模光纤； 安全防范系统 – 出入口控制系统：出入门按钮、磁力锁、门禁读卡器、门禁控制器、电线 ZA-RVV； 安全防范系统 – 视频安防监控系统：彩色红外枪式网络摄像机、球形一体机、监控机柜、电线 ZA-RVV；

表 4-2-15(续)

2	建筑智能化工程	安全防范系统 – 电子巡查系统:巡更点; 公共广播系统:IP 网络话筒扩展单元、CD 播放器、前置放大器、话筒、IP 网络系统主机、智能控制主机、IP 音频采集器、网络遥控话筒、纯后级功放、IP 音频输出单元、电线 WDZC-RVVP; 电源与电子设备防雷接地系统:UPS 主机 10kV·A、电池柜、12V100AH 密封式胶体免维护蓄电池、电源三级防雷器; 综合管路系统:热浸镀锌槽式电缆桥架、焊接钢管、套接紧定式镀锌钢导管
3	消防工程	水灭火系统 – 消火栓系统:消火栓箱、热浸镀锌钢管、灭火器; 电气火灾监控系统:火灾报警控制器(联动型)、消防电话主机、广播控制盘、500W 广播功率放大器; 应急照明及疏散指示系统:集中控制型应急主机(含电池)、集中控制型应急电源箱
4	通风空调工程	空调风系统:分体式空调
5	给排水工程	给水系统:无规共聚聚丙烯管(PP-R 管); 排水系统:球墨铸铁管、硬聚氯乙烯塑料排水管(UPVC 管)、防紫外线硬聚氯乙烯塑料排水管(HDPE 管); 卫生器具安装:洗脸盆、坐便器、蹲便器、小便器、拖把池
6	其他特征	—

表 4-2-16 室外附属工程概况信息

<table>
<tr><td rowspan="4">综合概况信息</td><td>工程名称</td><td colspan="4">某普通高校项目(二) 室外附属工程</td></tr>
<tr><td>采集类别编码</td><td>FJ021601</td><td>室外总面积 /m^2</td><td colspan="2">540 391.00</td></tr>
<tr><td>道路面积 /m^2</td><td>110 377.00</td><td>绿化面积 /m^2</td><td colspan="2">304 083.00</td></tr>
<tr><td>围墙长度 /m</td><td>2 745.63</td><td>运动场面积 /m^2</td><td colspan="2">41 982.00</td></tr>
<tr><td colspan="6">室外附属工程概况信息</td></tr>
<tr><td>1</td><td>道路</td><td colspan="4">人行道:60.0mm 厚 200mm × 400mm 荷兰砖,30.0mm 厚 1 : 3 干硬水泥砂浆结合层,100.0mm 厚 C20 混凝土垫层、500.0mm 厚塘渣;
车行道:30.0mm 厚细粒式沥青混凝土(AC-13C)、乳化沥青 PC-3(0.5L/m^2)、50.0mm 厚中粒式沥青混凝土(AC-16C)、PC-2 乳化沥青透层(1L/m^2)、350.0mm 厚 5% 水泥稳定碎石基层、250.0mm 厚 C30 混凝土、1 000.0mm 厚塘渣;
车行铺装:50.0mm 厚芝麻白荔枝面花岗岩、50.0mm 厚芝麻黑荔枝面花岗岩、30.0mm 厚 1 : 3 干硬水泥砂浆结合层,150.0mm 厚 C20 混凝土内配 ϕ 10@200 钢筋,800.0mm 厚塘渣;
非车行铺装:30.0mm 厚芝麻白荔枝面花岗岩、30.0mm 厚芝麻黑荔枝面花岗岩、20.0mm 厚 PC 仿花岗岩砖,30.0mm 厚 1 : 3 干硬水泥砂浆结合层,100.0mm 厚 C20 混凝土,500.0mm 厚塘渣</td></tr>
</table>

表 4-2-16（续）

2	景观	园路：18.0mm 厚芝麻白花岗岩荔枝面 PC 砖、18.0mm 厚仿芝麻黑花岗岩火烧面 PC 砖、50.0mm 厚芝麻白花岗岩荔枝面、50.0mm 厚芝麻灰花岗岩小弹石自然面、50.0mm 厚芝麻黑花岗岩火烧面、100.0mm 厚 C20 混凝土、100.0mm 厚碎石垫层； 景观跑道：50.0mm 厚 ϕ6mm 骨料 C25 透水混凝土、150.0mm 厚 C25 混凝土内配 ϕC10@200 钢筋、透水土工布（容重 200g/m^2）、150.0mm 厚碎石垫层、500.0mm 厚塘渣； 石汀步（步石、飞石）：50.0mm 厚芝麻白花岗岩荔枝面、100.0mm 厚碎石垫层； 石（卵石）砌驳岸：ϕ12 松木桩梅花形布置 @450（L=6 000mm）、100.0mm 厚 C15 混凝土、100.0mm 厚碎石垫层
3	绿化	乔木 5 122 株、灌木 287 株、绿篱 3 157m、草坪 195 708m^2、色带 84 550m^2、花卉 20 538m^2
4	围墙	围墙高度：2.55m； 围墙形式：氟碳漆方钢管金属栏杆（H=1 850mm）； 围墙饰面：20.0mm 厚花岗岩、抗碱封底漆、外墙腻子、外墙弹性涂料； 电动伸缩门 4 樘、消防门 6 樘
5	通用安装工程	照明系统：配电箱、焊接钢管、室外埋地塑料保护管 PE 管、电缆 YJV22-0.6/1kV、草坪灯、庭院灯、8.0m 路灯、射灯、投光灯、洗墙灯、LED 线性灯带； 防雷接地系统：接地母线、接地极； 室外绿化喷灌：聚乙烯 PE 给水管、旋转散射喷头； 给水系统：球墨铸铁管、涂塑钢塑复合管； 排水系统：高密度聚乙烯 HDPE 双壁波纹管； 再生水系统：雨水 PP 模块蓄水池 300m^3； 安全防范系统 - 视频安防监控系统：安防箱、工业交换机、网络枪机摄像机、室外球型网络摄像机、电线 RVV、六类非屏蔽双绞线； 安全防范系统 - 人行出入口：人行摆闸、带测温人脸识别平板； 室外电子巡更系统：巡检管理主机、巡更棒、巡更点； 公共广播系统：室外草坪喇叭、室外音柱、电线 FS-RVSP； 综合管路系统：镀锌钢管、塑料管； 水灭火系统 - 消火栓系统：球墨铸铁管、室外消火栓、钢丝网骨架复合管、消防水泵接合器
6	运动场	篮球场、排球场：40.0mm 厚中粒式沥青混凝土（AC-16）、30.0mm 厚细粒式沥青混凝土（AC-13）、8.0mm 厚硅 PU 塑胶面层、200.0mm 厚 C20 混凝土 ϕ8@200 钢筋、350.0mm 塘渣、成品树脂盖板排水沟；4.0m 高球场围网； 塑胶跑道（8m × 400m）：40.0mm 厚中粒式沥青混凝土（AC-16）、30.0mm 厚细粒式沥青混凝土（AC-13）、13.0mm 厚混合型橡胶面层； 跳远沙坑：300.00mm 厚中砂、100.00mm 厚粗砂、50.00mm 厚米石、400.00mm 厚级配砂石； 足球场（十一人制）：天然草面层，覆砂机覆砂（厚度 5.0mm）、50.0mm 厚种植层、100.0mm 厚粗砂层、100 目尼龙网一层、200.0mm 厚级配碎石垫层、三七灰土分层压实； 足球场（五人制）：50.0mm 三层网格底 Z 字形编制人造草坪（填充 4~5kgTPE 颗粒，25~28kg 石英砂），100.0mm 厚弹性减震垫，200.0mm 厚 C20 混凝土内配 ϕ8@200 钢筋、500.0mm 厚塘渣
7	其他	化粪池：4$^{\#}$ 玻璃钢化粪池 4 座、5$^{\#}$ 玻璃钢化粪池 3 座、7$^{\#}$ 玻璃钢化粪池 11 座，9m^3 玻璃钢化粪池 4 座、12m^3 玻璃钢化粪池 4 座、15m^3 玻璃钢化粪池 2 座

二、造价指标

示例（二）造价指标见表 4-2-17 ~ 表 4-2-23。

表 4-2-17 整体项目造价指标表

功能规模	指标内容
生源 15 000 人	1. 整体项目造价指标分为地上建筑、地下建筑、室外附属工程，不包括教学设施设备、厨具设备、机械式停车库等； 2. 地上建筑包括教学楼、办公用房、体育馆、图书馆、实训楼、科研楼、宿舍（公寓）、食堂、剧院、师生活动用房、配电房、门卫等

序号	整体项目造价指标 /（元 /m²）	单项工程造价指标 /（元 /m²）				备注
		指标组成	基期指标			
			合计	建筑与装饰	通用安装	
1	5 218.90	地下建筑	5 573.99	4 791.99	782.00	
2		地上建筑	4 426.77	3 399.96	1 026.82	
3		室外附属工程	517.98			

表 4-2-18 单项造价指标表

指标内容
1. 建筑与装饰工程包括土石方工程，基坑围护工程，桩基工程，砌筑工程，混凝土结构工程，金属结构工程，屋面工程，防水工程，防腐、隔热、保温工程，门窗工程，外墙装饰及幕墙工程，楼地面装饰工程，内墙及柱面装饰工程，天棚工程，其他装饰工程，附属工程，施工技术措施等； 2. 通用安装工程包括电气设备安装工程、建筑智能化工程、消防工程、通风空调工程、给排水工程； 3. 室外附属工程主要包括道路、景观、绿化、运动场、电气设备安装、建筑智能化、消防、给排水等

序号	单项名称	造价指标 /（元 /m²）			备注
		建筑与装饰	通用安装	合计	
一、地下建筑					
1	地下室	4 791.99	782.00	5 573.99	
二、地上建筑					
1	教学楼	2 739.49	1 137.39	3 876.89	
2	办公用房	2 792.61	1 123.04	3 915.65	
3	体育馆	5 150.32	1 077.29	6 227.60	
4	图书馆	4 580.34	1 073.89	5 654.23	
5	实训楼	2 823.15	983.67	3 806.82	
6	科研楼	3 161.95	1 099.48	4 261.42	
7	1# 宿舍（公寓）	3 138.12	959.89	4 098.01	
8	2# 宿舍（公寓）	3 164.18	949.09	4 113.27	

表 4–2–18（续）

序号	单项名称	造价指标（元 /m²）			备注
		建筑与装饰	通用安装	合计	
9	食堂	3 607.68	1 015.63	4 623.30	
10	剧院	4 404.43	809.92	5 214.35	
11	师生活动用房	3 187.88	956.29	4 144.17	
12	配电房	3 934.38	534.65	4 469.03	
13	门卫室	7 351.25	1 388.34	8 739.58	
三、室外附属工程					
1	道路	71.49			
2	景观	65.25			
3	绿化	123.80			
4	围墙	7.62			
5	通用安装工程	183.79			
6	运动场	66.03			
7	其他	71.49			

表 4–2–19　造价指标单元分析表（一）

序号	一级造价指标单元	造价指标 /（元 /m²）			备注
		地下室	教学楼	办公用房	
一	建筑与装饰工程	4 792.00	2 739.49	2 792.61	
1	土石方工程	78.56	—	—	
2	基坑围护工程	388.20	—	—	
3	桩基工程	988.24	—	—	
4	砌筑工程	150.42	98.42	105.32	
5	混凝土结构工程	2 043.57	922.43	918.66	
6	金属结构工程	—	—	—	
7	门窗工程	153.16	268.08	246.59	
8	屋面工程	—	114.45	130.21	
9	防水工程	340.01	27.51	23.42	
10	防腐、隔热、保温工程	—	36.75	34.31	
11	外墙装饰及幕墙工程	—	235.11	293.14	
12	楼地面装饰工程	244.17	307.74	302.26	

表 4-2-19(续)

序号	一级造价指标单元	造价指标/(元/m²)			备注
		地下室	教学楼	办公用房	
13	内墙及柱面装饰工程	120.63	269.65	260.25	
14	天棚工程	63.11	212.15	246.93	
15	其他装饰工程	5.45	60.25	48.16	
16	附属工程	10.62	7.51	9.56	
17	施工技术措施	205.86	179.44	173.80	
二	通用安装工程	782.00	1 137.39	1 123.03	
1	电气设备安装工程	230.96	241.92	206.35	
2	建筑智能化工程	136.31	284.71	285.74	
3	消防工程	125.50	94.14	114.79	
4	通风空调工程	173.51	384.49	371.28	
5	给排水工程	85.16	68.01	60.67	
6	电梯	—	51.26	72.44	
7	充电桩	23.24	—	—	
8	施工技术措施	7.32	12.86	11.76	

表 4-2-20 造价指标单元分析表(二)

序号	一级造价指标单元	造价指标/(元/m²)			备注
		体育馆	图书馆	实训楼	
一	建筑与装饰工程	5 150.32	4 580.33	2 823.15	
1	土石方工程	88.43	62.46	55.65	
2	基坑围护工程	15.96	10.56	9.24	
3	桩基工程	372.53	351.26	334.67	
4	砌筑工程	114.56	89.56	92.33	
5	混凝土结构工程	582.32	725.32	887.54	
6	金属结构工程	1 654.88	1 166.87	—	
7	门窗工程	75.14	51.80	212.89	
8	屋面工程	346.44	109.66	106.46	
9	防水工程	42.23	23.01	23.61	
10	防腐、隔热、保温工程	26.00	31.69	33.42	
11	外墙装饰及幕墙工程	805.21	716.87	231.62	
12	楼地面装饰工程	385.79	329.73	253.78	

表 4-2-20（续）

序号	一级造价指标单元	造价指标 /（元 /m²）			备注
		体育馆	图书馆	实训楼	
13	内墙及柱面装饰工程	199.28	260.62	212.11	
14	天棚工程	152.15	361.24	165.87	
15	其他装饰工程	38.51	114.61	31.16	
16	附属工程	12.58	6.05	7.12	
17	施工技术措施	238.31	169.02	165.68	
二	通用安装工程	1 077.29	1 073.89	983.67	
1	电气设备安装工程	235.13	243.25	263.73	
2	建筑智能化工程	195.41	178.19	117.56	
3	消防工程	173.36	146.38	107.10	
4	通风空调工程	384.71	386.60	359.47	
5	给排水工程	31.59	52.41	50.27	
6	电梯	43.41	54.60	73.99	
7	充电桩	—	—	—	
8	施工技术措施	13.67	12.46	11.55	

表 4-2-21　造价指标单元分析表（三）

序号	一级造价指标单元	造价指标 /（元 /m²）			备注
		科研楼	1# 宿舍（公寓）	2# 宿舍（公寓）	
一	建筑与装饰工程	3 161.95	3 138.10	3 164.18	
1	土石方工程	59.56	77.38	88.65	
2	基坑围护工程	10.08	3.96	3.72	
3	桩基工程	374.11	422.43	434.12	
4	砌筑工程	92.46	143.33	144.52	
5	混凝土结构工程	916.42	898.32	890.56	
6	金属结构工程	—	—	—	
7	门窗工程	211.34	212.35	215.93	
8	屋面工程	117.44	96.26	91.13	
9	防水工程	24.19	46.91	47.71	
10	防腐、隔热、保温工程	31.74	40.93	41.46	
11	外墙装饰及幕墙工程	233.91	234.05	235.83	

表 4-2-21（续）

序号	一级造价指标单元	造价指标 /（元 /m²）			备注
		科研楼	1# 宿舍（公寓）	2# 宿舍（公寓）	
12	楼地面装饰工程	298.56	293.72	297.47	
13	内墙及柱面装饰工程	295.01	241.73	240.39	
14	天棚工程	277.05	143.65	141.11	
15	其他装饰工程	43.63	56.89	58.12	
16	附属工程	7.43	9.66	9.10	
17	施工技术措施	169.02	216.53	224.36	
二	通用安装工程	1 099.48	959.88	949.09	
1	电气设备安装工程	331.98	244.71	237.00	
2	建筑智能化工程	111.68	112.90	111.58	
3	消防工程	111.89	109.28	111.85	
4	通风空调工程	408.82	127.50	120.19	
5	给排水工程	51.41	280.36	279.03	
6	电梯	70.87	67.76	72.02	
7	充电桩	—	—	—	
8	施工技术措施	12.83	17.37	17.42	

表 4-2-22　造价指标单元分析表（四）

序号	一级造价指标单元	造价指标 /（元 /m²）			备注
		食堂	剧院	师生活动用房	
一	建筑与装饰工程	3 607.68	4 404.42	3 187.88	
1	土石方工程	96.82	76.52	75.36	
2	基坑围护工程	7.32	7.68	9.12	
3	桩基工程	377.65	348.41	366.26	
4	砌筑工程	94.22	81.65	82.66	
5	混凝土结构工程	1 285.45	1 189.66	917.85	
6	金属结构工程	—	—	—	
7	门窗工程	224.97	64.88	246.59	
8	屋面工程	149.91	303.56	130.21	
9	防水工程	37.07	21.37	23.42	
10	防腐、隔热、保温工程	22.58	24.47	34.31	

表 4-2-22（续）

序号	一级造价指标单元	造价指标 /（元 /m²）			备注
		食堂	剧院	师生活动用房	
11	外墙装饰及幕墙工程	211.60	1 001.75	233.14	
12	楼地面装饰工程	299.37	402.75	302.26	
13	内墙及柱面装饰工程	251.06	312.05	260.25	
14	天棚工程	285.10	263.24	246.93	
15	其他装饰工程	79.07	110.33	78.16	
16	附属工程	13.86	10.46	7.56	
17	施工技术措施	171.65	185.64	173.80	
二	通用安装工程	1 015.63	809.92	956.28	
1	电气设备安装工程	254.66	243.00	206.35	
2	建筑智能化工程	101.64	224.12	105.74	
3	消防工程	143.67	143.50	114.79	
4	通风空调工程	341.12	68.53	371.28	
5	给排水工程	111.00	52.33	60.67	
6	电梯	52.42	65.74	85.69	
7	充电桩	—	—	—	
8	施工技术措施	11.12	12.70	11.76	

表 4-2-23　造价指标单元分析表（五）

序号	一级造价指标单元	造价指标 /（元 /m²）		备注
		配电房	门卫室	
一	建筑与装饰工程	3 934.39	7 351.25	
1	土石方工程	126.06	90.58	
2	基坑围护工程	—	—	
3	桩基工程	676.20	752.50	
4	砌筑工程	218.45	313.22	
5	混凝土结构工程	1 315.22	2 314.55	
6	金属结构工程	—	—	
7	门窗工程	125.13	39.39	
8	屋面工程	253.92	44.42	
9	防水工程	26.12	7.64	

表 4-2-23（续）

序号	一级造价指标单元	造价指标 /（元 /m²）		备注
		配电房	门卫室	
10	防腐、隔热、保温工程	—	83.74	
11	外墙装饰及幕墙工程	327.71	2 862.34	
12	楼地面装饰工程	266.45	250.24	
13	内墙及柱面装饰工程	308.98	257.44	
14	天棚工程	61.07	216.16	
15	其他装饰工程	—	—	
16	附属工程	149.06	57.30	
17	施工技术措施	80.02	61.73	
二	通用安装工程	534.65	1 388.34	
1	电气设备安装工程	271.29	239.07	
2	建筑智能化工程	—	484.76	
3	消防工程	54.49	281.33	
4	通风空调工程	137.09	120.91	
5	给排水工程	61.63	246.22	
6	电梯	—	—	
7	充电桩	—	—	
8	施工技术措施	10.16	16.05	

三、技术指标

示例（二）技术指标见表 4-2-24 ~ 表 4-2-28。

表 4-2-24　造价指标单元技术指标分析表（一）

序号	造价指标单元		单位	技术指标			备注
				地下室	教学楼	办公用房	
一	建筑与装饰工程						
1	土石方工程	土方	m^3/m^2	6.425	—	—	
2		石方	m^3/m^2	—	—	—	
3	基坑围护工程	水泥土连续墙	m^3/m^2	1.488	—	—	
4		支护桩	m^3/m^2	0.046	—	—	
5		喷射混凝土及锚杆（索）	m^2/m^2	0.714	—	—	
6		支撑	m^3/m^2	0.204	—	—	

表 4-2-24（续）

序号	造价指标单元			单位	技术指标			备注
					地下室	教学楼	办公用房	
7	桩基工程	预制桩		m/m²	—	—	—	
8		灌注桩		m³/m²	3.895	—	—	
9	砌筑工程	基础		m³/m²	0.053	—	—	
10		砌体		m³/m²	0.061	0.124	0.180	
11		隔墙		m³/m²	—	—	—	
12		烟道、烟帽		m/m²	—	—	—	
13	混凝土结构工程	现浇混凝土基础		m³/m²	0.888	—	—	
14		现浇混凝土构件		m³/m²	0.437	0.362	0.331	
15		现浇混凝土结构钢筋		kg/m²	150.992	51.976	49.486	
16		装配式钢筋混凝土构件		m³/m²	—	—	—	
17	金属结构工程	金属结构构件		kg/m²	—	—	—	
18		屋面板、墙面板		m²/m²	—	—	—	
19		钢板楼板		m²/m²	—	—	—	
20	门窗工程	普通门		m²/m²	—	0.061	0.049	
21		普通窗		m²/m²	—	0.213	0.212	
22		特种门窗		m²/m²	0.036	0.072	0.015	
23	屋面工程	刚性屋面		m²/m²	—	0.313	0.364	
24		瓦屋面		m²/m²	—	0.045	0.088	
25		其他屋面		m²/m²	—	—	—	
26	防水工程	地下防水	底板防护	m²/m²	1.391	—	—	
27			外墙防护	m²/m²	0.252	—	—	
28			顶板防护	m²/m²	0.640	—	—	
29			室内防水	m²/m²	0.185	—	—	
30		地上防水	外墙防水	m²/m²	—	0.181	0.201	
31			室内防水	m²/m²	—	0.315	0.257	
32	防腐隔热保温工程	隔热保温	外墙外保温	m²/m²	—	—	—	
33			外墙内保温	m²/m²	—	0.619	0.636	
34			楼地面保温	m²/m²	—	—	—	
35			天棚保温	m²/m²	—	0.151	0.067	

表 4-2-24（续）

序号	造价指标单元		单位	技术指标			备注
				地下室	教学楼	办公用房	
36	外墙装饰及幕墙工程	块料外墙装饰	m^2/m^2	—	—	—	
37		涂料外墙装饰	m^2/m^2	—	0.998	0.866	
38		幕墙	m^2/m^2	—	0.016	0.080	
39	楼地面装饰工程	地面垫层	m^3/m^2	—	—	—	
40		水泥砂浆（混凝土）楼地面装饰	m^2/m^2	0.956	0.010	0.309	
41		块料楼地面装饰	m^2/m^2	0.011	0.280	0.739	
42		石材楼地面装饰	m^2/m^2	—	0.089	0.008	
43		板材楼地面装饰	m^2/m^2	—	0.527	0.281	
44		卷材地面	m^2/m^2	—	0.218	0.192	
45	内墙及柱面装饰工程	块料内墙柱面装饰	m^2/m^2	—	0.036	—	
46		石材内墙柱面装饰	m^2/m^2	0.890	1.560	1.182	
47		涂料内墙柱面装饰	m^2/m^2	—	0.241	0.378	
48		板材内墙柱面装饰	m^2/m^2	1.374	1.158	1.127	
49	天棚工程	涂料天棚	m^2/m^2	0.011	0.780	0.882	
50		吊顶天棚	m^2/m^2	0.011	0.130	0.240	
51	其他装饰工程	扶手栏杆栏板装饰	m/m^2	—	0.068	0.050	
52		隔断及隔墙	m^2/m^2	0.001	0.001	0.001	
二	通用安装工程						
1	电气设备安装工程	配电箱	套 $/m^2$	0.093	0.059	0.206	
2		桥架	m/m^2	0.821	1.092	1.470	
3		配管	m/m^2	0.807	0.315	0.737	
4		电力电缆	m/m^2	0.192	0.312	0.186	
5		控制电缆	m/m^2	1.312	2.511	3.329	
6		铜芯绝缘线	m/m^2	0.047	0.130	0.274	
7		照明灯具	套 $/m^2$	0.069	0.053	0.118	

表 4-2-24（续）

序号	造价指标单元		单位	技术指标			备注
				地下室	教学楼	办公用房	
8	建筑智能化工程	桥架	m/m^2	0.585	0.453	0.859	
9		配管	m/m^2	0.076	0.058	0.165	
10		电力电缆	m/m^2	0.430	0.339	7.530	
11		控制电缆	m/m^2	0.686	0.540	0.714	
12		铜芯绝缘线	m/m^2	0.052	0.065	0.073	
13		点位	个 /m^2	0.099	0.078	0.057	
14	消防工程	消防管	m/m^2	0.003	0.004	0.006	
15		消火栓	套 /m^2	0.492	0.104	0.259	
16		喷淋管	m/m^2	0.102	0.030	0.015	
17		喷头	个 /m^2	0.020	0.016	0.035	
18		模块	个 /m^2	0.025	0.012	0.037	
19		探测器点位	个 /m^2	0.034	0.025	0.084	
20		桥架	m/m^2	0.245	0.281	1.366	
21		配管	m/m^2	0.033	0.029	0.128	
22		电力电缆	m/m^2	0.244	0.079	1.497	
23		控制电缆	m/m^2	0.661	0.397	1.200	
24		铜芯绝缘线	m/m^2	0.031	0.032	0.033	
25		消防灯具	套 /m^2	0.002	0.002	0.027	
26	通风空调工程	风机	台 /m^2	0.200	0.114	0.495	
27		风管	m^2/m^2	0.009	0.031	0.032	
28		阀门	个 /m^2	0.009	0.001	0.094	
29		风口	个 /m^2	0.039	0.096	0.140	
30	给排水工程	给水管	m/m^2	0.045	0.165	0.262	
31		排水管	m/m^2	0.013	0.023	0.018	
32		阀门	个 /m^2	0.001	0.001	0.001	

表 4-2-25 造价指标单元技术指标分析表（二）

序号	造价指标单元			单位	技术指标			备注
					体育馆	图书馆	实训楼	
一	建筑与装饰工程							
1	土石方工程	土方		m^3/m^2	1.463	1.086	0.942	
2		石方		m^3/m^2	—	—	—	
3	基坑围护工程	水泥土连续墙		m^3/m^2	—	—	—	
4		支护桩		m^3/m^2	—	—	—	
5		喷射混凝土及锚杆（索）		m^2/m^2	0.133	0.088	0.077	
6		支撑		m^3/m^2	—	—	—	
7	桩基工程	预制桩		m/m^2	—	—	—	
8		灌注桩		m^3/m^2	0.655	0.721	0.688	
9	砌筑工程	基础		m^3/m^2	0.111	0.166	0.147	
10		砌体		m^3/m^2	0.048	0.155	0.164	
11		隔墙		m^3/m^2	—	—	—	
12		烟道、烟帽		m/m^2	—	—	—	
13	混凝土结构工程	现浇混凝土基础		m^3/m^2	0.185	0.194	0.173	
14		现浇混凝土构件		m^3/m^2	0.440	0.429	0.420	
15		现浇混凝土结构钢筋		kg/m^2	76.324	73.567	54.905	
16		装配式钢筋混凝土构件		m^3/m^2	—	—	—	
17	金属结构工程	金属结构构件		kg/m^2	0.074	0.056	—	
18		屋面板、墙面板		m^2/m^2	0.515	0.260	—	
19		钢板楼板		m^2/m^2	—	—	—	
20	门窗工程	普通门		m^2/m^2	0.006	0.033	0.041	
21		普通窗		m^2/m^2	—	—	0.208	
22		特种门窗		m^2/m^2	0.101	0.099	0.066	
23	屋面工程	刚性屋面		m^2/m^2	—	0.023	0.261	
24		瓦屋面		m^2/m^2	—	—	—	
25		其他屋面		m^2/m^2	—	—	—	
26	防水工程	地下防水	底板防护	m^2/m^2	—	—	—	
27			外墙防护	m^2/m^2	—	—	—	
28			顶板防护	m^2/m^2	—	—	—	
29			室内防水	m^2/m^2	—	—	—	
30		地上防水	外墙防水	m^2/m^2	—	—	0.152	
31			室内防水	m^2/m^2	0.814	0.185	0.315	

表 4–2–25（续）

序号	造价指标单元			单位	技术指标			备注
					体育馆	图书馆	实训楼	
32	防腐隔热保温工程	隔热保温	外墙外保温	m^2/m^2	—	—	—	
33			外墙内保温	m^2/m^2	0.380	0.340	0.553	
34			楼地面保温	m^2/m^2	—	—	—	
35			天棚保温	m^2/m^2	—	0.194	—	
36	外墙装饰及幕墙工程	块料外墙装饰		m^2/m^2	—	—	—	
37		涂料外墙装饰		m^2/m^2	0.127	0.093	0.809	
38		幕墙		m^2/m^2	0.917	0.785	0.013	
39	楼地面装饰工程	地面垫层		m^3/m^2	0.094	0.054	0.045	
40		水泥砂浆（混凝土）楼地面装饰		m^2/m^2	0.025	0.024	0.189	
41		块料楼地面装饰		m^2/m^2	0.133	0.088	0.308	
42		石材楼地面装饰		m^2/m^2	—	0.104	0.034	
43		板材楼地面装饰		m^2/m^2	0.750	0.712	0.360	
44		卷材地面		m^2/m^2	0.147	0.168	0.114	
45	内墙及柱面装饰工程	块料内墙柱面装饰		m^2/m^2	—	0.021	—	
46		石材内墙柱面装饰		m^2/m^2	0.797	1.837	1.104	
47		涂料内墙柱面装饰		m^2/m^2	0.344	0.449	0.232	
48		板材内墙柱面装饰		m^2/m^2	1.045	1.134	1.206	
49	天棚工程	涂料天棚		m^2/m^2	0.838	0.725	0.856	
50		吊顶天棚		m^2/m^2	0.250	0.137	0.026	
51	其他装饰工程	扶手栏杆栏板装饰		m/m^2	0.064	0.047	0.073	
52		隔断及隔墙		m^2/m^2	0.001	0.001	0.001	
二	通用安装工程							
1	电气设备安装工程	配电箱		套 $/m^2$	0.216	0.101	0.194	
2		桥架		m/m^2	1.147	1.872	1.209	
3		配管		m/m^2	0.497	0.541	0.792	
4		电力电缆		m/m^2	0.207	0.216	0.146	
5		控制电缆		m/m^2	1.033	4.307	4.983	
6		铜芯绝缘线		m/m^2	0.099	0.113	0.167	
7		照明灯具		套 $/m^2$	0.028	0.054	0.067	

表 4-2-25(续)

序号	造价指标单元		单位	技术指标			备注
				体育馆	图书馆	实训楼	
8	建筑智能化工程	桥架	m/m^2	0.236	0.462	0.468	
9		配管	m/m^2	0.030	0.060	0.072	
10		电力电缆	m/m^2	0.176	0.346	5.184	
11		控制电缆	m/m^2	0.281	0.552	0.154	
12		铜芯绝缘线	m/m^2	0.035	0.030	0.081	
13		点位	个 /m^2	0.007	0.112	0.066	
14	消防工程	消防管	m/m^2	0.001	0.006	0.005	
15		消火栓	套 /m^2	0.066	0.149	0.452	
16		喷淋管	m/m^2	0.103	0.042	0.153	
17		喷头	个 /m^2	0.051	0.023	0.030	
18		模块	个 /m^2	0.041	0.033	0.023	
19		探测器点位	个 /m^2	0.055	0.035	0.025	
20		桥架	m/m^2	0.192	0.402	0.695	
21		配管	m/m^2	0.105	0.139	0.201	
22		电力电缆	m/m^2	0.005	0.117	0.567	
23		控制电缆	m/m^2	0.381	0.585	0.599	
24		铜芯绝缘线	m/m^2	0.025	0.036	0.019	
25		消防灯具	套 /m^2	0.014	0.009	0.021	
26	通风空调工程	风机	台 /m^2	0.545	0.697	0.680	
27		风管	m^2/m^2	0.015	0.002	0.058	
28		阀门	个 /m^2	0.092	0.001	0.033	
29		风口	个 /m^2	0.224	0.137	0.204	
30	给排水工程	给水管	m/m^2	0.131	0.235	1.439	
31		排水管	m/m^2	0.024	0.013	0.011	
32		阀门	个 /m^2	0.001	0.001	0.001	

表 4-2-26 造价指标单元技术指标分析表（三）

序号	造价指标单元		单位	技术指标			备注
				科研楼	1# 宿舍（公寓）	2# 宿舍（公寓）	
一	建筑与装饰工程						
1	土石方工程	土方	m^3/m^2	0.866	0.486	0.486	
2		石方	m^3/m^2	—	—	—	
3	基坑围护工程	水泥土连续墙	m^3/m^2	—	—	—	
4		支护桩	m^3/m^2	—	—	—	
5		喷射混凝土及锚杆（索）	m^2/m^2	0.084	0.033	0.031	
6		支撑	m^3/m^2	—	—	—	
7	桩基工程	预制桩	m/m^2	—	3.143	3.165	
8		灌注桩	m^3/m^2	0.644	—	—	
9	砌筑工程	基础	m^3/m^2	0.111	0.175	0.166	
10		砌体	m^3/m^2	0.212	0.163	0.162	
11		隔墙	m^3/m^2	—	—	—	
12		烟道、烟帽	m/m^2	—	0.087	0.083	
13	混凝土结构工程	现浇混凝土基础	m^3/m^2	0.178	0.116	0.113	
14		现浇混凝土构件	m^3/m^2	0.442	0.432	0.434	
15		现浇混凝土结构钢筋	kg/m^2	59.523	56.241	55.006	
16		装配式钢筋混凝土构件	m^3/m^2	—	—	—	
17	金属结构工程	金属结构构件	kg/m^2	—	—	—	
18		屋面板、墙面板	m^2/m^2	—	—	—	
19		钢板楼板	m^2/m^2	—	—	—	
20	门窗工程	普通门	m^2/m^2	0.067	0.205	0.208	
21		普通窗	m^2/m^2	0.176	0.181	0.165	
22		特种门窗	m^2/m^2	0.037	0.037	0.036	
23	屋面工程	刚性屋面	m^2/m^2	0.218	0.063	0.065	
24		瓦屋面	m^2/m^2	—	—	—	
25		其他屋面	m^2/m^2	—	—	—	

表 4-2-26（续）

序号	造价指标单元			单位	技术指标			备注
					科研楼	1# 宿舍（公寓）	2# 宿舍（公寓）	
26	防水工程	地下防水	底板防护	m^2/m^2	—	—	—	
27			外墙防护	m^2/m^2	—	—	—	
28			顶板防护	m^2/m^2	—	—	—	
29			室内防水	m^2/m^2	—	—	—	
30		地上防水	外墙防水	m^2/m^2	0.162	0.168	0.170	
31			室内防水	m^2/m^2	0.387	0.929	0.976	
32	防腐隔热保温工程	隔热保温	外墙外保温	m^2/m^2	—	—	—	
33			外墙内保温	m^2/m^2	0.567	0.690	0.668	
34			楼地面保温	m^2/m^2	—	0.800	0.789	
35			天棚保温	m^2/m^2	—	0.100	0.102	
36	外墙装饰及幕墙工程	块料外墙装饰		m^2/m^2	—	—	—	
37		涂料外墙装饰		m^2/m^2	0.818	1.057	1.039	
38		幕墙		m^2/m^2	0.194	—	—	
39	楼地面装饰工程	地面垫层		m^3/m^2	0.010	0.026	0.026	
40		水泥砂浆（混凝土）楼地面装饰		m^2/m^2	0.020	0.042	0.048	
41		块料楼地面装饰		m^2/m^2	0.173	0.932	0.903	
42		石材楼地面装饰		m^2/m^2	0.069	0.072	0.083	
43		板材楼地面装饰		m^2/m^2	0.688	—	0.002	
44		卷材地面		m^2/m^2	0.182	0.497	0.491	
45	内墙及柱面装饰工程	块料内墙柱面装饰		m^2/m^2	—	—	—	
46		石材内墙柱面装饰		m^2/m^2	1.002	1.624	1.650	
47		涂料内墙柱面装饰		m^2/m^2	0.232	0.048	0.046	
48		板材内墙柱面装饰		m^2/m^2	0.970	0.911	0.931	
49	天棚工程	涂料天棚		m^2/m^2	0.866	0.285	0.283	
50		吊顶天棚		m^2/m^2	0.017	0.054	0.058	
51	其他装饰工程	扶手栏杆栏板装饰		m/m^2	0.055	0.061	0.058	
52		隔断及隔墙		m^2/m^2	0.001	0.001	0.001	

表 4-2-26（续）

序号	造价指标单元		单位	技术指标			备注
				科研楼	1# 宿舍（公寓）	2# 宿舍（公寓）	
二	通用安装工程						
1	电气设备安装工程	配电箱	套 /m²	0.261	0.080	0.075	
2		桥架	m/m²	1.394	1.936	2.037	
3		配管	m/m²	0.929	0.937	0.949	
4		电力电缆	m/m²	0.193	0.276	0.276	
5		控制电缆	m/m²	1.967	4.899	5.200	
6		铜芯绝缘线	m/m²	0.108	0.174	0.170	
7		照明灯具	套 /m²	0.037	0.057	0.054	
8	建筑智能化工程	桥架	m/m²	0.251	0.465	0.467	
9		配管	m/m²	0.021	0.059	0.060	
10		电力电缆	m/m²	2.251	2.904	2.916	
11		控制电缆	m/m²	0.171	0.540	0.542	
12		铜芯绝缘线	m/m²	0.010	0.087	0.087	
13		点位	个 /m²	0.058	0.051	0.044	
14	消防工程	消防管	m/m²	0.004	0.006	0.005	
15		消火栓	套 /m²	0.394	0.295	0.311	
16		喷淋管	m/m²	0.126	0.101	0.102	
17		喷头	个 /m²	0.052	0.034	0.030	
18		模块	个 /m²	0.040	0.039	0.039	
19		探测器点位	个 /m²	0.035	0.005	0.005	
20		桥架	m/m²	0.698	0.413	0.406	
21		配管	m/m²	0.289	0.030	0.029	
22		电力电缆	m/m²	0.699	0.062	0.058	
23		控制电缆	m/m²	0.479	0.689	0.661	
24		铜芯绝缘线	m/m²	0.040	0.040	0.037	
25		消防灯具	套 /m²	0.035	0.005	0.005	

表 4-2-26（续）

序号	造价指标单元		单位	技术指标			备注
				科研楼	1# 宿舍（公寓）	2# 宿舍（公寓）	
26	通风空调工程	风机	台 /m^2	0.786	0.049	0.047	
27		风管	m^2/m^2	0.017	0.025	0.025	
28		阀门	个 /m^2	0.021	0.000	0.000	
29		风口	个 /m^2	0.299	0.753	0.722	
30	给排水工程	给水管	m/m^2	0.143	0.482	0.482	
31		排水管	m/m^2	0.026	0.102	0.095	
32		阀门	个 /m^2	0.001	0.001	0.001	

表 4-2-27　造价指标单元技术指标分析表（四）

序号	造价指标单元		单位	技术指标			备注
				食堂	剧院	师生活动用房	
一	建筑与装饰工程						
1	土石方工程	土方	m^3/m^2	1.370	1.441	0.823	
2		石方	m^3/m^2	—	—	—	
3	基坑围护工程	水泥土连续墙	m^3/m^2	—	—	—	
4		支护桩	m^3/m^2	—	—	—	
5		喷射混凝土及锚杆（索）	m^2/m^2	0.061	0.064	0.076	
6		支撑	m^3/m^2	—	—	—	
7	桩基工程	预制桩	m/m^2	3.316	—	3.524	
8		灌注桩	m^3/m^2	—	0.721	—	
9	砌筑工程	基础	m^3/m^2	0.203	0.129	0.147	
10		砌体	m^3/m^2	0.179	0.213	0.180	
11		隔墙	m^3/m^2	—	—	—	
12		烟道、烟帽	m/m^2	—	—	—	
13	混凝土结构工程	现浇混凝土基础	m^3/m^2	0.175	0.162	0.175	
14		现浇混凝土构件	m^3/m^2	0.443	0.591	0.431	
15		现浇混凝土结构钢筋	kg/m^2	63.941	75.578	49.486	
16		装配式钢筋混凝土构件	m^3/m^2	—	—	—	
17	金属结构工程	金属结构构件	kg/m^2	—	—	—	
18		屋面板、墙面板	m^2/m^2	—	—	—	
19		钢板楼板	m^2/m^2	—	—	—	

表 4-2-27（续）

序号	造价指标单元			单位	技术指标			备注
					食堂	剧院	师生活动用房	
20	门窗工程	普通门		m^2/m^2	0.056	0.023	0.049	
21		普通窗		m^2/m^2	0.237	0.169	0.212	
22		特种门窗		m^2/m^2	0.026	0.014	0.015	
23	屋面工程	刚性屋面		m^2/m^2	0.559	0.202	0.364	
24		瓦屋面		m^2/m^2	—	—	—	
25		其他屋面		m^2/m^2	—	—	—	
26	防水工程	地下防水	底板防护	m^2/m^2	—	—	—	
27			外墙防护	m^2/m^2	—	—	—	
28			顶板防护	m^2/m^2	—	—	—	
29			室内防水	m^2/m^2	—	—	—	
30		地上防水	外墙防水	m^2/m^2	0.150	0.155	0.201	
31			室内防水	m^2/m^2	0.955	0.184	0.257	
32	防腐隔热保温工程	隔热保温	外墙外保温	m^2/m^2	—	—	—	
33			外墙内保温	m^2/m^2	0.557	0.411	0.636	
34			楼地面保温	m^2/m^2	—	—	—	
35			天棚保温	m^2/m^2	—	0.142	0.067	
36	外墙装饰及幕墙工程	块料外墙装饰		m^2/m^2	—	—	—	
37		涂料外墙装饰		m^2/m^2	0.796	0.846	0.866	
38		幕墙		m^2/m^2	0.073	0.103	0.080	
39	楼地面装饰工程	地面垫层		m^3/m^2	0.277	0.561	0.081	
40		水泥砂浆（混凝土）楼地面装饰		m^2/m^2	0.046	0.054	0.309	
41		块料楼地面装饰		m^2/m^2	0.742	0.526	0.739	
42		石材楼地面装饰		m^2/m^2	0.056	0.078	0.008	
43		板材楼地面装饰		m^2/m^2	0.049	0.268	0.281	
44		卷材地面		m^2/m^2	0.686	0.119	0.192	
45	内墙及柱面装饰工程	块料内墙柱面装饰		m^2/m^2	—	0.001	—	
46		石材内墙柱面装饰		m^2/m^2	0.612	0.983	1.182	
47		涂料内墙柱面装饰		m^2/m^2	0.178	0.643	0.378	
48		板材内墙柱面装饰		m^2/m^2	0.490	1.066	1.127	

表 4-2-27（续）

序号	造价指标单元		单位	技术指标			备注
				食堂	剧院	师生活动用房	
49	天棚工程	涂料天棚	m^2/m^2	0.857	0.844	0.882	
50		吊顶天棚	m^2/m^2	0.119	0.045	0.240	
51	其他装饰工程	扶手栏杆栏板装饰	m/m^2	0.046	0.032	0.050	
52		隔断及隔墙	m^2/m^2	0.001	0.001	0.001	
二	通用安装工程						
1	电气设备安装工程	配电箱	套 $/m^2$	0.251	0.070	0.206	
2		桥架	m/m^2	1.772	1.293	1.470	
3		配管	m/m^2	0.472	0.373	0.737	
4		电力电缆	m/m^2	0.178	0.468	0.186	
5		控制电缆	m/m^2	5.107	2.975	3.329	
6		铜芯绝缘线	m/m^2	0.152	0.136	0.274	
7		照明灯具	套 $/m^2$	0.055	0.052	0.118	
8	建筑智能化工程	桥架	m/m^2	0.467	0.491	0.859	
9		配管	m/m^2	0.060	0.058	0.165	
10		电力电缆	m/m^2	0.350	0.384	7.530	
11		控制电缆	m/m^2	0.558	0.533	0.714	
12		铜芯绝缘线	m/m^2	0.030	0.129	0.073	
13		点位	个 $/m^2$	0.069	0.077	0.057	
14	消防工程	消防管	m/m^2	0.005	0.004	0.006	
15		消火栓	套 $/m^2$	0.372	0.103	0.259	
16		喷淋管	m/m^2	0.105	0.029	0.015	
17		喷头	个 $/m^2$	0.034	0.016	0.035	
18		模块	个 $/m^2$	0.044	0.012	0.037	
19		探测器点位	个 $/m^2$	0.046	0.087	0.084	
20		桥架	m/m^2	0.670	0.303	1.366	
21		配管	m/m^2	0.192	0.028	0.128	
22		电力电缆	m/m^2	0.182	0.064	1.497	
23		控制电缆	m/m^2	0.866	0.463	1.200	
24		铜芯绝缘线	m/m^2	0.050	0.021	0.033	
25		消防灯具	套 $/m^2$	0.034	0.012	0.027	

表 4–2–27（续）

序号	造价指标单元		单位	技术指标			备注
				食堂	剧院	师生活动用房	
26	通风空调工程	风机	台 /m^2	0.468	0.491	0.495	
27		风管	m^2/m^2	0.003	0.046	0.032	
28		阀门	个 /m^2	0.003	0.003	0.094	
29		风口	个 /m^2	0.399	0.095	0.140	
30	给排水工程	给水管	m/m^2	0.239	0.164	0.262	
31		排水管	m/m^2	0.021	0.024	0.018	
32		阀门	个 /m^2	0.001	0.001	0.001	

表 4–2–28 造价指标单元技术指标分析表（五）

序号	造价指标单元		单位	技术指标		备注
				配电房	门卫室	
一	建筑与装饰工程					
1	土石方工程	土方	m^3/m^2	1.875	1.513	
2		石方	m^3/m^2	—	—	
3	基坑围护工程	水泥土连续墙	m^3/m^2	—	—	
4		支护桩	m^3/m^2	—	—	
5		喷射混凝土及锚杆（索）	m^2/m^2	—	—	
6		支撑	m^3/m^2	—	—	
7	桩基工程	预制桩	m/m^2	1.762	1.961	
8		灌注桩	m^3/m^2	—	—	
9	砌筑工程	基础	m^3/m^2	0.069	0.055	
10		砌体	m^3/m^2	0.147	0.488	
11		隔墙	m^3/m^2	—	—	
12		烟道、烟帽	m/m^2	—	—	
13	混凝土结构工程	现浇混凝土基础	m^3/m^2	0.274	0.427	
14		现浇混凝土构件	m^3/m^2	0.334	0.688	
15		现浇混凝土结构钢筋	kg/m^2	71.150	134.761	
16		装配式钢筋混凝土构件	m^3/m^2	—	—	
17	金属结构工程	金属结构构件	kg/m^2	—	—	
18		屋面板、墙面板	m^2/m^2	—	—	
19		钢板楼板	m^2/m^2	—	—	

表 4-2-28（续）

序号	造价指标单元			单位	技术指标		备注
					配电房	门卫室	
20	门窗工程	普通门		m^2/m^2	0.135	0.020	
21		普通窗		m^2/m^2	0.084	0.030	
22		特种门窗		m^2/m^2	—	—	
23	屋面工程	刚性屋面		m^2/m^2	0.351	0.148	
24		瓦屋面		m^2/m^2	—	—	
25		其他屋面		m^2/m^2	—	—	
26	防水工程	地下防水	底板防护	m^2/m^2	—	—	
27			外墙防护	m^2/m^2	—	—	
28			顶板防护	m^2/m^2	—	—	
29			室内防水	m^2/m^2	—	—	
30		地上防水	外墙防水	m^2/m^2	—	—	
31			室内防水	m^2/m^2	—	0.155	
32	防腐隔热保温工程	隔热保温	外墙外保温	m^2/m^2	—	1.815	
33			外墙内保温	m^2/m^2	—	—	
34			楼地面保温	m^2/m^2	—	—	
35			天棚保温	m^2/m^2	—	—	
36	外墙装饰及幕墙工程	块料外墙装饰		m^2/m^2	—	—	
37		涂料外墙装饰		m^2/m^2	1.972	0.978	
38		幕墙		m^2/m^2	—	4.135	
39	楼地面装饰工程	地面垫层		m^3/m^2	0.167	0.513	
40		水泥砂浆（混凝土）楼地面装饰		m^2/m^2	0.751	—	
41		块料楼地面装饰		m^2/m^2	—	0.910	
42		石材楼地面装饰		m^2/m^2	—	—	
43		板材楼地面装饰		m^2/m^2	—	—	
44		卷材地面		m^2/m^2	1.218	—	
45	内墙及柱面装饰工程	块料内墙柱面装饰		m^2/m^2	—	—	
46		石材内墙柱面装饰		m^2/m^2	0.735	0.158	
47		涂料内墙柱面装饰		m^2/m^2	—	0.162	
48		板材内墙柱面装饰		m^2/m^2	0.444	0.043	

表 4-2-28（续）

序号	造价指标单元		单位	技术指标		备注
				配电房	门卫室	
49	天棚工程	涂料天棚	m^2/m^2	—	0.901	
50		吊顶天棚	m^2/m^2	—	—	
51	其他装饰工程	扶手栏杆栏板装饰	m/m^2	—	—	
52		隔断及隔墙	m^2/m^2	0.001	0.001	
二	通用安装工程					
1	电气设备安装工程	配电箱	套 $/m^2$	—	—	
2		桥架	m/m^2	2.318	0.469	
3		配管	m/m^2	1.159	0.266	
4		电力电缆	m/m^2	—	1.660	
5		控制电缆	m/m^2	6.953	0.851	
6		铜芯绝缘线	m/m^2	0.039	0.021	
7		照明灯具	套 $/m^2$	—	—	
8	建筑智能化工程	桥架	m/m^2	—	0.538	
9		配管	m/m^2	—	0.784	
10		电力电缆	m/m^2	—	5.528	
11		控制电缆	m/m^2	—	10.825	
12		铜芯绝缘线	m/m^2	—	—	
13		点位	个 $/m^2$	—	0.162	
14	消防工程	消防管	m/m^2	0.001	0.008	
15		消火栓	套 $/m^2$	0.003	—	
16		喷淋管	m/m^2	—	—	
17		喷头	个 $/m^2$	—	0.033	
18		模块	个 $/m^2$	—	0.025	
19		探测器点位	个 $/m^2$	0.033	—	
20		桥架	m/m^2	—	0.291	
21		配管	m/m^2	0.018	0.042	
22		电力电缆	m/m^2	—	0.249	
23		控制电缆	m/m^2	—	0.415	
24		铜芯绝缘线	m/m^2	0.045	0.017	
25		消防灯具	套 $/m^2$	0.020	0.001	

表 4-2-28(续)

序号	造价指标单元		单位	技术指标		备注
				配电房	门卫室	
26	通风空调工程	风机	台 /m²	—	—	
27		风管	m²/m²	—	—	
28		阀门	个 /m²	—	—	
29		风口	个 /m²	—	0.050	
30	给排水工程	给水管	m/m²	0.232	0.684	
31		排水管	m/m²	—	0.017	
32		阀门	个 /m²	0.001	0.001	

第三节　普通高校项目造价指标分析示例(三)

一、工程概况信息

房屋建筑工程项目概况信息见表 4-3-1。

表 4-3-1　房屋建筑工程项目概况信息

项目名称	某普通高校项目(三)			
建设地点	某市某区	质量要求		合格
资金来源	国有资金投资	发承包模式		施工总承包
项目性质	新建	绿色建筑等级		二星级
用地面积 /m²	744 150.57	建筑占地面积 /m²		74 968.14
建筑面积 /m²	423 075.00	其中	地上建筑面积 /m²	377 800.00
			地下建筑面积 /m²	45 275.00
抗震设防烈度	6	功能规模		生源 15 000 人
用电容量 /(kV·A)	29 900	计价方式		国标清单计价
造价类别	招标控制价	计价依据		浙江省 2018 版计价依据
编制基期	2024 年 7 月	工程造价 / 万元		227 725.176 2
造价指标 /(元 /m²)	5 382.62			
其他说明	1. 配备 18 台自升式塔式起重机; 2. 按全装修考虑; 3. 不含变配电系统; 4. 办公用房设置信息网络机房,西大门和南大门设置消控中心			

相关工程概况信息见表 4–3–2~ 表 4–3–29。

表 4–3–2　地下建筑工程概况信息（$1^{\#}$ 地下室）

综合概况信息	工程名称	某普通高校项目（三） $1^{\#}$ 地下室				
	采集类别编码	FJ020101	地下层数	1	建筑面积 /m^2	17 000.00
	抗震设防类别	乙类	人防等级	核 5 常 5	人防面积 /m^2	12 224.65
	结构类型	框架结构	桩基类型	灌注桩	基坑围护形式	土钉墙
	建筑功能	地下车库	防火分区数量 / 个	6	机动车位数量 / 辆	389
	抗震等级	地下室框架四级，主楼范围内框架三级				
	其他特征	—				
一	建筑与装饰工程概况信息					
1	土石方工程	土石方类别：三类土； 开挖深度：7.0m 以内； 外运距离：15.0km 以内； 渣土消纳处置方式：陆运				
2	基坑围护工程	基坑围护长度：647.67m（按地下室外墙结构长度计算）； 围护类型：100.0mm 厚 C20 混凝土（内配 ϕ 6@200 双向钢筋网片）喷锚护坡				
3	桩基工程	ϕ 600mm 泥浆护壁转盘式成孔灌注桩（平均桩长 42.5m） 外运距离：15.0km 以内； 渣土消纳处置方式：陆运				
4	砌筑工程	MU15 混凝土多孔砖（240mm × 115mm × 90mm）				
5	混凝土结构工程	基础类型：筏板基础； 结构形式：现浇钢筋混凝土结构； 模板及支撑架：复合模板、盘扣式钢管支撑架				
6	门窗工程	特种门窗：钢质防火门、人防门、双轨双帘无机特级防火卷帘（耐火极限 3h）				
7	屋面工程	—				
8	防水工程	底板：1.2mm 厚非沥青基高分子自粘胶膜防水卷材； 侧墙：1.0mm 厚水泥基渗透结晶型防水涂料、2.0mm 厚聚氨酯防水涂料、30.0mm 厚挤塑聚苯板； 顶板：70.0mm 厚 C20 细石混凝土（内配 ϕ 6@200 单层双向钢筋网片）、无纺布、4.0mm 厚 SBS 改性沥青耐根穿刺防水卷材、2.0mm 厚非固化橡胶沥青防水涂料； 水泵房：2.0mm 厚聚合物水泥防水涂料； 消防水池：1.5mm 厚聚合物水泥基复合防水涂料				
9	外墙装饰及幕墙工程	—				
10	楼地面装饰工程	机动车库：1.2mm 厚环氧树脂自流平地坪漆，18.0mm 厚水泥自流平砂浆，磨机打磨，30.0mm 厚 1 : 3 水泥砂浆找平，随捣随抹； 楼梯间：600mm × 600mm 地砖； 机动车坡道：混凝土密封固化剂，20.0mm 厚耐磨混凝土面层，随捣随抹，130.0mm 厚 C20 细石混凝土找平层，内配 ϕ 6@200 单层双向钢筋； 水泵房：300mm × 300mm 防滑地砖				

续 4-3-2(续)

11	内墙及柱面装饰工程	汽车库:防霉腻子、防霉涂料; 自行车库:防霉腻子、防霉涂料; 楼梯间:防霉腻子、防霉涂料; 水泵房:防霉腻子、防霉涂料
12	天棚工程	汽车库:防霉腻子、防霉涂料; 自行车库:防霉腻子、防霉涂料; 楼梯间:防霉腻子、防霉涂料; 水泵房:T 型轻钢龙骨、14.0mm 厚 600mm × 600mm 矿棉板、防霉涂料
13	其他装饰工程	楼梯栏杆:不锈钢扶手型钢栏杆(H=1 100mm)
14	附属工程	排水沟:380.0mm 宽复合树脂格栅盖板; 集水井:50.0mm 厚球墨铸铁盖板
15	其他特征	大型机械:转盘式成孔桩机 8 台、履带式挖掘机 9 台; 施工降排水:湿土排水
二	通用安装工程概况信息	
1	电气设备安装工程	动力系统:配电柜、配电箱、接线箱、焊接钢管、套接紧定式镀锌钢导管、热浸镀锌喷塑(防火塑粉)槽式电缆桥架、电缆 BBTRZ、电缆 WDZC-YJY-0.6/1kV; 照明系统:配电箱、套接紧定式镀锌钢导管、感应延时吸顶灯、双管荧光灯、单管荧光灯、单管防爆荧光灯、开关、插座、热浸镀锌槽式电缆桥架、电线 WDZC-BYJ; 防雷接地系统:引下线、接地跨接、接地母线
2	建筑智能化工程	信息网络系统:AP 无线外网点、单模光纤、交换机、配线架; 综合布线系统:信息插座、单模光纤、配线架; 安全防范系统 - 视频安防监控系统:网络枪机摄像机、网络半球摄像机、监控机柜、电线 RVV、六类非屏蔽双绞线; 建筑设备监控系统:控制器、网络扩展模块、控制器机箱、液位开关、室内一氧化碳浓度传感器; 公共广播系统:功率放大器、前置放大器、壁挂喇叭、电线 ZCN-RVSP; 安全防范系统 - 视频安防监控系统:彩色红外枪式网络摄像机、电线 ZA-RVV; 智能照明系统:焊接钢管、智能照明控制器、智能控制开关; 综合管路系统:热浸镀锌槽式电缆桥架、焊接钢管、套接紧定式镀锌钢导管
3	消防工程	水灭火系统 - 自动喷水灭火系统:热浸镀锌钢管、湿式报警阀组、水流指示器、喷头; 水灭火系统 - 消火栓系统:消火栓箱、热浸镀锌钢管; 火灾自动报警系统:消火栓启泵按钮、感烟探测器、套接紧定式镀锌钢导管、电线 WDZAN-BYJR; 电气火灾监控系统:剩余电流监控模块、套接紧定式镀锌钢导管、电线 WDZN-RYJSP;

续 4-3-2（续）

3	消防工程	消防电源监控系统：消防电源监控区域分机、消防电源监控模块 、套接紧定式镀锌钢导管、电线 WDZN-RYS； 应急照明及疏散指示系统：应急照明电源配电箱、应急吸顶灯、疏散标志灯、安全出口标志灯、焊接钢管、电线 WDZBN-RYJS
4	通风空调工程	通风系统：风机、镀锌薄钢板风管； 防排烟系统：风机、镀锌薄钢板风管； 人防通风系统：风机、镀锌薄钢板风管
5	给排水工程	给水系统：衬塑钢管、无规共聚聚丙烯管（PP-R 管）； 压力排水系统：热镀锌钢管、潜污泵、阀门、压力表
6	其他特征	抗震支架； 充电桩：快充 4 台，慢充 60 台

表 4-3-3 地下建筑工程概况信息（2# 地下室）

综合概况信息	工程名称	某普通高校项目（三） 2# 地下室				
	采集类别编码	FJ020101	地下层数	1	建筑面积 /m²	7 500
	抗震设防类别	乙类	人防等级	核 5 常 5	人防面积 /m²	6 814.64
	结构类型	框架结构	桩基类型	灌注桩	基坑围护形式	土钉墙
	建筑功能	地下车库	防火分区数量 / 个	4	机动车位数量 / 辆	190
	抗震等级	框架四级				
	其他特征	—				
一	建筑与装饰工程概况信息					
1	土石方工程	土石方类别：二类土； 开挖深度：6.0m 以内； 外运距离：15.0km 以内； 渣土消纳处置方式：陆运				
2	基坑围护工程	基坑围护长度：346.55m（按地下室外墙结构长度计算）； 围护类型：100.0mm 厚 C20 混凝土（内配 ϕ6@200 双向钢筋网片）喷锚护坡				
3	桩基工程	ϕ600mm 泥浆护壁转盘式成孔灌注桩（平均桩长 42.5m）； 外运距离：15.0km 以内； 渣土消纳处置方式：陆运				
4	砌筑工程	MU15 混凝土多孔砖（240mm × 115mm × 90mm）				
5	混凝土结构工程	基础类型：筏板基础； 结构形式：现浇钢筋混凝土结构； 模板及支撑架：复合模板、盘扣式钢管支撑架				
6	门窗工程	特种门窗：钢质防火门、人防门、双轨双帘无机特级防火卷帘（耐火极限 3h）				
7	屋面工程	—				

续 4-3-3(续)

8	防水工程	底板:1.2mm 厚非沥青基高分子自粘胶膜防水卷材; 侧墙:1.0mm 厚水泥基渗透结晶型防水涂料、2.0mm 厚聚氨酯防水涂料、30.0mm 厚挤塑聚苯板; 顶板:70.0mm 厚 C20 细石混凝土(内配 ϕ6@200 单层双向钢筋网片)、无纺布、4.0mm 厚 SBS 改性沥青耐根穿刺防水卷材、2.0mm 厚非固化橡胶沥青防水涂料; 水泵房:2.0mm 厚聚合物水泥防水涂料; 消防水池:1.5mm 厚聚合物水泥基复合防水涂料
9	外墙装饰及幕墙工程	—
10	楼地面装饰工程	机动车库:1.2mm 厚环氧树脂自流平地坪漆,18.0mm 厚水泥自流平砂浆,磨机打磨,30.0mm 厚 1∶3 水泥砂浆找平,随捣随抹; 楼梯间:600mm × 600mm 地砖; 机动车坡道:混凝土密封固化剂,20.0mm 厚耐磨混凝土面层,随捣随抹,130.0mm 厚 C20 细石混凝土找平层,内配 ϕ6@200 单层双向钢筋; 水泵房:300mm × 300mm 防滑地砖
11	内墙及柱面装饰工程	汽车库:防霉腻子、防霉涂料; 自行车库:防霉腻子、防霉涂料; 楼梯间:防霉腻子、防霉涂料; 水泵房:防霉腻子、防霉涂料
12	天棚工程	汽车库:防霉腻子、防霉涂料; 自行车库:防霉腻子、防霉涂料; 楼梯间:防霉腻子、防霉涂料; 水泵房:T 型轻钢龙骨、14.0mm 厚 600mm × 600mm 矿棉板、防霉涂料
13	其他装饰工程	楼梯栏杆:不锈钢扶手型钢栏杆(H=1 100mm)
14	附属工程	排水沟:380.0mm 宽复合树脂格栅盖板; 集水井:50.0mm 厚球墨铸铁盖板
15	其他特征	大型机械:转盘式成孔桩机 2 台、履带式挖掘机 3 台; 施工降排水:湿土排水
二	通用安装工程概况信息	
1	电气设备安装工程	动力系统:配电柜、配电箱、接线箱、焊接钢管、套接紧定式镀锌钢导管、热浸镀锌喷塑(防火塑粉)槽式电缆桥架、电缆 BBTRZ、电缆 WDZC-YJY-0.6/1kV; 照明系统:配电箱、套接紧定式镀锌钢导管、感应延时吸顶灯、双管荧光灯、单管荧光灯、单管防爆荧光灯、开关、插座、热浸镀锌槽式电缆桥架、电线 WDZC-BYJ; 防雷接地系统:引下线、接地跨接、接地母线
2	建筑智能化工程	信息网络系统:AP 无线外网点、单模光纤、交换机、配线架; 综合布线系统:信息插座、单模光纤、配线架;

续 4-3-3（续）

2	建筑智能化工程	安全防范系统－视频安防监控系统：网络枪机摄像机、网络半球摄像机、监控机柜、电线RVV、六类非屏蔽双绞线； 建筑设备监控系统：控制器、网络扩展模块、控制器机箱、液位开关、室内一氧化碳浓度传感器； 公共广播系统：功率放大器、前置放大器、壁挂喇叭、电线 ZCN-RVSP； 安全防范系统－视频安防监控系统：彩色红外枪式网络摄像机、电线 ZA-RVV； 智能照明系统：焊接钢管、智能照明控制器、智能控制开关； 综合管路系统：热浸镀锌槽式电缆桥架、焊接钢管、套接紧定式镀锌钢导管
3	消防工程	水灭火系统－自动喷水灭火系统：热浸镀锌钢管、湿式报警阀组、水流指示器、喷头、喷淋泵、稳压装置； 水灭火系统－消火栓系统：消火栓箱、热浸镀锌钢管、消火栓泵、稳压装置； 火灾自动报警系统：消火栓启泵按钮、感烟探测器、套接紧定式镀锌钢导管、电线WDZAN-BYJR； 电气火灾监控系统：剩余电流监控模块、套接紧定式镀锌钢导管、电线 WDZN-RYJSP、电气火灾探测器； 消防电源监控系统：消防电源监控区域分机、消防电源监控模块 、套接紧定式镀锌钢导管、电线 WDZN-RYS； 应急照明及疏散指示系统：应急照明电源配电箱、应急吸顶灯、疏散标志灯、安全出口标志灯、焊接钢管、电线 WDZBN-RYJS
4	通风空调工程	通风系统：风机、镀锌薄钢板风管； 防排烟系统：风机、镀锌薄钢板风管； 人防通风系统：风机、镀锌薄钢板风管
5	给排水工程	给水系统：衬塑钢管、无规共聚聚丙烯管（PP-R 管）； 压力排水系统：热镀锌钢管、潜污泵、阀门、压力表
6	其他特征	抗震支架； 充电桩：快充 3 台，慢充 30 台

表 4-3-4　地下建筑工程概况信息（3# 地下室）

综合概况信息	工程名称	某普通高校项目（三） 3# 地下室				
	采集类别编码	FJ020101	地下层数	1	建筑面积 /m^2	20 775.00
	抗震设防类别	乙类	人防等级	核 5 常 5	人防面积 /m^2	19 301.21
	结构类型	框架结构	桩基类型	灌注桩	基坑围护形式	土钉墙
	建筑功能	地下车库	防火分区数量 / 个	10	机动车位数量 / 辆	561
	抗震等级	地下室框架四级，主楼范围内框架三级				
	其他特征	—				

续 4-3-4（续）

一	建筑与装饰工程概况信息	
1	土石方工程	土石方类别：二类土； 开挖深度：6.0m 以内； 外运距离：15.0km 以内； 渣土消纳处置方式：陆运
2	基坑围护工程	基坑围护长度：1 013.8m（按地下室外墙结构长度计算）； 围护类型：100.0mm 厚 C20 混凝土（内配 ϕ6@200 双向钢筋网片）喷锚护坡
3	桩基工程	ϕ600mm 泥浆护壁转盘式成孔灌注桩（平均桩长 42.5m）； 外运距离：15.0km 以内； 渣土消纳处置方式：陆运
4	砌筑工程	MU15 混凝土多孔砖（240mm × 115mm × 90mm）
5	混凝土结构工程	基础类型：筏板基础； 结构形式：现浇钢筋混凝土结构； 模板及支撑架：复合模板、盘扣式钢管支撑架
6	门窗工程	特种门窗：钢质防火门、人防门、双轨双帘无机特级防火卷帘（耐火极限 3h）
7	屋面工程	—
8	防水工程	底板：1.2mm 厚非沥青基高分子自粘胶膜防水卷材； 侧墙：1.0mm 厚水泥基渗透结晶型防水涂料、2.0mm 厚聚氨酯防水涂料、30.0mm 厚挤塑聚苯板； 顶板：70.0mm 厚 C20 细石混凝土（内配 ϕ6@200 单层双向钢筋网片）、无纺布、4.0mm 厚 SBS 改性沥青耐根穿刺防水卷材、2.0mm 厚非固化橡胶沥青防水涂料； 水泵房：2.0mm 厚聚合物水泥防水涂料； 消防水池：1.5mm 厚聚合物水泥基复合防水涂料
9	外墙装饰及幕墙工程	—
10	楼地面装饰工程	机动车库：1.2mm 厚环氧树脂自流平地坪漆，18.0mm 厚水泥自流平砂浆，磨机打磨，30.0mm 厚 1∶3 水泥砂浆找平，随捣随抹； 楼梯间：600mm × 600mm 地砖； 机动车坡道：混凝土密封固化剂，20.0mm 厚耐磨混凝土面层，随捣随抹，130.0mm 厚 C20 细石混凝土找平层，内配 ϕ6@200 单层双向钢筋； 水泵房：300mm × 300mm 防滑地砖
11	内墙及柱面装饰工程	汽车库：防霉腻子、防霉涂料； 自行车库：防霉腻子、防霉涂料； 楼梯间：防霉腻子、防霉涂料； 水泵房：防霉腻子、防霉涂料
12	天棚工程	汽车库：防霉腻子、防霉涂料； 自行车库：防霉腻子、防霉涂料； 楼梯间：防霉腻子、防霉涂料； 水泵房：T 型轻钢龙骨、14.0mm 厚 600mm × 600mm 矿棉板、防霉涂料

续 4-3-4（续）

13	其他装饰工程	楼梯栏杆：不锈钢扶手型钢栏杆（H=1 100mm）
14	附属工程	排水沟：380.0mm 宽复合树脂格栅盖板； 集水井：50.0mm 厚球墨铸铁盖板
15	其他特征	大型机械：转盘式成孔桩机 12 台、履带式挖掘机 12 台； 施工降排水：湿土排水
二	通用安装工程概况信息	
1	电气设备安装工程	动力系统：配电柜、配电箱、控制箱、焊接钢管、套接紧定式镀锌钢导管、热浸镀锌喷塑（防火塑粉）槽式电缆桥架、电缆 BBTRZ、电缆 WDZC-YJY-0.6/1kV； 照明系统：配电箱、套接紧定式镀锌钢导管、感应延时吸顶灯、双管荧光灯、单管荧光灯、单管防爆荧光灯、开关、插座、热浸镀锌槽式电缆桥架、电线 WDZC-BYJ； 防雷接地系统：均压环、引下线、接地跨接、接地母线、桩承台接地
2	建筑智能化工程	信息网络系统：AP 无线外网点、单模光纤、交换机、配线架； 综合布线系统：信息插座、单模光纤、配线架； 安全防范系统 - 视频安防监控系统：网络枪机摄像机、网络半球摄像机、监控机柜、电线 RVV、六类非屏蔽双绞线； 建筑设备监控系统：控制器、网络扩展模块、控制器机箱、液位开关、室内一氧化碳浓度传感器； 公共广播系统：功率放大器、前置放大器、壁挂喇叭、电线 ZCN-RVSP； 安全防范系统 - 视频安防监控系统：彩色红外枪式网络摄像机、电线 ZA-RVV； 智能照明系统：焊接钢管、智能照明控制器、智能控制开关； 综合管路系统：热浸镀锌槽式电缆桥架、焊接钢管、套接紧定式镀锌钢导管
3	消防工程	水灭火系统 - 自动喷水灭火系统：热浸镀锌钢管、湿式报警阀组、水流指示器、喷头； 水灭火系统 - 消火栓系统：消火栓箱、热浸镀锌钢管； 火灾自动报警系统：消火栓启泵按钮、感烟探测器、套接紧定式镀锌钢导管、电线 WDZAN-BYJR； 电气火灾监控系统：剩余电流监控模块、套接紧定式镀锌钢导管、电线 WDZN-RYJSP、电气火灾探测器； 消防电源监控系统：消防电源监控区域分机、消防电源监控模块、套接紧定式镀锌钢导管、电线 WDZN-RYS； 应急照明及疏散指示系统：应急照明电源配电箱、应急吸顶灯、疏散标志灯、安全出口标志灯、焊接钢管、电线 WDZBN-RYJS
4	通风空调工程	通风系统：风机、镀锌薄钢板风管； 防排烟系统：风机、镀锌薄钢板风管； 人防通风系统：风机、镀锌薄钢板风管
5	给排水工程	给水系统：衬塑钢管、无规共聚聚丙烯管（PP-R 管）； 压力排水系统：热镀锌钢管、潜污泵、阀门、压力表
6	其他特征	抗震支架； 充电桩：快充 9 台，慢充 90 台

表 4-3-5 地上建筑工程概况信息

<table>
<tr><td rowspan="6">综合概况信息</td><td>工程名称</td><td colspan="5">某普通高校项目(三) 图书馆</td></tr>
<tr><td>采集类别编码</td><td>FJ020501</td><td>建筑物层数</td><td>7</td><td>建筑面积 /m²</td><td>22 300.00</td></tr>
<tr><td>抗震设防类别</td><td>乙类</td><td>结构类型</td><td>钢 - 混凝土组合结构</td><td>装配率</td><td>—</td></tr>
<tr><td>建筑高度 /m</td><td>41.85</td><td>标准层层高 /m</td><td>5.4</td><td>基本风压 /(kN/m²)</td><td>0.45</td></tr>
<tr><td>抗震等级</td><td colspan="5">核心筒框架一级、其余框架二级</td></tr>
<tr><td>其他特征</td><td colspan="5">首层层高 8.05m,屋顶为钢网架结构</td></tr>
<tr><td>一</td><td colspan="6">建筑与装饰工程概况信息</td></tr>
<tr><td>1</td><td>砌筑工程</td><td colspan="5">外墙:B07A5.0 陶粒增强加气砌块;
内墙:B06A5.0 蒸压砂加气混凝土砌块、MU20.0 烧结页岩多孔砖(240mm × 115mm × 90mm)</td></tr>
<tr><td>2</td><td>混凝土结构工程</td><td colspan="5">结构形式:现浇钢筋混凝土结构;
模板及支撑架:复合模板、盘扣式钢管支撑架</td></tr>
<tr><td>3</td><td>金属结构工程</td><td colspan="5">钢柱:H 型钢柱 Q345B,除锈等级为 Sa2.5 级,环氧富锌底漆 50μm,环氧云铁中间漆 70μm,耐火极限 2.5h(薄型防火涂料),氟碳面漆;
钢梁:H 型钢梁 355B,除锈等级为 Sa2.5 级,环氧富锌底漆 50μm,环氧云铁中间漆 70μm,防火极限≥ 2.0h(薄型防火涂料),氟碳面漆;
钢网架:Q235B/Q345B,底层:环氧富锌底漆涂料,干膜厚度 65μm;中间层:环氧云铁中间漆,干膜厚度 100μm;面层:氟碳面漆,干膜厚度 70μm,防火极限≥ 1.5h(薄型防火涂料)</td></tr>
<tr><td>4</td><td>门窗工程</td><td colspan="5">普通门:橡木板装饰木门、钢质门(5.0mm 厚钢化玻璃观察窗)、断桥隔热铝合金门[(6Low-E+12A+6)mm 中空钢化玻璃];
普通窗:断桥隔热铝合金窗[(6Low-E+12A+6)mm 中空钢化玻璃]、铝合金百叶窗;
特种门窗:钢质防火门、双轨双帘无机特级防火卷帘(耐火极限 3h)</td></tr>
<tr><td>5</td><td>屋面工程</td><td colspan="5">刚性屋面:50.0mm 厚 C20 细石混凝土(内配 φ6@200 双向钢筋)、丙纶编织土工布、90.0mm 厚挤塑聚苯板保温层、3.0mm 厚 SBS 聚酯胎Ⅱ型改性沥青防水卷材、2.0mm 厚非固化橡胶沥青防水涂料、20.0mm 厚水泥砂浆找平层;
其他屋面:[8(钢化 Low-E)+12A+6(半钢化)+1.14PVB+6(半钢化)]mm 中空夹层玻璃</td></tr>
<tr><td>6</td><td>防水工程</td><td colspan="5">楼地面:1.5mm 厚聚氨酯防水涂料、1.0mm 厚水泥渗透结晶型防水涂料;
内墙面:2.0mm 厚聚合物水泥防水涂料;
外墙面:2.0mm 厚聚合物水泥防水涂料</td></tr>
<tr><td>7</td><td>防腐、隔热、保温工程</td><td colspan="5">外墙内保温:25.0mm 厚无机轻集料保温砂浆Ⅰ型、5.0mm 厚抗裂砂浆复合耐碱玻纤网;
天棚保温:C50 轻钢龙骨,30.0mm 厚岩棉板、5.0mm 厚抗裂砂浆复合耐碱玻纤网</td></tr>
<tr><td>8</td><td>外墙装饰及幕墙工程</td><td colspan="5">外墙装饰:抗碱封底漆、外墙腻子、外墙弹性涂料;
幕墙:T5 铝合金龙骨(氟碳喷涂)、铝合金格栅(氟碳喷涂)、[8(超白钢化 Low-E)+12A+8(钢化)]mm 玻璃、3.0mm 厚氟碳喷涂铝板</td></tr>
</table>

续 4-3-5（续）

9	楼地面装饰工程	楼梯间：20.0mm 厚白麻花岗岩； 卫生间：400mm×800mm 防滑地砖； 电梯厅：800mm×800mm 米仿大理石地砖、20.0mm 厚米白色大理石； 入口前厅：20.0mm 厚米色大理石； 休息区、展览区：15.0mm 厚多层实木地板； 一般阅览区：2.0mm 厚木纹色同质透心地胶板； 信息共享空间：600mm×600mm 陶瓷面抗静电地板； 学术报告厅：2.0mm 厚木纹色同质透心地胶板； 办公室、会议室：15.0mm 厚多层实木地板； 自习室：800mm×800mm 环氧磨石地砖； 档案室、密集书库、走廊：800mm×800mm 米色仿大理石地砖
10	内墙及柱面装饰工程	楼梯间：腻子、涂料； 卫生间：400mm×800mm 墙面砖； 电梯厅：C50 轻钢龙骨、4.0mm 厚仿木纹复合铝板； 入口前厅：25.0mm 厚米色大理石干挂； 休息区：型钢龙骨、25.0mm 厚木纹洞石干挂、20.0mm 厚金属铝复合铝板、腻子、涂料； 阅览区：C50 轻钢龙骨、4.0mm 厚仿木纹复合铝板、腻子、涂料； 信息共享空间：C50 轻钢龙骨、4.0mm 厚仿木纹复合铝板、腻子、涂料； 学术报告厅：2.0mm 厚穿孔吸音复合铝板、布艺硬包； 办公室：U50 轻钢龙骨、9.5mm 厚纸面石膏板、腻子、涂料； 自习室：C50 轻钢龙骨、4.0mm 厚仿木纹复合铝板、腻子、涂料； 档案室、密集书库、走廊：C50 轻钢龙骨、4.0mm 厚仿木纹复合铝板、腻子、涂料
11	天棚工程	楼梯间：腻子、涂料； 卫生间：U38 轻钢龙骨、0.8mm 厚 600mm×600mm 铝扣板； 电梯厅：U50 型轻钢龙骨、9.5mm 厚纸面石膏板、腻子、涂料； 入口前厅：U50 型轻钢龙骨、9.5mm 厚纸面石膏板、腻子、涂料； 休息区：U50 型轻钢龙骨、9.5mm 厚纸面石膏板、腻子、涂料、抗指纹不锈钢、1.0mm 厚 40mm×100mm 木纹铝方通格栅间距 150.0mm； 一般阅览区：U50 型轻钢龙骨、9.5mm 厚纸面石膏板、腻子、涂料、1.0mm 厚 40mm×120mm 木纹铝方通格栅间距 120.0mm、14.0mm 厚 600mm×600mm 矿棉板； 信息共享空间：U50 型轻钢龙骨、9.5mm 厚纸面石膏板、1.0mm 厚 40mm×100mm 木纹铝方通格栅间距 150.0mm； 学术报告厅：U50 型轻钢龙骨、12.0mm 厚穿孔石膏板、腻子、涂料； 办公室、会议室：U50 型轻钢龙骨、9.5mm 厚纸面石膏板、腻子、涂料； 自习室：U50 型轻钢龙骨、9.5mm 厚纸面石膏板、穿孔石膏板、腻子、涂料； 档案室、密集书库：U50 型轻钢龙骨、9.5mm 厚纸面石膏板、腻子、涂料； 走廊：U50 型轻钢龙骨、9.5mm 厚纸面石膏板、1.0mm 厚 40mm×100mm 木纹铝方通格栅间距 150.0mm

续 4-3-5(续)

12	其他装饰工程	护窗栏杆:不锈钢栏杆(H=1 100mm); 楼梯栏杆:不锈钢栏杆(H=900mm); 玻璃栏板:(8+1.52PVB+8)mm 超白钢化夹层玻璃(H=1 200mm); 卫生间隔断:成品木纹抗倍特隔断; 其他:成品定制柜
13	附属工程	台阶:30.0mm 厚花岗岩
14	其他特征	湿土排水、施工电梯、超危支撑架、网架安装脚手架、盘扣式钢管外墙脚手架
二	通用安装工程概况信息	
1	电气设备安装工程	动力系统:配电柜、配电箱、控制箱、焊接钢管、套接紧定式镀锌钢导管、热浸镀锌喷塑(防火塑粉)槽式电缆桥架、电缆 BBTRZ、电缆 WDZC-YJY-0.6/1kV; 照明系统:配电箱、套接紧定式镀锌钢导管、大平圆吸顶灯、筒灯、射灯、平板灯、线条灯、双管荧光灯、单管荧光灯、壁灯、灯带、开关、插座、热浸镀锌槽式电缆桥架、电线 WDZB-BYJ; 防雷接地系统:接闪带(避雷网)、引下线、接地跨接、接地母线
2	建筑智能化工程	信息网络系统:AP 无线外网点、单模光纤、交换机、配线架; 综合布线系统:信息插座、42U 机柜、单模光纤、配线架; 安全防范系统 – 入侵报警系统:总线报警主机、总线扩展模块、紧急按钮、警灯警号; 安全防范系统 – 出入口控制系统:出入门按钮、磁力锁、门禁读卡器、无线门锁、门禁控制器、电线 RVV、六类非屏蔽双绞线; 安全防范系统 – 视频安防监控系统:人脸筒型摄像机、网络枪机摄像机、网络半球摄像机、球型网络摄像机、电梯摄像机、监控机柜、电线 RVV、六类非屏蔽双绞线; 建筑能耗监测系统:电表网络采集器、水表网络采集器; 公共广播系统:功率放大器、前置放大器、网络解码器、壁挂喇叭、电线 ZCN-RVSP; 电源与电子设备防雷接地系统:UPS 主机 15kV·A、电池柜、12V100AH 密封式胶体免维护蓄电池、电源三级防雷器; 智能一卡通管理系统:服务器、一卡通管理平台、智能数据采集器、人脸识别终端、读卡器、智能卡、图书借阅终端; 多媒体教学系统:会议一体机、多媒体地插、全彩 LED 显示屏、激光高清投影机、可变扩散线阵列扬声器、功率放大器、返听音箱、数字音频矩阵、24 路调音台、会议话筒、12 路电源时序器、抑制器; 信息引导及发布系统:180 寸全互动信息展示中心系统大屏、多功能图书馆视窗、图书馆预约签到门禁视窗; 综合管路系统:热浸镀锌槽式电缆桥架、焊接钢管、套接紧定式镀锌钢导管

续 4-3-5（续）

3	消防工程	水灭火系统－自动喷水灭火系统：热浸镀锌钢管、湿式报警阀组、水流指示器、喷头； 水灭火系统－消火栓系统：消火栓箱、热浸镀锌钢管； 火灾自动报警系统：消火栓启泵按钮、感烟探测器、套接紧定式镀锌钢导管、电线 WDZAN-BYJR； 电气火灾监控系统：剩余电流监控模块、套接紧定式镀锌钢导管、电线 WDZN-RYJSP、火灾探测器； 消防电源监控系统：消防电源监控区域分机、消防电源监控模块 、套接紧定式镀锌钢导管、电线 WDZN-RYS； 应急照明及疏散指示系统：应急照明电源配电箱、应急吸顶灯、疏散标志灯、安全出口标志灯、焊接钢管、电线 WDZBN-RYJS
4	通风空调工程	空调风系统：全热交换器、VRF 空调室外机、VRF 空调室内机、一拖多风管机、离心玻璃棉保温消声直接成型风管、风冷单螺杆式热泵机组、预制直埋保温管、风机盘管； 空调水系统：螺杆式冷水机组、冷却塔、镀锌钢管； 通风系统：风机、镀锌薄钢板风管； 防排烟系统：风机、镀锌薄钢板风管
5	给排水工程	给水系统：衬塑钢管、无规共聚聚丙烯管（PP-R 管）； 排水系统：球墨铸铁管、硬聚氯乙烯塑料排水管（UPVC 管）、防紫外线硬聚氯乙烯塑料排水管（HDPE 管）； 卫生器具安装：洗脸盆、坐便器、蹲便器、小便器、拖把池
6	其他特征	抗震支架； 电梯：垂直电梯 4 部

表 4-3-6　地上建筑工程概况信息

综合概况信息	工程名称	某普通高校项目（三）　办公用房				
	采集类别编码	FJ020201	建筑物层数	9	建筑面积 /m^2	25 200
	抗震设防类别	乙类	结构类型	框架结构	装配率	—
	建筑高度 /m	42.25	标准层层高 /m	4.5	基本风压 /（kN/m^2）	0.45
	抗震等级	框架三级				
	其他特征	首层层高 4.85m				
一	建筑与装饰工程概况信息					
1	砌筑工程	外墙：B07A5.0 陶粒增强加气砌块； 内墙：B06A5.0 蒸压砂加气混凝土砌块、烧结页岩多孔砖（240mm × 115mm × 90mm）				
2	混凝土结构工程	结构形式：现浇钢筋混凝土结构； 模板及支撑架：复合模板、盘扣式钢管支撑架				

续 4-3-6(续)

3	门窗工程	普通门:橡木板装饰木门、钢质门(5.0mm 厚钢化玻璃观察窗)、断桥隔热铝合金门[(6Low-E+12A+6)mm 中空钢化玻璃]; 普通窗:断桥隔热铝合金窗[(6Low-E+12A+6)mm 中空钢化玻璃]、铝合金百叶窗; 特种门窗:钢质防火门、双轨双帘无机特级防火卷帘(耐火极限 3h)
4	屋面工程	刚性屋面:50.0mm 厚 C20 细石混凝土、丙纶编织土工布、75.0mm 厚挤塑聚苯板保温层、3.0mm 厚 SBS 聚酯胎Ⅱ型改性沥青防水卷材、2.0mm 厚非固化橡胶沥青防水涂料、20.0mm 厚水泥砂浆找平层; 瓦屋面:灰色水泥瓦;挂瓦条 30mm × 30mm,顺水条 30mm × 30mm;50.0mm 厚 C20 细石混凝土、丙纶编织土工布、90.0mm 厚挤塑聚苯板保温层、3.0mm 厚 SBS 聚酯胎Ⅱ型改性沥青防水卷材、2.0mm 厚非固化橡胶沥青防水涂料、20.0mm 厚水泥砂浆找平层
5	防水工程	楼地面:1.5mm 厚聚氨酯防水涂料、1.0mm 厚水泥渗透结晶型防水涂料; 内墙面:2.0mm 厚聚合物水泥防水涂料; 外墙面:2.0mm 厚聚合物水泥防水涂料
6	防腐、隔热、保温工程	外墙内保温:25.0mm 厚无机轻集料保温砂浆Ⅰ型、5.0mm 厚抗裂砂浆复合耐碱玻纤网; 天棚保温:C50 轻钢龙骨,30.0mm 厚岩棉板、5.0mm 厚抗裂砂浆复合耐碱玻纤网
7	外墙装饰及幕墙工程	外墙装饰:抗碱封底漆、外墙腻子、外墙弹性涂料; 幕墙:T5 铝合金龙骨(氟碳喷涂)、铝合金格栅(氟碳喷涂)、3.0mm 厚氟碳喷涂铝板
8	楼地面装饰工程	走廊:800mm × 800mm 浅色玻化砖; 教室:2.0mm 厚木纹色同质透心地胶板、15.0mm 厚实木多层复合地板; 办公室:800mm × 800mm 浅色玻化砖; 卫生间:400mm × 800mm 防滑地砖; 楼梯间:20.0mm 厚芝麻灰花岗岩
9	内墙及柱面装饰工程	走廊、教室:耐水腻子、涂料; 办公室:耐水腻子、涂料; 卫生间:400mm × 800mm 瓷砖; 楼梯间:耐水腻子、涂料; 电梯厅:C50 轻钢龙骨、4.0mm 厚木纹色复合铝板
10	天棚工程	走廊:U50 轻钢龙骨、1.0mm 厚 40mm × 120mm 木纹铝方通格栅间距 120.0mm; 教室:U50 轻钢龙骨、9.5mm 厚纸面石膏板、腻子、涂料; 办公室:U50 轻钢龙骨、9.5mm 厚纸面石膏板、腻子、涂料; 卫生间:U38 轻钢龙骨、0.8mm 厚 600mm × 600mm 铝扣板; 楼梯间:腻子、涂料; 电梯厅:C50 轻钢龙骨、4.0mm 厚木纹色复合铝板
11	其他装饰工程	楼梯栏杆:不锈钢栏杆(H=1 050mm); 护窗栏杆:不锈钢栏杆(H=950mm); 浴厕配件:12.0mm 厚橡木纹抗倍特板隔断、20.0mm 厚灰色大理石洗漱台、无障碍扶手

续 4-3-6（续）

12	附属工程	散水、坡道、混凝土台阶
13	其他特征	施工电梯、盘扣式钢管外墙脚手架
二	通用安装工程概况信息	
1	电气设备安装工程	动力系统：配电柜、配电箱、控制箱、焊接钢管、套接紧定式镀锌钢导管、热浸镀锌喷塑（防火塑粉）槽式电缆桥架、电缆 BBTRZ、电缆 WDZC-YJY-0.6/1kV； 照明系统：配电箱、套接紧定式镀锌钢导管、大平圆吸顶灯、筒灯、射灯、平板灯、双管荧光灯、单管荧光灯、壁灯、灯带、开关、插座、热浸镀锌槽式电缆桥架、电线 WDZB-BYJ； 防雷接地系统：接闪带（避雷网）、引下线、接地跨接、接地母线
2	建筑智能化工程	信息网络系统：AP 无线外网点、单模光纤、交换机、配线架； 综合布线系统：信息插座、42U 机柜、单模光纤、配线架； 安全防范系统 - 入侵报警系统：总线报警主机、总线扩展模块、紧急按钮、警灯警号； 安全防范系统 - 出入口控制系统：出入门按钮、磁力锁、门禁读卡器、无线门锁、门禁控制器、电线 RVV、六类非屏蔽双绞线； 安全防范系统 - 视频安防监控系统：人脸筒型摄像机、网络枪机摄像机、网络半球摄像机、球型网络摄像机、电梯摄像机、监控机柜、电线 RVV、六类非屏蔽双绞线； 建筑能耗监测系统：电表网络采集器、水表网络采集器； 公共广播系统：功率放大器、前置放大器、网络解码器、壁挂喇叭、电线 ZCN-RVSP； 电源与电子设备防雷接地系统：UPS 主机 15kV·A、电池柜、12V100AH 密封式胶体免维护蓄电池、电源三级防雷器； 安全防范系统 - 安全防范综合管理系统：单模光模块、设备网堆叠线缆、交换机、网络入侵防护系统、出口行为管理、互联网出口 WAF、数据中心防火墙、webvpn、反向代理、漏扫设备、终端检测与响应软件、设备网核心； 智能一卡通管理系统：智能数据采集器、人脸识别终端、读卡器、智能卡、考勤设备； 会议系统：会议一体机、多媒体地插、全彩 LED 显示屏、投影机、可变扩散线阵列扬声器、功率放大器、补声音箱、数字音频矩阵、16 路调音台、会议话筒、8 路电源时序器、主席机、代表机； 信息引导及发布系统：多功能校园视窗、数字视窗、165 寸全互动信息展示中心系统大屏； 综合管路系统：热浸镀锌槽式电缆桥架、焊接钢管、套接紧定式镀锌钢导管； 机房工程（信息网络机房）：UPS 主机 200kV·A、电池柜、12V100AH 密封式胶体免维护蓄电池
3	消防工程	水灭火系统 - 自动喷水灭火系统：热浸镀锌钢管、湿式报警阀组、水流指示器、喷头； 水灭火系统 - 消火栓系统：消火栓箱、热浸镀锌钢管； 火灾自动报警系统：消火栓启泵按钮、感烟探测器、套接紧定式镀锌钢导管、电线 WDZAN-BYJR； 电气火灾监控系统：剩余电流监控模块、套接紧定式镀锌钢导管、电线 WDZN-RYJSP、电气火灾探测器；

续 4-3-6(续)

3	消防工程	消防电源监控系统:消防电源监控区域分机、消防电源监控模块、套接紧定式镀锌钢导管、电线 WDZN-RYS; 应急照明及疏散指示系统:应急照明电源配电箱、应急吸顶灯、疏散标志灯、安全出口标志灯、焊接钢管、电线 WDZBN-RYJS
4	通风空调工程	多联机空调系统:全热交换器、VRF 空调室外机、VRF 空调室内机、一拖多风管机、离心玻璃棉保温消声直接成型风管、冷凝管、橡塑保温; 通风系统:风机、镀锌薄钢板风管; 防排烟系统:风机、镀锌薄钢板风管
5	给排水工程	给水系统:衬塑钢管、无规共聚聚丙烯管(PP-R 管); 排水系统:球墨铸铁管、硬聚氯乙烯塑料排水管(UPVC 管)、防紫外线硬聚氯乙烯塑料排水管(HDPE 管); 卫生器具安装:洗脸盆、坐便器、蹲便器、小便器、拖把池
6	其他特征	抗震支架; 电梯:垂直电梯 5 部

表 4-3-7 地上建筑工程概况信息(1# 教学楼)

综合概况信息	工程名称	某普通高校项目(三) 1# 教学楼					
	采集类别编码	FJ020604	建筑物层数	5	建筑面积 /m^2	14 200	
	抗震设防类别	乙类	结构类型	框架结构	装配率	—	
	建筑高度 /m	22.55	标准层层高 /m	4.2	基本风压 /(kN/m^2)	0.45	
	抗震等级	框架三级					
	其他特征	由 21 幢单体组成,首层层高 4.5m					
一	建筑与装饰工程概况信息						
1	砌筑工程	外墙:B07A5.0 陶粒增强加气砌块; 内墙:B06A5.0 蒸压砂加气混凝土砌块、烧结页岩多孔砖(240mm × 115mm × 90mm)					
2	混凝土结构工程	结构形式:现浇钢筋混凝土结构; 模板及支撑架:复合模板、盘扣式钢管支撑架					
3	门窗工程	普通门:橡木板装饰木门、钢质门(5.0mm 厚钢化玻璃观察窗)、断桥隔热铝合金门[(6Low-E+12A+6)mm 中空钢化玻璃]; 普通窗:断桥隔热铝合金窗[(6Low-E+12A+6)mm 中空钢化玻璃]、铝合金百叶窗; 特种门窗:钢质防火门、双轨双帘无机特级防火卷帘(耐火极限 3h)					
4	屋面工程	刚性屋面:50.0mm 厚 C20 细石混凝土、丙纶编织土工布、90.0mm 厚挤塑聚苯板保温层、3.0mm 厚 SBS 聚酯胎Ⅱ型改性沥青防水卷材、2.0mm 厚非固化橡胶沥青防水涂料、20.0mm 厚水泥砂浆找平层; 瓦屋面:灰色水泥瓦;挂瓦条 30mm × 30mm,顺水条 30mm × 30mm;50.0mm 厚 C20 细石混凝土、丙纶编织土工布、90.0mm 厚挤塑聚苯板保温层、3.0mm 厚 SBS 聚酯胎Ⅱ型改性沥青防水卷材、2.0mm 厚非固化橡胶沥青防水涂料、20.0mm 厚水泥砂浆找平层					

续 4–3–7（续）

5	防水工程	楼地面：1.5mm 厚聚氨酯防水涂料、1.0mm 厚水泥渗透结晶型防水涂料； 内墙面：2.0mm 厚聚合物水泥防水涂料； 外墙面：2.0mm 厚聚合物水泥防水涂料
6	防腐、隔热、保温工程	外墙内保温：25.0mm 厚无机轻集料保温砂浆Ⅰ型、5.0mm 厚抗裂砂浆复合耐碱玻纤网； 天棚保温：C50 轻钢龙骨，30.0mm 厚岩棉板、5.0mm 厚抗裂砂浆复合耐碱玻纤网
7	外墙装饰及幕墙工程	外墙装饰：抗碱封底漆、外墙腻子、外墙弹性涂料； 幕墙：T5 铝合金龙骨（氟碳喷涂）、铝合金格栅（氟碳喷涂）、3.0mm 厚氟碳喷涂铝板
8	楼地面装饰工程	走廊：800mm × 800mm 浅色玻化砖； 教室：2.0mm 厚木纹色同质透心地胶板、15.0mm 厚实木多层复合地板； 办公室：800mm × 800mm 浅色玻化砖； 卫生间：400mm × 800mm 防滑地砖； 楼梯间：20.0mm 厚芝麻灰花岗岩
9	内墙及柱面装饰工程	走廊、教室：耐水腻子、涂料； 办公室：耐水腻子、涂料； 卫生间：400mm × 800mm 瓷砖； 楼梯间：耐水腻子、涂料； 电梯厅：C50 轻钢龙骨、4.0mm 厚木纹色复合铝板
10	天棚工程	走廊：U50 轻钢龙骨、1.0mm 厚 40mm × 120mm 木纹铝方通格栅间距 120.0mm； 教室：U50 轻钢龙骨、9.5mm 厚纸面石膏板、腻子、涂料； 办公室：U50 轻钢龙骨、9.5mm 厚纸面石膏板、腻子、涂料； 卫生间：U38 轻钢龙骨、0.8mm 厚 600mm × 600mm 铝扣板； 楼梯间：腻子、涂料； 电梯厅：C50 轻钢龙骨、4.0mm 厚木纹色复合铝板
11	其他装饰工程	楼梯栏杆：不锈钢栏杆（H=1 050mm）； 护窗栏杆：不锈钢栏杆（H=950mm）； 浴厕配件：12.0mm 厚橡木纹抗倍特板隔断、20.0mm 厚灰色大理石洗漱台、无障碍扶手
12	附属工程	散水、坡道、混凝土台阶
13	其他特征	施工电梯、超危支撑架、盘扣式钢管外墙脚手架
二	通用安装工程概况信息	
1	电气设备安装工程	动力系统：配电柜、配电箱、控制箱、焊接钢管、套接紧定式镀锌钢导管、热浸镀锌喷塑（防火塑粉）槽式电缆桥架、电缆 BBTRZ、电缆 WDZC–YJY–0.6/1kV； 照明系统：配电箱、套接紧定式镀锌钢导管、大平圆吸顶灯、筒灯、射灯、平板灯、双管荧光灯、单管荧光灯、壁灯、灯带、开关、插座、热浸镀锌槽式电缆桥架、电线 WDZB–BYJ； 防雷接地系统：接闪带（避雷网）、引下线、接地跨接、接地母线

续 4-3-7(续)

2	建筑智能化工程	信息网络系统:AP 无线外网点、单模光纤、交换机、配线架; 综合布线系统:信息插座、42U 机柜、单模光纤、配线架; 安全防范系统 - 入侵报警系统:总线报警主机、总线扩展模块、紧急按钮、警灯警号; 安全防范系统 - 出入口控制系统:出入门按钮、磁力锁、门禁读卡器、无线门锁、门禁控制器、电线 RVV、六类非屏蔽双绞线; 安全防范系统 - 视频安防监控系统:人脸筒型摄像机、网络枪机摄像机、网络半球摄像机、球型网络摄像机、电梯摄像机、监控机柜、电线 RVV、六类非屏蔽双绞线; 智能一卡通管理系统:智能数据采集器、人脸识别终端、读卡器、智能卡、考勤设备; 建筑能耗监测系统:电表网络采集器、水表网络采集器; 公共广播系统:功率放大器、前置放大器、网络解码器、壁挂喇叭、电线 ZCN-RVSP; 电源与电子设备防雷接地系统:UPS 主机 15kV·A、电池柜、12V100AH 密封式胶体免维护蓄电池、电源三级防雷器; 会议系统:会议一体机、多媒体地插、全彩 LED 显示屏、投影机、可变扩散线阵列扬声器、功率放大器、补声音箱、数字音频矩阵、16 路调音台、会议话筒、8 路电源时序器、主席机、代表机; 信息引导及发布系统:多功能校园视窗、数字视窗、180 寸全互动信息展示中心系统大屏; 综合管路系统:热浸镀锌槽式电缆桥架、焊接钢管、套接紧定式镀锌钢导管
3	消防工程	水灭火系统 - 自动喷水灭火系统:热浸镀锌钢管、湿式报警阀组、水流指示器、喷头; 水灭火系统 - 消火栓系统:消火栓箱、热浸镀锌钢管; 火灾自动报警系统:消火栓启泵按钮、感烟探测器、套接紧定式镀锌钢导管、电线 WDZAN-BYJR; 电气火灾监控系统:剩余电流监控模块、套接紧定式镀锌钢导管、电线 WDZN-RYJSP; 消防电源监控系统:消防电源监控区域分机、消防电源监控模块、套接紧定式镀锌钢导管、电线 WDZN-RYS; 应急照明及疏散指示系统:应急照明电源配电箱、应急吸顶灯、疏散标志灯、安全出口标志灯、焊接钢管、电线 WDZBN-RYJS
4	通风空调工程	多联机空调系统:全热交换器、VRF 空调室外机、VRF 空调室内机、一拖多风管机、离心玻璃棉保温消声直接成型风管、冷凝管、橡塑保温; 通风系统:风机、镀锌薄钢板风管; 防排烟系统:风机、镀锌薄钢板风管

续 4-3-7（续）

5	给排水工程	给水系统：衬塑钢管、无规共聚聚丙烯管（PP-R 管）； 排水系统：球墨铸铁管、硬聚氯乙烯塑料排水管（UPVC 管）、防紫外线硬聚氯乙烯塑料排水管（HDPE 管）； 卫生器具安装：洗脸盆、坐便器、蹲便器、小便器、拖把池
6	其他特征	抗震支架； 电梯：垂直电梯 3 部

表 4-3-8　地上建筑工程概况信息（2# 教学楼）

综合概况信息	工程名称	某普通高校项目（三）　2# 教学楼				
	采集类别编码	FJ020604	建筑物层数	5	建筑面积 /m^2	14 500
	抗震设防类别	乙类	结构类型	框架结构	装配率	—
	建筑高度 /m	22.55	标准层层高 /m	4.2	基本风压 /（kN/m^2）	0.45
	抗震等级	框架三级				
	其他特征	由 2 幢单体组成，首层层高 4.5m				

注：本工程其他概况信息同表 4-3-7 1# 教学楼。

表 4-3-9　地上建筑工程概况信息（3# 教学楼）

综合概况信息	工程名称	某普通高校项目（三）　3# 教学楼				
	采集类别编码	FJ020604	建筑物层数	5	建筑面积 /m^2	14 200
	抗震设防类别	乙类	结构类型	框架结构	装配率	—
	建筑高度 /m	22.55	标准层层高 /m	4.2	基本风压 /（kN/m^2）	0.45
	抗震等级	框架三级				
	其他特征	由 2 幢单体组成，首层层高 4.5m				

注：本工程其他概况信息同表 4-3-7 1# 教学楼。

表 4-3-10　地上建筑工程概况信息（4# 教学楼）

综合概况信息	工程名称	某普通高校项目（三）　4# 教学楼				
	采集类别编码	FJ020604	建筑物层数	5	建筑面积 /m^2	14 350
	抗震设防类别	乙类	结构类型	框架结构	装配率	—
	建筑高度 /m	22.55	标准层层高 /m	4.2	基本风压 /（kN/m^2）	0.45
	抗震等级	框架三级				
	其他特征	由 2 幢单体组成，首层层高 4.5m				

注：本工程其他概况信息同表 4-3-7 1# 教学楼。

表 4–3–11　地上建筑工程概况信息（$5^{\#}$ 教学楼）

综合概况信息	工程名称	某普通高校项目（三）　$5^{\#}$ 教学楼				
	采集类别编码	FJ020604	建筑物层数	5	建筑面积 /m^2	14 200
	抗震设防类别	乙类	结构类型	框架结构	装配率	—
	建筑高度 /m	22.55	标准层层高 /m	4.2	基本风压 /（kN/m^2）	0.45
	抗震等级	框架三级				
	其他特征	由 2 幢单体组成，首层层高 4.5m				

注： 本工程其他概况信息同表 4–3–7 $1^{\#}$ 教学楼。

表 4–3–12　地上建筑工程概况信息（$1^{\#}$ 实训楼）

综合概况信息	工程名称	某普通高校项目（三）　$1^{\#}$ 实训楼				
	采集类别编码	FJ020605	建筑物层数	4	建筑面积 /m^2	25 000
	抗震设防类别	乙类	结构类型	框架结构	装配率	—
	建筑高度 /m	22.75	标准层层高 /m	4.5	基本风压 /（kN/m^2）	0.45
	抗震等级	框架三级				
	其他特征	由 2 幢单体组成，首层层高 6.05m				
一	建筑与装饰工程概况信息					
1	砌筑工程	外墙：B07A5.0 陶粒增强加气砌块； 内墙：B06A5.0 蒸压砂加气混凝土砌块、MU20.0 烧结页岩多孔砖（240mm × 115mm × 90mm）				
2	混凝土结构工程	结构形式：现浇钢筋混凝土结构； 模板及支撑架：复合模板、盘扣式钢管支撑架				
3	门窗工程	普通门：橡木板装饰木门、钢质门（5.0mm 厚钢化玻璃观察窗）、断桥隔热铝合金门［（6Low–E+12A+6）mm 中空钢化玻璃］； 普通窗：断桥隔热铝合金窗［（6Low–E+12A+6）mm 中空钢化玻璃］、铝合金百叶窗； 特种门窗：钢质防火门、双轨双帘无机特级防火卷帘（耐火极限 3h）				
4	屋面工程	刚性屋面：50.0mm 厚 C20 细石混凝土、丙纶编织土工布、75.0mm 厚挤塑聚苯板保温层、3.0mm 厚 SBS 聚酯胎 Ⅱ 型改性沥青防水卷材、2.0mm 厚非固化橡胶沥青防水涂料、20.0mm 厚水泥砂浆找平层； 瓦屋面：灰色水泥瓦；挂瓦条 30mm × 30mm，顺水条 30mm × 30mm；50.0mm 厚 C20 细石混凝土、丙纶编织土工布、90.0mm 厚挤塑聚苯板保温层、3.0mm 厚 SBS 聚酯胎 Ⅱ 型改性沥青防水卷材、2.0mm 厚非固化橡胶沥青防水涂料、20.0mm 厚水泥砂浆找平层				
5	防水工程	楼地面：1.5mm 厚聚氨酯防水涂料、1.0mm 厚水泥渗透结晶型防水涂料； 内墙面：2.0mm 厚聚合物水泥防水涂料； 外墙面：2.0mm 厚聚合物水泥防水涂料				

续 4-3-12（续）

6	防腐、隔热、保温工程	外墙内保温：20.0mm 厚无机轻集料保温砂浆 I 型、5.0mm 厚抗裂砂浆复合耐碱玻纤网
7	外墙装饰及幕墙工程	外墙装饰：抗碱封底漆、外墙腻子、外墙弹性涂料； 幕墙：T5 铝合金龙骨（氟碳喷涂）、铝合金格栅（氟碳喷涂）、3.0mm 厚氟碳喷涂铝板
8	楼地面装饰工程	实训用房：1.2mm 厚环氧树脂自流平地坪漆、15.0mm 厚自流平水泥砂浆、2.0mm 厚地毯纹塑胶地板； 办公室：800mm × 800mm 灰色玻化砖； 多功能教室：2.0mm 厚地毯纹塑胶地板； 卫生间：400mm × 800mm 防滑地砖； 楼梯间：20.0mm 厚芝麻灰花岗岩； 电梯厅：20.0mm 厚芝麻灰花岗岩
9	内墙及柱面装饰工程	实训用房：C50 轻钢龙骨、4.0mm 厚木纹色复合铝板、腻子、涂料； 办公室：腻子、涂料； 多功能教室：C50 轻钢龙骨、4.0mm 厚木纹色复合铝板、腻子、涂料； 卫生间：400mm × 800mm 瓷砖； 楼梯间：腻子、涂料； 电梯厅：C50 轻钢龙骨、4.0mm 厚木纹色复合铝板
10	天棚工程	走廊：U50 轻钢龙骨、1.0mm 厚 40mm × 100mm 木纹铝方通格栅间距 150.0mm； 实训用房：U50 轻钢龙骨、14.0mm 厚 600mm × 600mm 硅酸钙板、涂料； 办公室：U50 轻钢龙骨、14.0mm 厚 600mm × 600mm 硅酸钙板、涂料； 多功能教室：U50 轻钢龙骨、14.0mm 厚 600mm × 600mm 硅酸钙板、涂料； 卫生间：U38 轻钢龙骨、1.0mm 厚 600mm × 600mm 铝扣板； 楼梯间：腻子、涂料； 电梯厅：C50 轻钢龙骨、4.0mm 厚木纹色复合铝板
11	其他装饰工程	楼梯栏杆：不锈钢栏杆（H=1 050mm）； 护窗栏杆：不锈钢栏杆（H=900mm）； 浴厕配件：12.0mm 厚橡木纹抗倍特板隔断、20.0mm 厚大理石洗漱台、无障碍扶手
12	附属工程	散水、坡道、混凝土台阶
13	其他特征	湿土排水、施工电梯、盘扣式钢管外墙脚手架
二	通用安装工程概况信息	
1	电气设备安装工程	动力系统：配电柜、配电箱、控制箱、焊接钢管、套接紧定式镀锌钢导管、热浸镀锌梯式电缆桥架、热浸镀锌喷塑（防火塑粉）槽式电缆桥架、电缆 BTTZ、电缆 WDZC-YJY-0.6/1kV； 照明系统：配电箱、吊扇、套接紧定式镀锌钢导管、筒灯、平板灯、日光灯、工矿灯、开关、插座、热浸镀锌槽式电缆桥架、电线 WDZC-BYJ、电线 BV； 防雷接地系统：接闪带（避雷网）、引下线、均压环、接地母线

续 4-3-12(续)

2	建筑智能化工程	信息网络系统:AP 无线外网点、单模光纤、交换机、配线架; 综合布线系统:信息插座、42U 机柜、单模光纤、配线架; 安全防范系统 - 出入口控制系统:出入门按钮、磁力锁、门禁读卡器、无线门锁、门禁控制器、电线 RVV、六类非屏蔽双绞线; 安全防范系统 - 视频安防监控系统:人脸筒型摄像机、网络枪机摄像机、网络半球摄像机、球型网络摄像机、电梯摄像机、监控机柜、电线 RVV、六类非屏蔽双绞线; 智能一卡通管理系统:智能数据采集器、人脸识别终端、门禁控制器、读卡器、智能卡; 建筑能耗监测系统:电表网络采集器、水表网络采集器; 公共广播系统:功率放大器、前置放大器、网络解码器、壁挂喇叭、电线 ZCN-RVSP; 电源与电子设备防雷接地系统:UPS 主机 10kV·A、电池柜、12V100AH 密封式胶体免维护蓄电池、电源三级防雷器; 会议系统:会议一体机、多媒体地插、单模光模块、交换机、设备网堆叠线缆; 信息引导及发布系统:多功能校园视窗、多功能视窗班牌; 综合管路系统:热浸镀锌槽式电缆桥架、焊接钢管、套接紧定式镀锌钢导管
3	消防工程	水灭火系统 - 自动喷水灭火系统:热浸镀锌钢管、湿式报警阀组、水流指示器、喷头; 水灭火系统 - 消火栓系统:消火栓箱、热浸镀锌钢管; 火灾自动报警系统:消火栓启泵按钮、感烟探测器、套接紧定式镀锌钢导管、电线 WDZAN-BYJR; 应急照明及疏散指示系统:应急照明电源配电箱、应急吸顶灯、疏散标志灯、安全出口标志灯、多信息复合标志灯、楼层指示标志灯、套接紧定式镀锌钢导管、电线 WDZCN-RYJS
4	通风空调工程	空调风系统:全热交换器、VRF 空调室外机、VRF 空调室内机、一拖多风管机、风冷单螺杆式热泵机组、预制直埋保温管、风机盘管; 空调水系统:螺杆式冷水机组、冷却塔、镀锌钢管; 通风系统:风机、镀锌薄钢板风管
5	给排水工程	给水系统:衬塑钢管、无规共聚聚丙烯管(PP-R 管); 排水系统:球墨铸铁管、硬聚氯乙烯塑料排水管(UPVC 管)、防紫外线硬聚氯乙烯塑料排水管(HDPE 管); 卫生器具安装:洗脸盆、坐便器、蹲便器、小便器、拖把池
6	其他特征	抗震支架; 电梯:垂直电梯 5 部

表 4-3-13 地上建筑工程概况信息（2# 实训室）

<table>
<tr><td rowspan="6">综合概况信息</td><td>工程名称</td><td colspan="5">某普通高校项目（三） 2# 实训楼</td></tr>
<tr><td>采集类别编码</td><td>FJ020699</td><td>建筑物层数</td><td>4</td><td>建筑面积 /m²</td><td>24 400</td></tr>
<tr><td>抗震设防类别</td><td>乙类</td><td>结构类型</td><td>框架结构</td><td>装配率</td><td>—</td></tr>
<tr><td>建筑高度 /m</td><td>22.75</td><td>标准层层高 /m</td><td>4.5</td><td>基本风压 /（kN/m²）</td><td>0.45</td></tr>
<tr><td>抗震等级</td><td colspan="5">框架三级</td></tr>
<tr><td>其他特征</td><td colspan="5">由 2 幢单体组成，首层层高 6.05m</td></tr>
</table>

注：本工程其他概况信息同表 4-3-12 1# 实训楼。

表 4-3-14 地上建筑工程概况信息（1# 食堂）

<table>
<tr><td rowspan="6">综合概况信息</td><td>工程名称</td><td colspan="5">某普通高校项目（三） 1# 食堂</td></tr>
<tr><td>采集类别编码</td><td>FJ021401</td><td>建筑物层数</td><td>4</td><td>建筑面积 /m²</td><td>7 400</td></tr>
<tr><td>抗震设防类别</td><td>乙类</td><td>结构类型</td><td>框架结构</td><td>装配率</td><td>—</td></tr>
<tr><td>建筑高度 /m</td><td>23.45</td><td>标准层层高 /m</td><td>5.4</td><td>基本风压 /（kN/m²）</td><td>0.45</td></tr>
<tr><td>抗震等级</td><td colspan="5">框架三级</td></tr>
<tr><td>其他特征</td><td colspan="5">首层层高 5.95m</td></tr>
<tr><td>一</td><td colspan="6">建筑与装饰工程概况信息</td></tr>
<tr><td>1</td><td>土石方工程</td><td colspan="5">土石方类别：三类土；
开挖深度：3.0m 以内；
外运距离：15.0km 以内；
渣土消纳处置方式：陆运</td></tr>
<tr><td>2</td><td>基坑围护工程</td><td colspan="5">围护类型：100.0mm 厚 C20 混凝土（内配 ϕ6@200 双向钢筋网片）喷锚护坡</td></tr>
<tr><td>3</td><td>桩基工程</td><td colspan="5">ϕ800mm 泥浆护壁转盘式成孔灌注桩（平均桩长 26.5m）；
外运距离：15.0km 以内；
渣土消纳处置方式：陆运</td></tr>
<tr><td>4</td><td>砌筑工程</td><td colspan="5">砖基础：MU15.0 混凝土实心砖（240mm × 115mm × 53mm）；
外墙：B07A5.0 陶粒增强加气砌块；
内墙：B06A5.0 蒸压砂加气混凝土砌块、MU20.0 烧结页岩多孔砖（240mm × 115mm × 90mm）</td></tr>
<tr><td>5</td><td>混凝土结构工程</td><td colspan="5">基础类型：桩承台基础；
结构形式：现浇钢筋混凝土结构；
模板及支撑架：复合模板、盘扣式钢管支撑架</td></tr>
<tr><td>6</td><td>门窗工程</td><td colspan="5">普通门：橡木板装饰木门、钢质门（5.0mm 厚钢化玻璃观察窗）、断桥隔热铝合金门[（6Low-E+12A+6）mm 中空钢化玻璃]；
普通窗：断桥隔热铝合金窗[（6Low-E+12A+6）mm 中空钢化玻璃]、铝合金百叶窗；
特种门窗：钢质防火门、双轨双帘无机特级防火卷帘（耐火极限 3h）</td></tr>
</table>

续 4-3-14（续）

7	屋面工程	刚性屋面：50.0mm 厚 C20 细石混凝土、丙纶编织土工布、90.0mm 厚挤塑聚苯板保温层、3.0mm 厚 SBS 聚酯胎Ⅱ型改性沥青防水卷材、2.0mm 厚非固化橡胶沥青防水涂料、20.0mm 厚水泥砂浆找平层； 瓦屋面：灰色水泥瓦；挂瓦条 30mm × 30mm，顺水条 30mm × 30mm；50.0mm 厚 C20 细石混凝土、丙纶编织土工布、75.0mm 厚挤塑聚苯板保温层、3.0mm 厚 SBS 聚酯胎Ⅱ型改性沥青防水卷材、2.0mm 厚非固化橡胶沥青防水涂料、20.0mm 厚水泥砂浆找平层
8	防水工程	楼地面：1.5mm 厚聚氨酯防水涂料、1.0mm 厚水泥渗透结晶型防水涂料； 内墙面：2.0mm 厚聚合物水泥防水涂料； 外墙面：2.0mm 厚聚合物水泥防水涂料
9	防腐、隔热、保温工程	保温隔热墙面（外墙内保温）：5.0mm 厚抗裂砂浆复合耐碱玻纤网、25.0mm 厚无机轻集料保温砂浆Ⅰ型
10	外墙装饰及幕墙工程	外墙装饰：抗碱封底漆、外墙腻子、外墙弹性涂料
11	楼地面装饰工程	地面垫层：500.0mm 厚塘渣、100.0mm 厚碎石垫层； 办公室：15.0mm 厚 920mm × 120mm 实木多层复合地板； 餐厅：800mm × 800mm 浅色防滑地砖、4.0mm 厚超耐磨聚氨酯地坪； 厨房：300mm × 300mm 红缸砖； 卫生间：400mm × 800mm 防滑地砖； 楼梯间：20mm 厚芝麻灰花岗岩； 电梯厅：20mm 厚芝麻灰花岗岩
12	内墙及柱面装饰工程	办公室：腻子、涂料； 餐厅：400mm × 800mm 瓷砖；12.0mm 厚石膏基高性能纤维板、2.0mm 厚白色铝板、韧釉漆、灰色硅藻泥、耐水腻子、涂料； 厨房：300mm × 600mm 瓷砖； 卫生间：400mm × 800mm 瓷砖； 楼梯间：腻子、涂料； 电梯厅：C50 轻钢龙骨、4.0mm 厚木纹色复合铝板
13	天棚工程	办公室：U50 轻钢龙骨、12.0mm 厚纸面石膏板、腻子、涂料； 餐厅：T 型轻钢龙骨、9.0mm 厚 600mm × 600mm 穿孔铝矿棉板、12.0mm 厚石膏基高性能纤维板、防潮腻子、涂料； 厨房：1.0mm 厚 40mm × 100mm 木纹铝方通格栅间距 150.0mm、原顶灰色涂料、U50 轻钢龙骨、1.0mm 厚 600mm × 600mm 白色铝板； 卫生间：U38 轻钢龙骨、0.8mm 厚 300mm × 300mm 铝扣板； 楼梯间：腻子、涂料； 电梯厅：C50 轻钢龙骨、4.0mm 厚木纹色复合铝板
14	其他装饰工程	楼梯栏杆：不锈钢扶手型钢栏杆（H=1 100mm）； 售菜台：900mm × 800mm（L=150.42m）、12.0mm 厚钢化玻璃、10.0mm 厚 600mm × 1 200mm 灰色仿大理石砖、20.0mm 厚人造大理石台面； 浴厕配件：12.0mm 厚橡木纹抗倍特板隔断、20.0mm 厚大理石面洗漱台、无障碍扶手

续 4-3-14（续）

15	附属工程	散水、坡道、砖砌台阶、厨房 400.0mm 宽不锈钢排水沟盖板
16	其他特征	湿土排水、施工电梯、超危支撑架、盘扣式钢管外墙脚手架
二	通用安装工程概况信息	
1	电气设备安装工程	动力系统：配电柜、配电箱、接线箱、焊接钢管、套接紧定式镀锌钢导管、防火模压增强底彩钢电缆桥架、热浸镀锌喷塑（防火塑粉）槽式电缆桥架、电缆 WDZ-YJY-0.6/1kV、电缆 WDZN-YJY-0.6/1kV、电缆 NG-A； 照明系统：配电箱、吊扇、套接紧定式镀锌钢导管、筒灯、平板灯、日光灯、开关、插座、热浸镀锌槽式电缆桥架、电线 WDZ-BYJ； 防雷接地系统：接闪带（避雷网）、引下线、接地跨接、接地母线
2	建筑智能化工程	信息网络系统：AP 无线外网点、交换机、配线架； 综合布线系统：信息插座、机柜、配线架、配线架； 安全防范系统 - 出入口控制系统：无线联网门锁、数据采集终端、门禁控制器； 安全防范系统 - 视频安防监控系统：彩色红外半球网络摄像机、彩色红外枪式网络摄像机、拾音器筒型摄像机、球形一体机、监控机柜、无线网桥； 安全防范系统 - 电子巡查系统：巡更点； 安全防范系统 - 报警系统：双鉴探测器； 安全防范系统 - 周界防范系统：安防箱、围墙声光警戒相机； 智能一卡通管理系统：服务器、一卡通管理平台、智能数据采集器、人脸识别终端、门禁控制器、读卡器、智能卡、消费终端； 建筑设备监控系统：一氧化碳浓度传感器、温湿度传感器、压差开关、水流开关、液位开关、模块； 公共广播系统：广播功放、IP 音频输入模块、前置放大器、音箱、扬声器、数字音频处理器、调音台、时序电源控制器、真分集无线话筒、天线分配器； 电源与电子设备防雷接地系统：UPS 主机 10kV·A、电池柜、12V100AH 密封式胶体免维护蓄电池、电源三级防雷器； 建筑能耗监测系统：远传水表具数据采集器、集中器、转发控制器； 综合管路系统：热浸镀锌槽式电缆桥架、焊接钢管、套接紧定式镀锌钢导管
3	消防工程	水灭火系统 - 消火栓系统：消火栓箱、热浸镀锌钢管、灭火器； 水灭火系统 - 喷淋系统：热浸镀锌钢管、喷头、湿式报警阀组、水流指示器； 火灾自动报警系统：消火栓启泵按钮、感烟探测器、感温探测器、手动报警按钮、声光报警器、电话分机、扬声器、总线隔离器、模块、模块箱、火灾显示器、焊接钢管、电缆 WDZN-KYJY-450/750、电线 WDZAN-BYJ； 电气火灾监控系统：剩余电流监控模块、焊接钢管、电线 WDZN-RYJSP、电气火灾探测器； 消防电源监控系统：消防电源监控模块、焊接钢管、电线 WDZN-RYS、电线 WDZCN-BYJ、区域分机； 应急照明及疏散指示系统：应急照明电源配电箱、应急吸顶灯、疏散标志灯、安全出口标志灯、焊接钢管、电线 WDZN-RYJS

续 4-3-14(续)

4	通风空调工程	多联机空调系统:全热交换器、VRF 空调室外机、VRF 空调室内机、一拖多风管机、复合型风管、橡塑保温、冷凝管; 通风系统:风机、镀锌薄钢板风管; 防排烟系统:镀锌薄钢板风管、消防风机
5	给排水工程	给水系统:薄壁不锈钢管、无规共聚聚丙烯管(PP-R 管)、阀门、支吊架、除锈刷漆、套管、橡塑保温、保护层、变频供水设备、微电解水箱水处理机、不锈钢生活水箱; 热水系统:太阳能热水器、保温循环泵、压力表、304 不锈钢管、远传水表、卧式承压贮水罐、橡塑保温、铝合金薄板保护层; 排水系统:硬聚氯乙烯塑料排水管(UPVC 管)、防紫外线硬聚氯乙烯塑料排水管(UPVC 管)、柔性铸铁排水管; 卫生器具安装:洗脸盆、坐便器、蹲便器、小便器、拖把池
6	其他特征	抗震支架; 电梯:垂直电梯 2 部

表 4-3-15 地上建筑工程概况信息($2^{\#}$ 食堂)

综合概况信息	工程名称	某普通高校项目(三) $2^{\#}$ 食堂				
	采集类别编码	FJ021401	建筑物层数	3	建筑面积 /m^2	8 000
	抗震设防类别	乙类	结构类型	框架结构	装配率	—
	建筑高度 /m	18.4	标准层层高 /m	5.4	基本风压 /(kN/m^2)	0.45
	抗震等级	框架三级				
	其他特征	—				
一	建筑与装饰工程概况信息					
1	土石方工程	土石方类别:三类土; 开挖深度:3.0m 以内; 外运距离:15.0km 以内; 渣土消纳处置方式:陆运				
2	基坑围护工程	围护类型:100.0mm 厚 C20 混凝土(内配 ϕ6@200 双向钢筋网片)喷锚护坡				
3	桩基工程	ϕ800mm 泥浆护壁转盘式成孔灌注桩(平均桩长 26.5m); 外运距离:15.0km 以内; 渣土消纳处置方式:陆运				
4	砌筑工程	砖基础:MU15.0 混凝土实心砖(240mm × 115mm × 53mm); 外墙:B07A5.0 陶粒增强加气砌块; 内墙:B06A5.0 蒸压砂加气混凝土砌块、MU20.0 烧结页岩多孔砖(240mm × 115mm × 90mm)				
5	混凝土结构工程	基础类型:桩承台基础; 结构形式:现浇钢筋混凝土结构; 模板及支撑架:复合模板、盘扣式钢管支撑架				

续 4-3-15（续）

6	门窗工程	普通门：橡木板装饰木门、钢质门（5.0mm 厚钢化玻璃观察窗）、断桥隔热铝合金门[（6Low-E+12A+6）mm 中空钢化玻璃]； 普通窗：断桥隔热铝合金窗[（6Low-E+12A+6）mm 中空钢化玻璃]、铝合金百叶窗； 特种门窗：钢质防火门、双轨双帘无机特级防火卷帘（耐火极限 3h）
7	屋面工程	刚性屋面：50.0mm 厚 C20 细石混凝土、丙纶编织土工布、90.0mm 厚挤塑聚苯板保温层、3.0mm 厚 SBS 聚酯胎Ⅱ型改性沥青防水卷材、2.0mm 厚非固化橡胶沥青防水涂料、20.0mm 厚水泥砂浆找平层； 瓦屋面：灰色水泥瓦；挂瓦条 30mm × 30mm，顺水条 30mm × 30mm；50.0mm 厚 C20 细石混凝土、丙纶编织土工布、75.0mm 厚挤塑聚苯板保温层、3.0mm 厚 SBS 聚酯胎Ⅱ型改性沥青防水卷材、2.0mm 厚非固化橡胶沥青防水涂料、20.0mm 厚水泥砂浆找平层
8	防水工程	楼地面：1.5mm 厚聚氨酯防水涂料、1.0mm 厚水泥渗透结晶型防水涂料； 内墙面：2.0mm 厚聚合物水泥防水涂料； 外墙面：2.0mm 厚聚合物水泥防水涂料
9	防腐、隔热、保温工程	保温隔热墙面（外墙内保温）：5.0mm 厚抗裂砂浆复合耐碱玻纤网、25.0mm 厚无机轻集料保温砂浆Ⅰ型
10	外墙装饰及幕墙工程	外墙装饰：抗碱封底漆、外墙腻子、外墙弹性涂料
11	楼地面装饰工程	地面垫层：500.0mm 厚塘渣、100.0mm 厚碎石垫层； 办公室：15.0mm 厚 920mm × 120mm 实木多层复合地板； 餐厅：800mm × 800mm 浅色防滑地砖、4.0mm 厚超耐磨聚氨酯地坪； 厨房：300mm × 300mm 红缸砖； 卫生间：400mm × 800mm 防滑地砖； 楼梯间：20.0mm 厚芝麻灰花岗岩； 电梯厅：20.0mm 厚芝麻灰花岗岩
12	内墙及柱面装饰工程	办公室：腻子、涂料； 餐厅：400mm × 800mm 瓷砖；12.0mm 厚石膏基高性能纤维板、2.0mm 厚白色铝板、韧釉漆、灰色硅藻泥、耐水腻子、涂料； 厨房：300mm × 600mm 瓷砖； 卫生间：400mm × 800mm 瓷砖； 楼梯间：腻子、涂料； 电梯厅：C50 轻钢龙骨、4.0mm 厚木纹色复合铝板
13	天棚工程	办公室：U50 轻钢龙骨、12.0mm 厚纸面石膏板、腻子、涂料； 餐厅：T 型轻钢龙骨、9.0mm 厚 600mm × 600mm 穿孔铝矿棉板、12.0mm 厚石膏基高性能纤维板、防潮腻子、涂料； 厨房：1.0mm 厚 40mm × 100mm 木纹铝方通格栅间距 150.0mm、原顶灰色涂料、U50 轻钢龙骨、1.0mm 厚 600mm × 600mm 白色铝板； 卫生间：U38 轻钢龙骨、0.8mm 厚 300mm × 300mm 铝扣板； 楼梯间：腻子、涂料； 电梯厅：C50 轻钢龙骨、4.0mm 厚木纹色复合铝板

续 4-3-15（续）

14	其他装饰工程	楼梯栏杆：不锈钢扶手型钢栏杆（H=1 100mm）； 售菜台：900mm × 800mm（L=120.00m）、12.0mm 厚钢化玻璃、10.0mm 厚 600mm × 1 200mm 灰色仿大理石砖、20.0mm 厚人造大理石台面； 浴厕配件：12.0mm 厚橡木纹抗倍特板隔断、20.0mm 厚大理石面洗漱台、无障碍扶手
15	附属工程	散水、坡道、砖砌台阶、厨房 400.0mm 宽不锈钢排水沟盖板
16	其他特征	湿土排水、施工电梯、超危支撑架、盘扣式钢管脚手架
二	通用安装工程概况信息	
1	电气设备安装工程	动力系统：配电柜、配电箱、控制箱、焊接钢管、套接紧定式镀锌钢导管、防火模压增强底彩钢电缆桥架 、热浸镀锌喷塑（防火塑粉）槽式电缆桥架、电缆 WDZ-YJY-0.6/1kV、电缆 WDZN-YJY-0.6/1kV、电缆 NG-A； 照明系统：配电箱、吊扇、套接紧定式镀锌钢导管、筒灯、平板灯、日光灯、开关、插座、热浸镀锌槽式电缆桥架、电线 WDZ-BYJ； 防雷接地系统：接闪带（避雷网）、引下线、接地跨接、接地母线
2	建筑智能化工程	信息网络系统：AP 无线外网点、交换机、配线架； 综合布线系统：信息插座、机柜、配线架、六类非屏蔽双绞线； 安全防范系统 - 出入口控制系统：无线联网门锁、数据采集终端、门禁控制器； 安全防范系统 - 视频安防监控系统：彩色红外半球网络摄像机、彩色红外枪式网络摄像机、拾音器筒型摄像机、球形一体机、监控机柜、无线网桥； 安全防范系统 - 电子巡查系统：巡更点； 安全防范系统 - 报警系统：双鉴探测器； 安全防范系统 - 周界防范系统：安防箱、围墙声光警戒相机； 智能一卡通管理系统：服务器、一卡通管理平台、智能数据采集器、人脸识别终端、读卡器、智能卡、消费终端； 建筑设备监控系统：一氧化碳浓度传感器、温湿度传感器、压差开关、水流开关、液位开关、模块； 公共广播系统：广播功放、IP 音频输入模块、前置放大器、音箱、扬声器、数字音频处理器、调音台、时序电源控制器、真分集无线话筒、天线分配器； 电源与电子设备防雷接地系统：UPS 主机 10kV·A、电池柜、12V100AH 密封式胶体免维护蓄电池、电源三级防雷器； 建筑能耗监测系统：远传水表具数据采集器、集中器、转发控制器； 综合管路系统：热浸镀锌槽式电缆桥架、焊接钢管、套接紧定式镀锌钢导管
3	消防工程	水灭火系统 - 消火栓系统：消火栓箱、热浸镀锌钢管、灭火器； 水灭火系统 - 喷淋系统：热浸镀锌钢管、喷头、湿式报警阀组、水流指示器； 火灾自动报警系统：消火栓启泵按钮、感烟探测器、感温探测器、手动报警按钮、声光报警器、电话分机、扬声器、总线隔离器、模块、模块箱、火灾显示器、焊接钢管、电缆 WDZN-KYJY-450/750、电线 WDZAN-BYJ；

续 4-3-15（续）

3	消防工程	电气火灾监控系统：剩余电流监控模块、焊接钢管、电线 WDZN-RYJSP、电气火灾探测器； 消防电源监控系统：消防电源监控模块、焊接钢管、电线 WDZN-RYS、电线 WDZCN-BYJ、区域分机； 应急照明及疏散指示系统：应急照明电源配电箱、应急吸顶灯、疏散标志灯、安全出口标志灯、焊接钢管、电线 WDZN-RYJS
4	通风空调工程	多联机空调系统：VRF 空调室外机、VRF 空调室内机、一拖多风管机、复合型风管、橡塑保温、冷凝管； 通风系统：风机、镀锌薄钢板风管； 防排烟系统：镀锌薄钢板风管、消防风机
5	给排水工程	给水系统：薄壁不锈钢管、无规共聚聚丙烯管（PP-R 管）、阀门、支吊架、除锈刷漆、套管、橡塑保温、保护层、变频供水设备、微电解水箱水处理机、不锈钢生活水箱； 热水系统：太阳能热水器、保温循环泵、压力表、304 不锈钢管、远传水表、卧式承压贮水罐、橡塑保温、铝合金薄板保护层； 排水系统：硬聚氯乙烯塑料排水管（UPVC 管）、防紫外线硬聚氯乙烯塑料排水管（UPVC 管）、柔性铸铁排水管； 卫生器具安装：洗脸盆、坐便器、蹲便器、小便器、拖把池
6	其他特征	抗震支架； 电梯：垂直电梯 2 部

表 4-3-16　地上建筑工程概况信息（1# 体育馆）

综合概况信息	工程名称	某普通高校项目（三）　1# 体育馆				
	采集类别编码	FJ020701	建筑物层数	3	建筑面积 /m^2	20 500
	抗震设防类别	乙类	结构类型	钢 – 混凝土组合结构	装配率	—
	建筑高度 /m	30.05	标准层层高 /m	4.8	基本风压 /（kN/m^2）	0.45
	抗震等级	框架三级				
	其他特征	屋顶层为钢网架结构				
一	建筑与装饰工程概况信息					
1	土石方工程	土石方类别：二类土； 开挖深度：3.0m 以内； 外运距离：15.0km 以内； 渣土消纳处置方式：陆运				
2	基坑围护工程	围护类型：100.0mm 厚 C20 混凝土（内配 ϕ6@200 双向钢筋网片）喷锚护坡				
3	桩基工程	ϕ800mm 泥浆护壁转盘式成孔灌注桩（平均桩长 42.5m）； 外运距离：15.0km 以内； 渣土消纳处置方式：陆运				

续 4-3-16（续）

4	砌筑工程	砖基础：MU15.0 混凝土实心砖（240mm × 115mm × 53mm）； 外墙：B07A5.0 陶粒增强加气砌块； 内墙：B06A5.0 蒸压砂加气混凝土砌块、MU20.0 烧结页岩多孔砖（240mm × 115mm × 90mm）
5	混凝土结构工程	基础类型：桩承台基础； 结构形式：现浇钢筋混凝土结构； 模板及支撑架：复合模板、盘扣式钢管支撑架
6	金属结构工程	钢梁：H 型钢梁 Q390B/355B，除锈等级为 Sa2.5 级，环氧富锌底漆 50μm，环氧云铁中间漆 70μm，防火极限 ≥ 2.0h（薄型防火涂料），氟碳面漆； 钢网架：Q235B/Q345B，底层：环氧富锌底漆涂料，干膜厚度 70μm；中间层：环氧云铁中间漆，干膜厚度 110μm；面层：氟碳面漆，干膜厚度 70μm，防火极限 ≥ 1.0h（薄型防火涂料）； 钢板楼板：HB2-100，上弦钢筋为 ϕ10，下弦钢筋为 ϕ10，腹杆钢筋为 ϕ5，桁架高度 ht 为 100.0mm； 屋面板：0.9mm 直立锁边铝镁锰合金屋面板，0.49mm 防水透气膜，50.0mm 厚吸音棉（容重 24kg/m^3），1.2mm 厚 G350-DP600 高强度压型钢底板
7	门窗工程	普通门：橡木板装饰木门、钢质门（5.0mm 厚钢化玻璃观察窗）、断桥隔热铝合金门[（6Low-E+12A+6）mm 中空钢化玻璃]； 普通窗：断桥隔热铝合金窗[（6Low-E+12A+6）mm 中空钢化玻璃]、铝合金百叶窗； 特种门窗：钢质防火门、双轨双帘无机特级防火卷帘（耐火极限 3h）
8	防水工程	楼地面：2.0mm 厚聚氨酯防水涂料、2.0mm 厚水泥渗透结晶型防水涂料、1.2mm 氯化聚氯乙烯防水卷材； 内墙面：2.0mm 厚聚合物水泥防水涂料、2.0mm 厚水泥渗透结晶型防水涂料、3.0mm 厚 SBS 聚酯胎Ⅱ型改性沥青防水卷材
9	防腐、隔热、保温工程	100.0mm 厚保温岩棉板
10	外墙装饰及幕墙工程	外墙装饰：抗碱封底漆、外墙腻子、外墙弹性涂料； 幕墙：T5 铝合金龙骨（氟碳喷涂）、铝合金格栅（氟碳喷涂）、[8（超白钢化 Low-E）+12A+8（钢化）]mm 玻璃、3.0mm 厚氟碳喷涂铝板
11	楼地面装饰工程	篮球场：22.0mm 厚实木运动地板，EPE 防潮膜 +12.0mm 厚松木胶合板 +16.0mm 厚减震夹板弹力橡胶减震垫 + 龙骨 50mm × 50mm 杉木枋； 乒乓球活动室，训练馆，瑜伽、武术室：2.0mm 厚木纹色同质透心地胶板； 更衣室；600mm × 600mm 防滑地砖； 接待厅、休息室：500mm × 500mm 灰色块毯； 会议室、办公室：800mm × 800mm 米色仿大理石地砖； 门厅、走道：15.0mm 厚灰色无机环氧磨石； 管理区公共走道：灰色无机磨石； 休息室：200mm × 900mm 米色仿大理石地砖； 医疗室：600mm × 600mm 防滑地砖；

续 4-3-16（续）

11	楼地面装饰工程	观众大厅：15.0mm 厚灰色无机环氧磨石； 声控室、灯控室：30.0mm 厚 600mm × 600mm 钢质防静电活动地板； 卫生间：600mm × 600mm 防滑地砖； 楼梯间：20mm 厚芝麻灰花岗岩
12	内墙及柱面装饰工程	更衣室：300mm × 600mm 仿大理石墙面砖； 门厅：C50 轻钢龙骨、4.0mm 厚 600mm × 1 200mm 白色 / 彩色复合铝板； 接待厅、休息室：C50 轻钢龙骨、4.0mm 厚 600mm × 1 200mm 白色 / 彩色复合铝板、腻子、涂料； 会议室、办公室：C50 轻钢龙骨、4.0mm 厚仿木纹饰面陶铝吸音板、腻子、涂料； 走道：C50 轻钢龙骨、4.0mm 厚 600mm × 1 200mm 白色 / 彩色复合铝板； 管理区公共走道：C50 轻钢龙骨、4.0mm 厚 600mm × 1 200mm 白色 / 彩色复合铝板； 乒乓球活动室：无机涂料； 医疗室：腻子、涂料； 篮球场：C50 轻钢龙骨、4.0mm 厚仿木纹饰面陶铝吸音板、腻子、涂料； 观众大厅：C50 轻钢龙骨、4.0mm 厚 600mm × 1 200mm 白色 / 彩色复合铝板、腻子、涂料； 活动羽毛球场：C50 轻钢龙骨、4.0mm 厚 600mm × 1 200mm 白色 / 彩色复合铝板、腻子、涂料； 跆拳道、瑜伽、武术、健美操室：C50 轻钢龙骨、4.0mm 厚 600mm × 1 200mm 白色 / 彩色复合铝板、腻子、涂料； 声控室、灯控室：腻子、涂料； 卫生间：300mm × 600mm 仿大理石墙面砖； 楼梯间：腻子、涂料； 电梯厅：C50 轻钢龙骨、4.0mm 厚木纹色复合铝板
13	天棚工程	更衣室：U50 轻钢龙骨、600mm × 600mm 白色抗菌板； 门厅：U50 轻钢龙骨、12.0mm 厚纸面石膏板、腻子、涂料、2.5mm 厚仿木纹铝单板； 接待厅、休息室：U50 轻钢龙骨、12.0mm 厚纸面石膏板、腻子、涂料； 会议室、办公室：U50 轻钢龙骨、12.0mm 厚纸面石膏板、腻子、白色纳米釉面漆哑光漆； 走道：U50 轻钢龙骨、12.0mm 厚纸面石膏板、腻子、涂料、1.0mm 厚 40mm × 100mm 木纹铝方通格栅间距 150.0mm； 管理区公共走道：U50 轻钢龙骨、12.0mm 厚纸面石膏板、腻子、涂料； 乒乓球活动室：U50 轻钢龙骨、14.0mm 厚 600mm × 600mm 穿孔矿棉板； 运动员休息室，运动员医疗、兴奋剂检测室：600mm × 600mm 白色抗菌板； 观众大厅：U50 轻钢龙骨、12.0mm 厚纸面石膏板、腻子、涂料、1.0mm 厚 40mm × 100mm 木纹铝方通格栅间距 150.0mm； 活动羽毛球场：U50 轻钢龙骨、14.0mm 厚 600mm × 600mm 穿孔矿棉板、1.0mm 厚 40mm × 100mm 木纹铝方通格栅间距 @100； 跆拳道、瑜伽、武术、健美操室：U50 轻钢龙骨、14.0mm 厚 600mm × 600mm 穿孔矿棉板、1.0mm 厚 40mm × 100mm 木纹铝方通格栅间距 150.0mm； 声控室、灯控室：U50 轻钢龙骨、12.0mm 厚纸面石膏板、腻子、涂料、1.0mm 厚 40mm × 100mm 木纹铝方通格栅间距 @100；

续 4-3-16(续)

13	天棚工程	卫生间：U50 轻钢龙骨、12.0mm 厚纸面石膏板、腻子、涂料、1.0mm 厚 600mm × 600mm 铝扣板； 楼梯间：腻子、涂料； 电梯厅：C50 轻钢龙骨、4.0mm 厚木纹色复合铝板
14	其他装饰工程	楼梯间栏杆：镀锌钢管栏杆（H=1 100mm）； 室外楼梯栏杆：镀锌钢管栏杆（H=1 200mm）； 栏杆：镀锌钢管栏杆（H=1 100mm）； 浴厕配件：12.0mm 厚橡木纹抗倍特板隔断、20.0mm 厚大理石洗漱台、无障碍扶手
15	附属工程	地沟盖板：300.0mm 宽铸铁盖板、400.0mm 宽铸铁盖板
16	其他特征	湿土排水、施工电梯、超危支撑架、网架安装脚手架、盘扣式钢管外墙脚手架
二	通用安装工程概况信息	
1	电气设备安装工程	动力系统：配电柜、配电箱、控制箱、焊接钢管、套接紧定式镀锌钢导管、热浸镀锌托盘式电缆桥架、热浸镀锌喷塑（防火塑粉）槽式电缆桥架、电缆 BTLY、电缆 WDZA-YJY-0.6/1kV、电缆 WDZAN-YJY-0.6/1kV； 照明系统：配电箱、吊扇、套接紧定式镀锌钢导管、筒灯、平板灯、日光灯、工矿灯、开关、插座、热浸镀锌槽式电缆桥架、电线 WDZ-BYJ； 防雷接地系统：接闪带（避雷网）、引下线、接地跨接、接地母线
2	建筑智能化工程	信息网络系统：AP 无线外网点、交换机、配线架； 综合布线系统：信息插座、机柜、配线架、网线； 安全防范系统 – 出入口控制系统：无线联网门锁、数据采集终端、门禁控制器； 安全防范系统 – 视频安防监控系统：彩色红外半球网络摄像机、彩色红外枪式网络摄像机、拾音器筒型摄像机、球形一体机、监控机柜、无线网桥； 安全防范系统 – 电子巡查系统：巡更点； 安全防范系统 – 报警系统：双鉴探测器； 安全防范系统 – 周界防范系统：安防箱、围墙声光警戒相机； 智能一卡通管理系统：智能数据采集器、人脸识别终端、读卡器、智能卡； 建筑设备监控系统：一氧化碳浓度传感器、温湿度传感器、压差开关、水流开关、液位开关、模块； 公共广播系统：广播功放、IP 音频输入模块、前置放大器、音箱、扬声器、数字音频处理器、调音台、时序电源控制器、真分集无线话筒、天线分配器； 电源与电子设备防雷接地系统：UPS 主机 10kV·A、电池柜、12V100AH 密封式胶体免维护蓄电池、电源三级防雷器； 建筑能耗监测系统：远传水表具数据采集器、集中器、转发控制器； 综合管路系统：热浸镀锌槽式电缆桥架、焊接钢管、套接紧定式镀锌钢导管
3	消防工程	水灭火系统 – 消火栓系统：消火栓箱、热浸镀锌钢管、灭火器； 水灭火系统 – 喷淋系统：热浸镀锌钢管、喷头、湿式报警阀组、水流指示器； 水灭火系统 – 消防水炮水系统：热浸镀锌钢管、消防水炮；

续 4-3-16（续）

3	消防工程	火灾自动报警系统：消火栓启泵按钮、感烟探测器、感温探测器、手动报警按钮、声光报警器、电话分机、总线隔离器、模块、模块箱、火灾显示器、焊接钢管、电线 WDZCN-RVS、电缆 WDZN-KYJY-450/750、电线 WDZCN-RVSP、电线 WDZCN-BYJ； 电气火灾监控系统：剩余电流监控模块、焊接钢管、电线 WDZCN-RVVP、电线 WDZCN-BYJ、电气火灾探测器； 消防电源监控系统：消防电源监控模块、焊接钢管、电线 WDZCN-RVS、电线 WDZCN-BYJ、区域分机； 应急照明及疏散指示系统：应急照明电源配电箱、应急吸顶灯、疏散标志灯、安全出口标志灯、焊接钢管、电线 WDZN-RYJS； 防火门监控系统：防火门监控模块、焊接钢管、电线 WDZCN-RVS、电线 WDZCN-BYJ
4	通风空调工程	供暖系统：分集水器、镀锌钢管、地暖循环泵； 空调风系统：全热交换器、VRF 空调室外机、VRF 空调室内机、一拖多风管机、风机盘管、镀锌薄钢板风管、橡塑保温、风冷单螺杆式热泵机组、预制直埋保温管； 空调水系统：螺杆式冷水机组、冷却塔、镀锌钢管； 通风系统：风机、镀锌薄钢板风管； 防排烟系统：镀锌薄钢板风管、消防风机
5	给排水工程	给水系统：薄壁不锈钢管、无规共聚聚丙烯管（PP-R 管）、阀门、橡塑保温； 排水系统：硬聚氯乙烯塑料排水管（UPVC 管）、防紫外线硬聚氯乙烯塑料排水管（UPVC 管）、虹吸式塑料雨水管（HDPE 管）、虹吸式雨水斗、柔性铸铁排水管； 卫生器具安装：洗脸盆、坐便器、蹲便器、小便器、拖把池
6	其他特征	抗震支架； 电梯：垂直电梯 4 部

表 4-3-17　地上建筑工程概况信息（2# 体育馆）

综合概况信息	工程名称	某普通高校项目（三） 2# 体育馆				
	采集类别编码	FJ020701	建筑物层数	2	建筑面积 /m²	14 900
	抗震设防类别	乙类	结构类型	钢 - 混凝土组合结构	装配率	—
	建筑高度 /m	28.75	标准层层高 /m	8.7	基本风压 /（kN/m²）	0.45
	抗震等级	框架二级				
	其他特征	屋顶层为钢网架结构				
一	建筑与装饰工程概况信息					
1	土石方工程	土石方类别：二类土； 开挖深度：3.0m 以内； 外运距离：15.0km 以内； 渣土消纳处置方式：陆运				

续 4-3-17（续）

2	基坑围护工程	围护类型：100.0mm 厚 C20 混凝土（内配 ϕ6@200 双向钢筋网片）喷锚护坡
3	桩基工程	ϕ800mm 泥浆护壁转盘式成孔灌注桩（平均桩长 42.5m）； 外运距离：15.0km 以内； 渣土消纳处置方式：陆运
4	砌筑工程	砖基础：MU15.0 混凝土实心砖（240mm × 115mm × 53mm）； 外墙：B07A5.0 陶粒增强加气砌块； 内墙：B06A5.0 蒸压砂加气混凝土砌块、MU20.0 烧结页岩多孔砖（240mm × 115mm × 90mm）
5	混凝土结构工程	基础类型：桩承台基础； 结构形式：现浇钢筋混凝土结构； 模板及支撑架：复合模板、盘扣式钢管支撑架
6	金属结构工程	钢梁：H 型钢梁 Q390B/355B，除锈等级为 Sa2.5 级，环氧富锌底漆 50μm，环氧云铁中间漆 70μm，防火极限≥ 2.0h（薄型防火涂料），氟碳面漆； 钢网架：Q235B/Q345B，底层：环氧富锌底漆涂料，干膜厚度 70μm；中间层：环氧云铁中间漆，干膜厚度 110μm；面层：氟碳面漆，干膜厚度 70μm，防火极限≥ 1.0h（薄型防火涂料）； 钢板楼板：HB2-100，上弦钢筋为 ϕ10，下弦钢筋为 ϕ10，腹杆钢筋为 ϕ5，桁架高度 ht 为 100.0mm； 屋面板：0.9mm 厚直立锁边铝镁锰合金屋面板，0.49mm 厚防水透气膜，50.0mm 厚吸音棉（容重 24kg/m^3），1.2mm 厚 G350-DP600 高强度压型钢底板
7	门窗工程	普通门：橡木板装饰木门、钢质门（5.0mm 厚钢化玻璃观察窗）、断桥隔热铝合金门［（6Low-E+12A+6）mm 中空钢化玻璃］； 普通窗：断桥隔热铝合金窗［（6Low-E+12A+6）mm 中空钢化玻璃］、铝合金百叶窗； 特种门窗：钢质防火门、双轨双帘无机特级防火卷帘（耐火极限 3h）
8	防水工程	楼地面：2.0mm 厚聚氨酯防水涂料、2.0mm 厚水泥渗透结晶型防水涂料、1.2mm 厚氯化聚氯乙烯防水卷材； 内墙面：2.0mm 厚聚合物水泥防水涂料、2.0mm 厚水泥渗透结晶型防水涂料、3.0mm 厚 SBS 聚酯胎Ⅱ型改性沥青防水卷材
9	防腐、隔热、保温工程	100.0mm 厚保温岩棉板
10	外墙装饰及幕墙工程	外墙装饰：抗碱封底漆、外墙腻子、外墙弹性涂料； 幕墙：T5 铝合金龙骨（氟碳喷涂）、铝合金格栅（氟碳喷涂）、［8（超白钢化 Low-E）+12A+8（钢化）］mm 玻璃、3.0mm 厚氟碳喷涂铝板
11	楼地面装饰工程	泳池：100mm × 100 防滑地砖； 泳池走道：2.0mm 厚木纹色同质透心地胶板； 乒乓球活动室，训练馆、瑜伽、武术室：2.0mm 厚木纹色同质透心地胶板； 游泳馆门厅、贵宾门厅：15.0mm 厚灰色无机环氧磨石； 运动员更衣室、淋浴间；600mm × 600mm 防滑地砖； 接待厅、休息室：500mm × 500mm 灰色块毯； 会议室、办公室：800mm × 800mm 米色仿大理石地砖； 走道：15.0mm 厚灰色无机环氧磨石；

续 4-3-17（续）

11	楼地面装饰工程	休息室：200mm × 900mm 米色仿大理石地砖； 医疗室：600mm × 600mm 防滑地砖； 观众大厅：15.0mm 厚灰色无机环氧磨石； 声控室、灯控室：30.0mm 厚 600mm × 600mm 钢质防静电活动地板； 卫生间：600mm × 600mm 防滑地砖； 楼梯间：20mm 厚芝麻灰花岗岩
12	内墙及柱面装饰工程	游泳馆门厅：C50 轻钢龙骨、4.0mm 厚 600mm × 1 200mm 白色 / 彩色复合铝板； 运动员更衣室、淋浴间：300mm × 600mm 仿大理石墙面砖； 门厅：C50 轻钢龙骨、4.0mm 厚 600mm × 1 200mm 白色 / 彩色复合铝板； 接待厅、休息室：C50 轻钢龙骨、4.0mm 厚 600mm × 1 200mm 白色 / 彩色复合铝板、腻子、涂料； 会议室、办公室：C50 轻钢龙骨、4.0mm 厚仿木纹饰面陶铝吸音板、腻子、涂料； 走道：C50 轻钢龙骨、4.0mm 厚 600mm × 1 200mm 白色 / 彩色复合铝板； 乒乓球活动室：无机涂料； 休息室、医疗室：腻子、涂料； 观众大厅：C50 轻钢龙骨、4.0mm 厚 600mm × 1 200mm 白色 / 彩色复合铝板、腻子、涂料； 声控室、灯控室：腻子、涂料； 卫生间：300mm × 600mm 仿大理石墙面砖； 楼梯间：腻子、涂料； 电梯厅：C50 轻钢龙骨、4.0mm 厚木纹色复合铝板
13	天棚工程	游泳馆门厅：U50 轻钢龙骨、12.0mm 厚纸面石膏板、白色纳米釉面漆哑光漆； 更衣室、淋浴间：U50 轻钢龙骨、600mm × 600mm 白色抗菌板； 门厅：U50 轻钢龙骨、12.0mm 厚纸面石膏板、腻子、涂料、2.5mm 厚仿木纹铝单板； 接待厅、休息室：U50 轻钢龙骨、12.0mm 厚纸面石膏板、腻子、涂料； 会议室、办公室：U50 轻钢龙骨、12.0mm 厚纸面石膏板、腻子、白色纳米釉面漆哑光漆； 走道：U50 轻钢龙骨、12.0mm 厚纸面石膏板、腻子、涂料、1.0mm 厚 40mm × 100mm 木纹铝方通格栅间距 150.0mm； 乒乓球活动室：U50 轻钢龙骨、14.0mm 厚 600mm × 600mm 穿孔矿棉板； 休息室、医疗室：600mm × 600mm 白色抗菌板； 观众大厅：U50 轻钢龙骨、12.0mm 厚纸面石膏板、腻子、涂料、1.0mm 厚 40mm × 100mm 木纹铝方通格栅间距 150.0mm； 声控室、灯控室：U50 轻钢龙骨、12.0mm 厚纸面石膏板、腻子、涂料、1.0mm 厚 40mm × 100mm 木纹铝方通格栅间距 @100； 卫生间：U50 轻钢龙骨、12.0mm 厚纸面石膏板、腻子、涂料、1.0mm 厚 600mm × 600mm 铝扣板； 楼梯间：腻子、涂料； 电梯厅：C50 轻钢龙骨、4.0mm 厚木纹色复合铝板
14	其他装饰工程	楼梯间栏杆：镀锌钢管栏杆（*H*=1 100mm）； 室外楼梯栏杆：镀锌钢管栏杆（*H*=1 200mm）； 栏杆：镀锌钢管栏杆（*H*=1 100mm）； 浴厕配件：12.0mm 厚橡木纹抗倍特板隔断、20.0mm 厚大理石洗漱台、无障碍扶手

续 4-3-17(续)

15	附属工程	地沟盖板:300.0mm 宽铸铁盖板、400.0mm 宽铸铁盖板; 泳池溢水沟成品箅子:300.0mm 宽组合式塑料格栅板
16	其他特征	湿土排水、施工电梯、超危支撑架、网架安装脚手架、盘扣式钢管外墙脚手架
二	通用安装工程概况信息	
1	电气设备安装工程	动力系统:配电柜、配电箱、控制箱、焊接钢管、套接紧定式镀锌钢导管、热浸镀锌托盘式电缆桥架、热浸镀锌喷塑(防火塑粉)槽式电缆桥架、电缆 BTLY、电缆 WDZA-YJY-0.6/1kV、电缆 WDZAN-YJY-0.6/1kV; 照明系统:配电箱、吊扇、套接紧定式镀锌钢导管、筒灯、平板灯、日光灯、工矿灯、插座、热浸镀锌槽式电缆桥架、电线 WDZ-BYJ; 防雷接地系统:接闪带(避雷网)、引下线、接地跨接、接地母线
2	建筑智能化工程	信息网络系统:AP 无线外网点、交换机、配线架; 综合布线系统:信息插座、机柜、配线架、六类非屏蔽双绞线; 安全防范系统 - 出入口控制系统:无线联网门锁、数据采集终端、门禁控制器; 安全防范系统 - 视频安防监控系统:彩色红外半球网络摄像机、彩色红外枪式网络摄像机、拾音器筒型摄像机、球形一体机、监控机柜、无线网桥; 安全防范系统 - 电子巡查系统:巡更点; 安全防范系统 - 报警系统:双鉴探测器; 安全防范系统 - 周界防范系统:安防箱、围墙声光警戒相机; 智能一卡通管理系统:服务器、一卡通管理平台、智能数据采集器、人脸识别终端、读卡器、智能卡; 建筑设备监控系统:一氧化碳浓度传感器、温湿度传感器、压差开关、水流开关、液位开关、模块; 公共广播系统:广播功放、IP 音频输入模块、前置放大器、音箱、扬声器、数字音频处理器、调音台、时序电源控制器、真分集无线话筒、天线分配器; 电源与电子设备防雷接地系统:UPS 主机 10kV·A、电池柜、12V100AH 密封式胶体免维护蓄电池、电源三级防雷器; 建筑能耗监测系统:远传水表具数据采集器、集中器、转发控制器; 综合管路系统:热浸镀锌槽式电缆桥架、焊接钢管、套接紧定式镀锌钢导管
3	消防工程	水灭火系统 - 消火栓系统:消火栓箱、热浸镀锌钢管、灭火器; 水灭火系统 - 喷淋系统:热浸镀锌钢管、喷头、湿式报警阀、水流指示器 水灭火系统 - 消防水炮水系统:热浸镀锌钢管、消防水炮; 火灾自动报警系统:消火栓启泵按钮、感烟探测器、感温探测器、手动报警按钮、声光报警器、电话分机、扬声器、总线隔离器、模块、火灾显示器、焊接钢管、电线 WDZCN-RVS、电缆 WDZN-KYJY-450/750、电线 WDZCN-RVSP、电线 WDZCN-BYJ; 电气火灾监控系统:剩余电流监控模块、焊接钢管、电线 WDZCN-RVVP、电线 WDZCN-BYJ、电气火灾探测器;

续 4-3-17（续）

3	消防工程	消防电源监控系统：消防电源监控模块、焊接钢管、电线 WDZCN-RVS、电线 WDZCN-BYJ、区域分机； 应急照明及疏散指示系统：应急照明电源配电箱、应急吸顶灯、疏散标志灯、安全出口标志灯、焊接钢管、电线 WDZN-RYJS； 防火门监控系统：防火门监控模块、焊接钢管、电线 WDZCN-RVS、电线 WDZCN-BYJ
4	通风空调工程	供暖系统：分集水器、镀锌钢管、地暖循环泵； 空调风系统：全热交换器、VRF 空调室外机、VRF 空调室内机、一拖多风管机、风机盘管、镀锌薄钢板风管、橡塑保温、风冷单螺杆式热泵机组、预制直埋保温管； 空调水系统：螺杆式冷水机组、冷却塔、镀锌钢管； 通风系统：风机、镀锌薄钢板风管； 防排烟系统：镀锌薄钢板风管、消防风机
5	给排水工程	给水系统：薄壁不锈钢管、无规共聚聚丙烯管（PP-R 管）、阀门、橡塑保温； 排水系统：硬聚氯乙烯塑料排水管（UPVC 管）、防紫外线硬聚氯乙烯塑料排水管（UPVC 管）、虹吸式塑料雨水管（HDPE 管）、虹吸式雨水斗、柔性铸铁排水管； 卫生器具安装：洗脸盆、坐便器、蹲便器、小便器、拖把池
6	其他特征	抗震支架； 电梯：垂直电梯 3 部

表 4-3-18　地上建筑工程概况信息［1# 宿舍（公寓）］

综合概况信息	工程名称	某普通高校项目（三）　1# 宿舍（公寓）				
	采集类别编码	FJ010301	建筑物层数	11	建筑面积 /m^2	33 690
	抗震设防类别	乙类	结构类型	框架－剪力墙结构	装配率	60%
	建筑高度 /m	42.75	标准层层高 /m	3.65	基本风压 /（kN/m^2）	0.45
	抗震等级	框架三级，剪力墙二级				
	其他特征	首层为架空层，层高 4.2m				
一	建筑与装饰工程概况信息					
1	土石方工程	土石方类别：三类土； 开挖深度：2.0m 以内； 外运距离：15.0km 以内； 渣土消纳处置方式：陆运				
2	桩基工程	ϕ800mm 泥浆护壁转盘式成孔灌注桩（平均桩长 44.5m）； 外运距离：15.0km 以内； 渣土消纳处置方式：陆运				

续 4-3-18（续）

3	砌筑工程	砖基础：MU15.0 混凝土实心砖（240mm × 115mm × 53mm）； 外墙：B07A5.0 陶粒增强加气砌块； 内墙：B06A5.0 蒸压砂加气混凝土砌块、MU20.0 烧结页岩多孔砖（240mm × 115mm × 90mm）
4	混凝土结构工程	基础类型：桩承台基础； 结构形式：装配式混凝土结构； 模板及支撑架：复合模板、盘扣式钢管支撑架
5	门窗工程	普通门：橡木板装饰木门、断桥隔热铝合金门[（6Low-E+12A+6）mm 中空钢化玻璃]； 普通窗：断桥隔热铝合金窗[（6Low-E+12A+6）mm 中空钢化玻璃]、铝合金百叶窗； 特种门窗：钢质防火门
6	屋面工程	刚性屋面：50.0mm 厚 C20 细石混凝土、丙纶编织土工布、90.0mm 厚挤塑聚苯板保温层、3.0mm 厚 SBS 聚酯胎Ⅱ型改性沥青防水卷材、2.0mm 厚非固化橡胶沥青防水涂料、20.0mm 厚水泥砂浆找平层； 瓦屋面：灰色水泥瓦；挂瓦条 30mm × 30mm，顺水条 30mm × 30mm；50.0mm 厚 C20 细石混凝土、丙纶编织土工布、75.0mm 厚挤塑聚苯板保温层、3.0mm 厚 SBS 聚酯胎Ⅱ型改性沥青防水卷材、2.0mm 厚非固化橡胶沥青防水涂料、20.0mm 厚水泥砂浆找平层
7	防水工程	楼地面：1.5mm 厚聚氨酯防水涂料、1.0mm 厚水泥渗透结晶型防水涂料； 内墙面：2.0mm 厚聚合物水泥防水涂料； 外墙面：2.0mm 厚聚合物水泥防水涂料
8	防腐、隔热、保温工程	外墙内保温：25.0mm 厚无机轻集料保温砂浆 Ⅰ 型、5.0mm 厚聚合物抗裂砂浆； 天棚保温：C50 轻钢龙骨，30.0mm 厚岩棉板、5.0mm 厚抗裂砂浆复合耐碱玻纤网； 楼面保温：10.0mm 厚硬泡聚氨酯喷涂
9	外墙装饰及幕墙工程	外墙装饰：抗碱封底漆、外墙腻子、外墙弹性涂料； 幕墙：T5 铝合金龙骨（氟碳喷涂）、铝合金格栅（氟碳喷涂）、3.0mm 厚氟碳喷涂铝板
10	楼地面装饰工程	地面垫层：500.0mm 厚塘渣、100.0mm 厚碎石垫层； 宿舍：600mm × 600mm 木纹色地砖； 洗衣房：600mm × 600mm 米色防滑地砖； 阳台：600mm × 600mm 防滑地砖； 卫生间：600mm × 600mm 防滑地砖； 楼梯间：20.0mm 厚芝麻灰花岗岩； 电梯厅：600mm × 1 200mm 仿木纹破抛光砖； 活动室、会客室、管理用房、布草间：14.0mm 厚实木复合地板； 走道：600mm × 600mm 木纹色地砖
11	内墙及柱面装饰工程	宿舍：腻子、涂料； 洗衣房：300mm × 600mm 瓷砖、腻子、涂料； 阳台：300mm × 600mm 瓷砖、腻子、涂料； 卫生间：300mm × 600mm 瓷砖；

续 4-3-18（续）

11	内墙及柱面装饰工程	楼梯间：腻子、涂料； 电梯厅：600mm×1 200mm 仿木纹破抛光砖； 活动室、会客室、管理用房、布草间：14.0mm 厚实木复合地板； 走道：腻子、涂料
12	天棚工程	宿舍：U50 轻钢龙骨、12.0mm 厚纸面石膏板、腻子、涂料； 洗衣房：U50 轻钢龙骨、12.0mm 厚纸面石膏板、腻子、涂料； 阳台：U38 轻钢龙骨、1.0mm 厚 600mm×600mm 铝扣板； 卫生间：U38 轻钢龙骨、0.6mm 厚 300mm×300mm 铝扣板； 楼梯间：腻子、涂料； 电梯厅：1.0mm 厚 40mm×100mm 木纹铝方通格栅间距 150.0mm； 活动室、会客室、管理用房、布草间：U50 轻钢龙骨、12.0mm 厚纸面石膏板、腻子、涂料； 走道：1.0mm 厚 40mm×100mm 木纹铝方通格栅间距 150.0mm
13	其他装饰工程	楼梯栏杆：不锈钢扶手型钢栏杆（H=1 100mm）； 屋顶栏杆：不锈钢扶手型钢栏杆（H=1 200mm）； 浴厕配件：卫生间浴帘、20.0mm 厚人造大理石面板洗漱台、无障碍扶手
14	附属工程	散水、坡道、混凝土台阶、400.0mm 宽不锈钢排水沟盖板
15	其他特征	湿土排水、施工电梯、盘扣式钢管外墙脚手架
二	通用安装工程概况信息	
1	电气设备安装工程	动力系统：配电柜、配电箱、控制箱、焊接钢管、套接紧定式镀锌钢导管、热浸镀锌托盘式电缆桥架、热浸镀锌喷塑（防火塑粉）槽式电缆桥架、电缆 BBTRZ、电缆 WDZ-YJY-0.6/1kV； 照明系统：配电箱、吊扇、套接紧定式镀锌钢导管、筒灯、平板灯、日光灯、开关、插座、热浸镀锌槽式电缆桥架、电线 WDZ-BYJ； 防雷接地系统：接闪带（避雷网）、引下线、接地跨接、接地母线
2	建筑智能化工程	信息网络系统：AP 无线外网点、交换机、配线架； 综合布线系统：信息插座、机柜、配线架、六类非屏蔽双绞线； 安全防范系统 – 出入口控制系统：无线联网门锁、数据采集终端、门禁控制器； 安全防范系统 – 视频安防监控系统：彩色红外半球网络摄像机、彩色红外枪式网络摄像机、拾音器筒型摄像机、球形一体机、监控机柜、无线网桥； 安全防范系统 – 电子巡查系统：巡更点； 安全防范系统 – 报警系统：双鉴探测器； 智能一卡通管理系统：智能数据采集器、人脸识别终端、读卡器、智能卡、一体化水控器、消费终端； 建筑设备监控系统：一氧化碳浓度传感器、温湿度传感器、压差开关、水流开关、液位开关、模块；

续 4-3-18(续)

2	建筑智能化工程	公共广播系统:广播功放、IP 音频输入模块、前置放大器、音箱、扬声器、数字音频处理器、调音台、时序电源控制器、真分集无线话筒、天线分配器; 电源与电子设备防雷接地系统:UPS 主机 10kV·A、电池柜、12V100AH 密封式胶体免维护蓄电池、电源三级防雷器; 建筑能耗监测系统:远传水表具数据采集器、集中器、转发控制器; 综合管路系统:热浸镀锌槽式电缆桥架、焊接钢管、套接紧定式镀锌钢导管
3	消防工程	水灭火系统 – 消火栓系统:消火栓箱、热浸镀锌钢管、支吊架、除锈刷漆、灭火器; 火灾自动报警系统:消火栓启泵按钮、总线隔离器、模块箱、火灾显示器、焊接钢管、电线 WDZN–BYJ; 消防电源监控系统:消防电源监控模块、套接紧定式镀锌钢导管、电线 WDZCN–RYJS、电线 WDZCN–BYJ; 应急照明及疏散指示系统:应急照明电源配电箱、应急吸顶灯、疏散标志灯、安全出口标志灯、焊接钢管、电线 WDZN–RYJS
4	通风空调工程	空调风系统:卫生间暖风机、分体式空调; 通风系统:风机、镀锌薄钢板风管; 防排烟系统:镀锌薄钢板风管、消防风机
5	给排水工程	给水系统:钢塑给水管、薄壁不锈钢管、无规共聚聚丙烯管(PP–R 管)、阀门、橡塑保温; 热水系统:太阳能热水器、保温循环泵、压力表、304 不锈钢管、远传水表、卧式承压贮水罐、橡塑保温、铝合金薄板保护层; 排水系统:硬聚氯乙烯塑料排水管(UPVC 管)、防紫外线硬聚氯乙烯塑料排水管(UPVC 管)、塑料雨水管(HDPE 管)、虹吸式雨水斗、柔性铸铁排水管、套管; 卫生器具安装:洗脸盆、坐便器、蹲便器、小便器、拖把池、淋浴器
6	其他特征	抗震支架; 电梯:垂直电梯 7 部

表 4-3-19 地上建筑工程概况信息[2# 宿舍(公寓)]

综合概况信息	工程名称	某普通高校项目(三) 2# 宿舍(公寓)				
	采集类别编码	FJ010301	建筑物层数	11	建筑面积 /m²	33 350
	抗震设防类别	乙类	结构类型	框架 – 剪力墙结构	装配率	60%
	建筑高度 /m	42.75	标准层层高 /m	3.65	基本风压 /(kN/m²)	0.45
	抗震等级	框架三级,剪力墙二级				
	其他特征	首层为架空层,层高 4.2m				

注:本工程其他概况信息同表 4-3-18 1# 宿舍(公寓)。

表 4-3-20 地上建筑工程概况信息[3# 宿舍(公寓)]

综合概况信息	工程名称	某普通高校项目(三) 3# 宿舍(公寓)				
	采集类别编码	FJ010301	建筑物层数	11	建筑面积 /m^2	33 830
	抗震设防类别	乙类	结构类型	框架 – 剪力墙结构	装配率	60%
	建筑高度 /m	42.75	标准层层高 /m	3.65	基本风压 /(kN/m^2)	0.45
	抗震等级	框架三级,剪力墙二级				
	其他特征	首层为架空层,层高 4.2m; 土方开挖深度 1.5m 以内				

注:本工程其他概况信息同表 4-3-18 1# 宿舍(公寓)。

表 4-3-21 地上建筑工程概况信息[4# 宿舍(公寓)]

综合概况信息	工程名称	某普通高校项目(三) 4# 宿舍(公寓)				
	采集类别编码	FJ010301	建筑物层数	11	建筑面积 /m^2	33 650
	抗震设防类别	乙类	结构类型	框架 – 剪力墙结构	装配率	60%
	建筑高度 /m	42.75	标准层层高 /m	3.65	基本风压 /(kN/m^2)	0.45
	抗震等级	框架三级,剪力墙二级				
	其他特征	首层为架空层,层高 4.2m; 土方开挖深度 1.5m 以内				

注:本工程其他概况信息同表 4-3-18 1# 宿舍(公寓)。

表 4-3-22 地上建筑工程概况信息(会堂)

综合概况信息	工程名称	某普通高校项目(三) 会堂				
	采集类别编码	FJ020607	建筑物层数	4	建筑面积 /m^2	12 000
	抗震设防类别	乙类	结构类型	钢 – 混凝土组合结构	装配率	—
	建筑高度 /m	29.9	标准层层高 /m	3.9	基本风压 /(kN/m^2)	0.45
	抗震等级	框架三级,剪力墙二级				
	其他特征	屋顶层为钢网架结构; 首层层高 9.6m,二层层高 5.4m				
一	建筑与装饰工程概况信息					
1	土石方工程	土石方类别:二类土; 开挖深度:3.0m 以内; 外运距离:15.0km 以内; 渣土消纳处置方式:陆运				
2	基坑围护工程	围护类型:100.0mm 厚 C20 混凝土(内配 ϕ6@200 双向钢筋网片)喷锚护坡				
3	桩基工程	ϕ800mm 泥浆护壁转盘式成孔灌注桩(平均桩长 42.5m); 外运距离:15.0km 以内; 渣土消纳处置方式:陆运				

续 4-3-22（续）

4	砌筑工程	砖基础：MU15.0 混凝土实心砖（240mm × 115mm × 53mm）； 外墙：B07A5.0 陶粒增强加气砌块； 内墙：B06A5.0 蒸压砂加气混凝土砌块、MU20.0 烧结页岩多孔砖（240mm × 115mm × 90mm）
5	混凝土结构工程	基础类型：桩承台基础； 结构形式：现浇钢筋混凝土结构； 模板及支撑架：复合模板、盘扣式钢管支撑架
6	金属结构工程	钢梁：H 型钢梁 Q390B/355B，除锈等级为 Sa2.5 级，环氧富锌底漆 50μm，环氧云铁中间漆 70μm，防火极限≥ 2.0h（薄型防火涂料），氟碳面漆； 钢网架：Q235B/Q345B，底层：环氧富锌底漆涂料，干膜厚度 70μm；中间层：环氧云铁中间漆，干膜厚度 110μm；面层：氟碳面漆，干膜厚度 70μm，防火极限≥ 1.0h（薄型防火涂料）； 钢板楼板：HB2–100，上弦钢筋为 ϕ10，下弦钢筋为 ϕ10，腹杆钢筋为 ϕ5，桁架高度 h_t 为 100.0mm； 屋面板：0.9mm 直立锁边铝镁锰合金屋面板，0.49mm 防水透气膜，50.0mm 厚吸音棉（容重 24kg/m^3），1.2mm 厚 G350–DP600 高强度压型钢底板
7	门窗工程	普通门：橡木板装饰木门、钢质门（5.0mm 厚钢化玻璃观察窗）、断桥隔热铝合金门[（6Low–E+12A+6）mm 中空钢化玻璃]； 普通窗：断桥隔热铝合金窗[（6Low–E+12A+6）mm 中空钢化玻璃]、铝合金百叶窗； 特种门窗：钢质防火门、双轨双帘无机特级防火卷帘（耐火极限 3h）
8	防水工程	楼地面：2.0mm 厚聚氨酯防水涂料、2.0mm 厚水泥渗透结晶型防水涂料、1.2mm 氯化聚氯乙烯防水卷材； 内墙面：2.0mm 厚聚合物水泥防水涂料、2.0mm 厚水泥渗透结晶型防水涂料、3.0mm 厚 SBS 聚酯胎Ⅱ型改性沥青防水卷材
9	防腐、隔热、保温工程	外墙内保温：20.0mm 厚无机轻集料保温砂浆Ⅰ型、5.0mm 厚聚合物抗裂砂浆； 天棚保温：C50 轻钢龙骨，30.0mm 厚岩棉板、6.0mm 厚水泥压力板
10	外墙装饰及幕墙工程	外墙装饰：抗碱封底漆、外墙腻子、外墙弹性涂料； 幕墙：T5 铝合金龙骨（氟碳喷涂）、铝合金格栅（氟碳喷涂）、[8（超白钢化 Low–E）+12A+8（钢化）]mm 玻璃、3.0mm 厚氟碳喷涂铝板
11	楼地面装饰工程	地面垫层：600.0mm 厚塘渣、100.0mm 厚碎石垫层； 报告厅：15.0mm 厚实木多层复合地板、600mm × 600mm 灰色仿古地砖； 会议室：600mm × 600mm 布纹防滑地砖、2.0mm 厚地毯纹塑胶地板； 办公室：800mm × 800mm 灰色仿大理石砖； 卫生间：300mm × 300mm 防滑地砖； 楼梯间：20.0mm 厚芝麻灰花岗岩
12	内墙及柱面装饰工程	报告厅：2.0mm 厚白色冲孔铝板、15.0mm 厚条形陶铝阻燃吸音板； 会议室：2.0mm 厚白色冲孔铝板、15.0mm 厚条形陶铝阻燃吸音板、20.0mm 厚高强石膏板贴橡木纹阻燃装饰膜； 办公室：8.0mm 厚橡木实木贴皮成品免漆板、耐水腻子、涂料； 卫生间：300mm × 600mm 瓷砖； 楼梯间：耐水腻子、涂料

续 4-3-22（续）

13	天棚工程	报告厅：1.0mm 厚 40mm × 150mm 木纹铝方通格栅间距 150.0mm、15.0mm 厚条形陶铝阻燃吸音板、U50 轻钢龙骨、12.0mm 厚纸面石膏板、腻子、涂料； 会议室：1.0mm 厚 40mm × 150mm 木纹铝方通格栅间距 150.0mm、高强石膏板贴橡木纹阻燃装饰膜、15.0mm 厚条形陶铝阻燃吸音板； 办公室：U50 轻钢龙骨、12.0mm 厚纸面石膏板、腻子、涂料； 卫生间：U38 轻钢龙骨、1.0mm 厚 600mm × 600mm 铝扣板； 楼梯间：腻子、涂料
14	其他装饰工程	楼梯栏杆：不锈钢栏杆（H=1 050mm）； 平台栏杆：不锈钢扶手玻璃栏杆［（8+1.52PVB+8）mm 夹胶钢化玻璃）］； 浴厕配件：12.0mm 厚橡木纹抗倍特板隔断、20.0mm 厚大理石洗漱台、无障碍扶手
15	附属工程	散水、坡道、混凝土台阶、400.0mm 宽不锈钢排水沟盖板
16	其他特征	湿土排水、施工电梯、超危支撑架、网架安装脚手架、盘扣式钢管外墙脚手架
二	通用安装工程概况信息	
1	电气设备安装工程	动力系统：配电柜、配电箱、控制箱、焊接钢管、套接紧定式镀锌钢导管、热浸镀锌托盘式电缆桥架、热浸镀锌喷塑（防火塑粉）槽式电缆桥架、电缆 BTLY、电缆 WDZA-YJY-0.6/1kV、电缆 WDZAN-YJY-0.6/1kV； 照明系统：配电箱、吊扇、套接紧定式镀锌钢导管、筒灯、平板灯、日光灯、开关、插座、热浸镀锌槽式电缆桥架、电线 WDZ-BYJ； 防雷接地系统：接闪带（避雷网）、引下线、接地跨接、接地母线
2	建筑智能化工程	信息网络系统：AP 无线外网点、交换机、配线架； 综合布线系统：信息插座、机柜、配线架、网线、六类非屏蔽双绞线； 安全防范系统 - 出入口控制系统：无线联网门锁、数据采集终端、门禁控制器； 安全防范系统 - 视频安防监控系统：彩色红外半球网络摄像机、彩色红外枪式网络摄像机、拾音器筒型摄像机、球形一体机、监控机柜、无线网桥； 安全防范系统 - 电子巡查系统：巡更点； 安全防范系统 - 报警系统：双鉴探测器； 安全防范系统 - 周界防范系统：安防箱、围墙声光警戒相机； 智能一卡通管理系统：服务器、一卡通管理平台、智能数据采集器、人脸识别终端、读卡器、智能卡； 建筑设备监控系统：一氧化碳浓度传感器、温湿度传感器、压差开关、水流开关、液位开关、模块； 公共广播系统：广播功放、IP 音频输入模块、前置放大器、音箱、扬声器、数字音频处理器、调音台、时序电源控制器、真分集无线话筒、天线分配器； 电源与电子设备防雷接地系统：UPS 主机 10kV · A、电池柜、12V100AH 密封式胶体免维护蓄电池、电源三级防雷器； 建筑能耗监测系统：远传水表具数据采集器、集中器、转发控制器； 综合管路系统：热浸镀锌槽式电缆桥架、焊接钢管、套接紧定式镀锌钢导管

续 4-3-22（续）

3	消防工程	水灭火系统 - 消火栓系统：消火栓箱、热浸镀锌钢管、灭火器； 水灭火系统 - 喷淋系统：热浸镀锌钢管、喷头、湿式报警阀组、水流指示器； 水灭火系统 - 消防水炮水系统：热浸镀锌钢管、消防水炮； 火灾自动报警系统：消火栓启泵按钮、感烟探测器、感温探测器、手动报警按钮、声光报警器、电话分机、总线隔离器、模块、火灾显示器、消防端子控制箱、焊接钢管、电线 WDZCN-RVS、电缆 WDZN-KYJY-450/750、电线 WDZCN-RVSP、电线 WDZCN-BYJ； 电气火灾监控系统：剩余电流监控模块、焊接钢管、电线 WDZCN-RVVP、电线 WDZCN-BYJ； 消防电源监控系统：消防电源监控模块、焊接钢管、电线 WDZCN-RVS、电线 WDZCN-BYJ； 应急照明及疏散指示系统：应急照明电源配电箱、应急吸顶灯、疏散标志灯、安全出口标志灯、焊接钢管、电线 WDZN-RYJS； 防火门监控系统：防火门监控模块、焊接钢管、电线 WDZCN-RVS、电线 WDZCN-BYJ
4	通风空调工程	供暖系统：分集水器、镀锌钢管、地暖循环泵； 空调风系统：全热交换器、VRF 空调室外机、VRF 空调室内机、一拖多风管机、风机盘管、镀锌薄钢板风管、橡塑保温、风冷单螺杆式热泵机组、预制直埋保温管； 空调水系统：螺杆式冷水机组、冷却塔、镀锌钢管； 通风系统：风机、镀锌薄钢板风管； 防排烟系统：镀锌薄钢板风管、消防风机
5	给排水工程	给水系统：薄壁不锈钢管、无规共聚聚丙烯管（PP-R 管）、阀门、橡塑保温； 排水系统：硬聚氯乙烯塑料排水管（UPVC 管）、防紫外线硬聚氯乙烯塑料排水管（UPVC 管）、虹吸式塑料雨水管（HDPE 管）、虹吸式雨水斗、柔性铸铁排水管； 卫生器具安装：洗脸盆、坐便器、蹲便器、小便器、拖把池
6	其他特征	抗震支架； 电梯：垂直电梯 3 部

表 4-3-23　地上建筑工程概况信息（师生活动用房）

综合概况信息	工程名称	某普通高校项目（三）　师生活动用房				
	采集类别编码	FJ020606	建筑物层数	3	建筑面积 /m²	10 500
	抗震设防类别	乙类	结构类型	框架结构	装配率	—
	建筑高度 /m	27.45	标准层层高 /m	8.4	基本风压 /（kN/m²）	0.45
	抗震等级	框架三级				
	其他特征	—				
一	建筑与装饰工程概况信息					

续 4–3–23（续）

1	土石方工程	土石方类别：二类土； 开挖深度：3.0m 以内； 外运距离：15.0km 以内； 渣土消纳处置方式：陆运
2	基坑围护工程	围护类型：100.0mm 厚 C20 混凝土（内配 ϕ6@200 双向钢筋网片）喷锚护坡
3	桩基工程	ϕ800mm 泥浆护壁转盘式成孔灌注桩（平均桩长 32.45m）； 外运距离：15.0km 以内； 渣土消纳处置方式：陆运
4	砌筑工程	外墙：B07A5.0 陶粒增强加气砌块； 内墙：B06A5.0 蒸压砂加气混凝土砌块、烧结页岩多孔砖（240mm × 115mm × 90mm）
5	混凝土结构工程	结构形式：现浇钢筋混凝土结构； 模板及支撑架：复合模板、盘扣式钢管支撑架
6	门窗工程	普通门：橡木板装饰木门、钢质门（5.0mm 厚钢化玻璃观察窗）、断桥隔热铝合金门［（6Low–E+12A+6）mm 中空钢化玻璃］； 普通窗：断桥隔热铝合金窗［（6Low–E+12A+6）mm 中空钢化玻璃］、铝合金百叶窗； 特种门窗：钢质防火门、双轨双帘无机特级防火卷帘（耐火极限 3h）
7	屋面工程	刚性屋面：50.0mm 厚 C20 细石混凝土、丙纶编织土工布、75.0mm 厚挤塑聚苯板保温层、3.0mm 厚 SBS 聚酯胎 Ⅱ 型改性沥青防水卷材、2.0mm 厚非固化橡胶沥青防水涂料、20.0mm 厚水泥砂浆找平层； 瓦屋面：灰色水泥瓦；挂瓦条 30mm × 30mm，顺水条 30mm × 30mm；50.0mm 厚 C20 细石混凝土、丙纶编织土工布、90.0mm 厚挤塑聚苯板保温层、3.0mm 厚 SBS 聚酯胎 Ⅱ 型改性沥青防水卷材、2.0mm 厚非固化橡胶沥青防水涂料、20.0mm 厚水泥砂浆找平层
8	防水工程	楼地面：1.5mm 厚聚氨酯防水涂料、1.0mm 厚水泥渗透结晶型防水涂料； 内墙面：2.0mm 厚聚合物水泥防水涂料； 外墙面：2.0mm 厚聚合物水泥防水涂料
9	防腐、隔热、保温工程	外墙内保温：25.0mm 厚无机轻集料保温砂浆 Ⅰ 型、5.0mm 厚抗裂砂浆复合耐碱玻纤网； 天棚保温：C50 轻钢龙骨，30.0mm 厚岩棉板、5.0mm 厚抗裂砂浆复合耐碱玻纤网
10	外墙装饰及幕墙工程	外墙装饰：抗碱封底漆、外墙腻子、外墙弹性涂料； 幕墙：T5 铝合金龙骨（氟碳喷涂）、铝合金格栅（氟碳喷涂）、3.0mm 厚氟碳喷涂铝板
11	楼地面装饰工程	走廊：800mm × 800mm 浅色玻化砖； 活动室：2.0mm 厚木纹色同质透心地胶板、15.0mm 厚实木多层复合地板； 办公室：800mm × 800mm 浅色玻化砖； 卫生间：400mm × 800mm 防滑地砖； 楼梯间：20.0mm 厚芝麻灰花岗岩
12	内墙及柱面装饰工程	走廊、教室：耐水腻子、涂料； 办活动室：耐水腻子、涂料； 办公室：耐水腻子、涂料； 卫生间：400mm × 800mm 瓷砖； 楼梯间：耐水腻子、涂料； 电梯厅：C50 轻钢龙骨、4.0mm 厚木纹色复合铝板

续 4-3-23（续）

13	天棚工程	走廊：U50 轻钢龙骨、1.0mm 厚 40mm×120mm 木纹铝方通格栅间距 120.0mm； 活动室：U50 轻钢龙骨、9.5mm 厚纸面石膏板、腻子、涂料； 办公室：U50 轻钢龙骨、9.5mm 厚纸面石膏板、腻子、涂料； 卫生间：U38 轻钢龙骨、0.8mm 厚 600mm×600mm 铝扣板； 楼梯间：腻子、涂料； 电梯厅：C50 轻钢龙骨、4.0mm 厚木纹色复合铝板
14	其他装饰工程	楼梯栏杆：不锈钢栏杆（H=1 050mm）； 护窗栏杆：不锈钢栏杆（H=950mm）； 浴厕配件：12.0mm 厚橡木纹抗倍特板隔断、20.0mm 厚灰色大理石洗漱台、无障碍扶手
15	附属工程	散水、坡道、混凝土台阶
16	其他特征	施工电梯
二	通用安装工程概况信息	
1	电气设备安装工程	动力系统：配电柜、配电箱、控制箱、焊接钢管、套接紧定式镀锌钢导管、热浸镀锌喷塑（防火塑粉）槽式电缆桥架、电缆 BBTRZ、电缆 WDZC-YJY-0.6/1kV； 照明系统：配电箱、套接紧定式镀锌钢导管、大平圆吸顶灯、筒灯、射灯、平板灯、双管荧光灯、单管荧光灯、壁灯、灯带、开关、插座、热浸镀锌槽式电缆桥架、电线 WDZB-BYJ； 防雷接地系统：接闪带（避雷网）、引下线、接地跨接、接地母线
2	建筑智能化工程	信息网络系统：AP 无线外网点、单模光纤、交换机、配线架； 综合布线系统：信息插座、42U 机柜、单模光纤、配线架； 安全防范系统－入侵报警系统：总线报警主机、总线扩展模块、紧急按钮、警灯警号； 安全防范系统－出入口控制系统：出入门按钮、磁力锁、门禁读卡器、无线门锁、门禁控制器、电线 RVV、六类非屏蔽双绞线； 安全防范系统－视频安防监控系统：人脸筒型摄像机、网络枪机摄像机、网络半球摄像机、球型网络摄像机、电梯摄像机、监控机柜、电线 RVV、六类非屏蔽双绞线； 智能一卡通管理系统：智能数据采集器、人脸识别终端、门禁控制器、读卡器、智能卡； 建筑能耗监测系统：电表网络采集器、水表网络采集器； 公共广播系统：功率放大器、前置放大器、网络解码器、壁挂喇叭、电线 ZCN-RVSP； 电源与电子设备防雷接地系统：UPS 主机 15kV·A、电池柜、12V100AH 密封式胶体免维护蓄电池、电源三级防雷器； 会议系统：会议一体机、多媒体地插、全彩 LED 显示屏、投影机、可变扩散线阵列扬声器、功率放大器、补声音箱、数字音频矩阵、16 路调音台、会议话筒、8 路电源时序器、主席机、代表机； 信息引导及发布系统：多功能校园视窗、数字视窗、165 寸全互动信息展示中心系统大屏； 综合管路系统：热浸镀锌槽式电缆桥架、焊接钢管、套接紧定式镀锌钢导管

续 4-3-23（续）

3	消防工程	水灭火系统 - 自动喷水灭火系统：热浸镀锌钢管、湿式报警阀组、水流指示器、喷头； 水灭火系统 - 消火栓系统：消火栓箱、热浸镀锌钢管； 火灾自动报警系统：消火栓启泵按钮、感烟探测器、套接紧定式镀锌钢导管、电线 WDZAN-BYJR； 电气火灾监控系统：剩余电流监控模块、套接紧定式镀锌钢导管、电线 WDZN-RYJSP、电气火灾探测器； 消防电源监控系统：消防电源监控区域分机、消防电源监控模块、套接紧定式镀锌钢导管、电线 WDZN-RYS； 应急照明及疏散指示系统：应急照明电源配电箱、应急吸顶灯、疏散标志灯、安全出口标志灯、焊接钢管、电线 WDZBN-RYJS
4	通风空调工程	多联机空调系统：全热交换器、VRF 空调室外机、VRF 空调室内机、一拖多风管机、离心玻璃棉保温消声直接成型风管、冷凝管、橡塑保温； 通风系统：风机、镀锌薄钢板风管； 防排烟系统：风机、镀锌薄钢板风管
5	给排水工程	给水系统：衬塑钢管、无规共聚聚丙烯管（PP-R 管）； 排水系统：球墨铸铁管、硬聚氯乙烯塑料排水管（UPVC 管）、防紫外线硬聚氯乙烯塑料排水管（HDPE 管）； 卫生器具安装：洗脸盆、坐便器、蹲便器、小便器、拖把池
6	其他特征	抗震支架； 电梯：垂直电梯 2 部

表 4-3-24　地上建筑工程概况信息（北大门）

综合概况信息	工程名称	某普通高校项目（三）　北大门				
	采集类别编码	FJ021501	建筑物层数	1	建筑面积 /m^2	400.00
	抗震设防类别	乙类	结构类型	框架结构	装配率	—
	建筑高度 /m	5.45	标准层层高 /m	4.5	基本风压 /（kN/m^2）	0.45
	抗震等级	框架三级				
	其他特征	—				
一	建筑与装饰工程概况信息					
1	土石方工程	土石方类别：三类土； 开挖深度：3.0m 以内； 外运距离：15.0km 以内； 渣土消纳处置方式：陆运				

续 4-3-24（续）

2	基坑围护工程	围护类型：100.0mm 厚 C20 混凝土（内配 ϕ6@200 双向钢筋网片）喷锚护坡
3	桩基工程	ϕ800mm 泥浆护壁转盘式成孔灌注桩（平均桩长 22.75m）； 外运距离：15.0km 以内； 渣土消纳处置方式：陆运
4	砌筑工程	砖基础：MU20.0 水泥实心砖、防潮层； 外墙：B06A5.0 蒸压砂加气混凝土砌块； 内墙：B06A3.5 蒸压砂加气混凝土砌块
5	混凝土结构工程	基础类型：独立基础； 结构形式：现浇混凝土结构； 模板及支撑架：复合模板、扣件式钢管支撑架
6	门窗工程	普通门：断桥隔热铝合金门[（6Low-E+12A+6）mm 中空钢化玻璃]； 普通窗：断桥隔热铝合金窗[（6Low-E+12A+6）mm 中空钢化玻璃]、铝合金百叶窗
7	屋面工程	刚性屋面：50.0mm 厚 C20 细石混凝土、无纺聚酯纤维布、30.0mm 厚挤塑聚苯板保温层、1.5mm 厚强力交叉膜自粘防水卷材、1.5mm 厚非固化橡胶沥青防水涂料、最薄处 30.0mm 厚 LC5.0 发泡混凝土找坡 2%
8	防水工程	楼地面：2.0mm 厚聚合物水泥基防水涂料； 内墙面：2.0mm 厚聚合物水泥基复合防水涂料
9	防腐、隔热、保温工程	外墙外保温：50.0mm 厚保温岩棉板
10	外墙装饰及幕墙工程	外墙装饰：抗碱封底漆、外墙腻子、外墙涂料； 幕墙（干挂）：30.0mm 厚光面黄金麻花岗岩、镀锌钢龙骨；3.0mm 厚氟碳喷涂铝板、T5 铝合金龙骨（氟碳喷涂）
11	楼地面装饰工程	地面垫层：400.0mm 厚塘渣、50.0mm 厚碎石垫层； 传达室：600mm × 600mm 仿古地砖； 休息室：600mm × 600mm 仿古地砖； 监控室：600mm × 600mm 钢质防静电地板； 卫生间：400mm × 400mm 防滑地砖
12	内墙及柱面装饰工程	传达室：耐水腻子、涂料； 休息室：耐水腻子、涂料； 监控室：耐水腻子、涂料； 卫生间：400mm × 800mm 瓷砖
13	天棚工程	传达室：U50 轻钢龙骨、12.0mm 厚纸面石膏板、腻子、涂料； 休息室：U50 轻钢龙骨、12.0mm 厚纸面石膏板、腻子、涂料； 监控室：U50 轻钢龙骨、14.0mm 厚 600mm × 600mm 矿棉板； 卫生间：U38 轻钢龙骨、0.6mm 厚 300mm × 300mm 铝扣板
14	附属工程	散水、坡道、混凝土台阶
15	其他特征	—

续 4-3-24（续）

二	通用安装工程概况信息	
1	电气设备安装工程	动力系统：配电柜、配电箱、焊接钢管、电缆 WDZB-KYJY-450/750； 照明系统：配电箱、吊扇、套接紧定式镀锌钢导管、筒灯、平板灯、日光灯、开关、插座、热浸镀锌槽式电缆桥架、电线 WDZB-BYJ； 防雷接地系统：接闪带（避雷网）、引下线、接地跨接、接地母线
2	建筑智能化工程	信息网络系统：AP 无线外网点、单模光纤； 综合布线系统：信息插座、42U 机柜、单模光纤、配线架； 安全防范系统 - 出入口控制系统：出入门按钮、磁力锁、门禁读卡器、门禁控制器、电线 ZA-RVV； 安全防范系统 - 视频安防监控系统：彩色红外半球网络摄像机、彩色红外枪式网络摄像机、球形一体机、监控机柜、电线 ZA-RVV； 安全防范系统 - 电子巡查系统：巡更点； 公共广播系统：IP 网络话筒扩展单元、CD 播放器、前置放大器、话筒、IP 网络系统主机、智能控制主机、IP 音频采集器、网络遥控话筒、纯后级功放、IP 音频输出单元、电线 WDZC-RVVP； 电源与电子设备防雷接地系统：UPS 主机 10kV · A、电池柜、12V100AH 密封式胶体免维护蓄电池、电源三级防雷器； 综合管路系统：热浸镀锌槽式电缆桥架、焊接钢管、套接紧定式镀锌钢导管
3	消防工程	水灭火系统 - 消火栓系统：灭火器箱； 电气火灾监控系统：火灾报警控制器（联动型）、消防电话主机、广播控制盘、500W 广播功率放大器； 应急照明及疏散指示系统：集中控制型应急主机（含电池）、集中控制型应急电源箱
4	通风空调工程	空调风系统：分体式空调
5	给排水工程	给水系统：衬塑钢管、无规共聚聚丙烯管（PP-R 管）； 排水系统：硬聚氯乙烯塑料排水管（UPVC 管）、防紫外线硬聚氯乙烯塑料排水管（UPVC 管）； 卫生器具安装：洗脸盆、坐便器、小便器、拖把池
6	其他特征	—

表 4-3-25 地上建筑工程概况信息（西大门）

综合概况信息	工程名称	某普通高校项目（三） 西大门				
	采集类别编码	FJ021501	建筑物层数	1	建筑面积 /m^2	180
	抗震设防类别	乙类	结构类型	框架结构	装配率	—
	建筑高度 /m	4	标准层层高 /m	3.6	基本风压 /（kN/m^2）	0.45
	抗震等级	框架三级				
	其他特征	—				

续 4-3-25(续)

一	建筑与装饰工程概况信息	
1	土石方工程	土石方类别:三类土; 开挖深度:3.0m 以内; 外运距离:15.0km 以内; 渣土消纳处置方式:陆运
2	基坑围护工程	围护类型:100.0mm 厚 C20 混凝土(内配 ϕ6@200 双向钢筋网片)喷锚护坡
3	桩基工程	ϕ800mm 泥浆护壁转盘式成孔灌注桩(平均桩长 22.75m); 外运距离:15.0km 以内; 渣土消纳处置方式:陆运
4	砌筑工程	砖基础:MU20.0 水泥实心砖、防潮层; 外墙:B06A5.0 蒸压砂加气混凝土砌块; 内墙:B06A3.5 蒸压砂加气混凝土砌块
5	混凝土结构工程	基础类型:独立基础; 结构形式:现浇混凝土结构; 模板及支撑架:复合模板、扣件式钢管支撑架
6	门窗工程	普通门:断桥隔热铝合金门[(6Low-E+12A+6)mm 中空钢化玻璃]; 普通窗:断桥隔热铝合金窗[(6Low-E+12A+6)mm 中空钢化玻璃]、铝合金百叶窗
7	屋面工程	刚性屋面:50.0mm 厚 C20 细石混凝土、无纺聚酯纤维布、30.0mm 厚挤塑聚苯板保温层、1.5mm 厚强力交叉膜自粘防水卷材、1.5mm 厚非固化橡胶沥青防水涂料、最薄处 30.0mm 厚 LC5.0 发泡混凝土找坡 2%
8	防水工程	楼地面:2.0mm 厚聚合物水泥基防水涂料; 内墙面:2.0mm 厚聚合物水泥基复合防水涂料
9	防腐、隔热、保温工程	外墙内保温:25.0mm 厚无机轻集料保温砂浆 I 型、5.0mm 厚抗裂砂浆复合耐碱玻纤网
10	外墙装饰及幕墙工程	外墙装饰:抗碱封底漆、外墙腻子、外墙涂料
11	楼地面装饰工程	地面垫层:400.0mm 厚塘渣、50.0mm 厚碎石垫层; 传达室:600mm × 600mm 仿古地砖; 休息室:600mm × 600mm 仿古地砖; 监控室:600mm × 600mm 钢质防静电地板; 卫生间:400mm × 400mm 防滑地砖
12	内墙及柱面装饰工程	传达室:耐水腻子、涂料; 休息室:耐水腻子、涂料; 监控室:耐水腻子、涂料; 卫生间:400mm × 800mm 瓷砖
13	天棚工程	传达室:U50 轻钢龙骨、12.0mm 厚纸面石膏板、腻子、涂料; 休息室:U50 轻钢龙骨、12.0mm 厚纸面石膏板、腻子、涂料; 监控室:U50 轻钢龙骨、14.0mm 厚 600mm × 600mm 矿棉板; 卫生间:U38 轻钢龙骨、0.6mm 厚 300mm × 300mm 铝扣板

续 4-3-25（续）

14	附属工程	散水、坡道、混凝土台阶
15	其他特征	—
二	通用安装工程概况信息	
1	电气设备安装工程	动力系统：配电柜、配电箱、焊接钢管、电缆 WDZB-KYJY-450/750； 照明系统：配电箱、吊扇、套接紧定式镀锌钢导管、筒灯、平板灯、日光灯、开关、插座、热浸镀锌槽式电缆桥架、电线 WDZB-BYJ； 防雷接地系统：接闪带（避雷网）、引下线、接地跨接、接地母线
2	建筑智能化工程	信息网络系统：AP 无线外网点、单模光纤； 综合布线系统：信息插座、42U 机柜、单模光纤、配线架； 安全防范系统 - 出入口控制系统：出入门按钮、磁力锁、门禁读卡器、门禁控制器、电线 ZA-RVV； 安全防范系统 - 视频安防监控系统：彩色红外半球网络摄像机、彩色红外枪式网络摄像机、球形一体机、监控机柜、电线 ZA-RVV； 综合管路系统：热浸镀锌槽式电缆桥架、焊接钢管、套接紧定式镀锌钢导管
3	消防工程	水灭火系统 - 消火栓系统：灭火器箱； 电气火灾监控系统：火灾报警控制器（联动型）、消防电话主机、广播控制盘、500W 广播功率放大器； 应急照明及疏散指示系统：集中控制型应急主机（含电池）、集中控制型应急电源箱
4	通风空调工程	空调风系统：分体式空调
5	给排水工程	给水系统：衬塑钢管、无规共聚聚丙烯管（PP-R 管）； 排水系统：硬聚氯乙烯塑料排水管（UPVC 管）、防紫外线硬聚氯乙烯塑料排水管（UPVC 管）； 卫生器具安装：洗脸盆、坐便器、小便器、拖把池
6	其他特征	—

表 4-3-26　地上建筑工程概况信息（南大门）

综合概况信息	工程名称	某普通高校项目（三）　南大门				
	采集类别编码	FJ021501	建筑物层数	1	建筑面积 /m^2	400.00
	抗震设防类别	乙类	结构类型	框架结构	装配率	—
	建筑高度 /m	5.45	标准层层高 /m	4.5	基本风压 /（kN/m^2）	0.45
	抗震等级	框架三级				
	其他特征	—				

注：本工程其他概况信息同表 4-3-24 北大门。

表 4-3-27 地上建筑工程概况信息(配电房)

<table>
<tr><td rowspan="6">综合概况信息</td><td>工程名称</td><td colspan="5">某普通高校项目(三) 配电房</td></tr>
<tr><td>采集类别编码</td><td>FJ021501</td><td>建筑物层数</td><td>1</td><td>建筑面积 /m²</td><td>410</td></tr>
<tr><td>抗震设防类别</td><td>乙类</td><td>结构类型</td><td>框架结构</td><td>装配率</td><td>—</td></tr>
<tr><td>建筑高度 /m</td><td>7.2</td><td>标准层层高 /m</td><td>6</td><td>基本风压 /(kN/m²)</td><td>0.45</td></tr>
<tr><td>抗震等级</td><td colspan="5">框架四级</td></tr>
<tr><td>其他特征</td><td colspan="5">—</td></tr>
<tr><td>一</td><td colspan="6">建筑与装饰工程概况信息</td></tr>
<tr><td>1</td><td>土石方工程</td><td colspan="5">土石方类别:二类土;
开挖深度:2.0m 以内;
外运距离:15.0km 以内;
渣土消纳处置方式:陆运</td></tr>
<tr><td>2</td><td>桩基工程</td><td colspan="5">—</td></tr>
<tr><td>3</td><td>砌筑工程</td><td colspan="5">砖基础:MU15.0 混凝土实心砖(240mm × 115mm × 53mm);
外墙:MU20.0 烧结页岩多孔砖(240mm × 115mm × 90mm);
内墙:MU20.0 烧结页岩多孔砖(240mm × 115mm × 90mm)</td></tr>
<tr><td>4</td><td>混凝土结构工程</td><td colspan="5">基础类型:桩承台基础;
结构形式:现浇钢筋混凝土结构;
模板及支撑架:复合模板、盘扣式钢管支撑架</td></tr>
<tr><td>5</td><td>门窗工程</td><td colspan="5">普通窗:铝合金窗(6.0mm 厚钢化玻璃)、铝合金百叶窗;
特种门窗:钢质防火门</td></tr>
<tr><td>6</td><td>屋面工程</td><td colspan="5">刚性屋面:40.0mm 厚 C20 细石混凝土、丙纶编织土工布、3.0mm 厚 SBS 聚酯胎 Ⅱ 型改性沥青防水卷材、2.0mm 厚非固化橡胶沥青防水涂料、20.0mm 厚水泥砂浆找平层;
瓦屋面:灰色水泥瓦;挂瓦条 30mm × 30mm,顺水条 30mm × 30mm;50.0mm 厚 C20 细石混凝土、丙纶编织土工布、3.0mm 厚 SBS 聚酯胎 Ⅱ 型改性沥青防水卷材、2.0mm 厚非固化橡胶沥青防水涂料、20.0mm 厚水泥砂浆找平层</td></tr>
<tr><td>7</td><td>防水工程</td><td colspan="5">楼(地)面卷材防水(地侧 2):3.0mm 厚 SBS 聚酯胎 Ⅱ 型改性沥青防水卷材;
墙面防水(门窗洞口防水):JS 聚合物水泥基防水涂料</td></tr>
<tr><td>8</td><td>防腐、隔热、保温工程</td><td colspan="5">—</td></tr>
<tr><td>9</td><td>外墙装饰及幕墙工程</td><td colspan="5">外墙装饰:抗碱封底漆、外墙腻子、外墙弹性涂料</td></tr>
<tr><td>10</td><td>楼地面装饰工程</td><td colspan="5">300.0mm 厚塘渣、100.0mm 厚碎石垫层;50.0mm 厚 C25 细石混凝土</td></tr>
<tr><td>11</td><td>内墙及柱面装饰工程</td><td colspan="5">腻子、涂料</td></tr>
</table>

续 4-3-27（续）

12	天棚工程	腻子、涂料
13	附属工程	砖砌台阶、混凝土排水沟、400.0mm 宽不锈钢排水沟盖板
14	其他特征	—
二	通用安装工程概况信息	
1	电气设备安装工程	照明系统：配电箱、套接紧定式镀锌钢导管、日光灯、开关、插座、电线 WDZ-BYJ、电线 WDZN-BYJ； 防雷接地系统：接闪带（避雷网）、引下线、接地跨接、接地母线
2	建筑智能化工程	—
3	消防工程	水灭火系统 - 消火栓系统：消火栓箱、热浸镀锌钢管、灭火器； 火灾自动报警系统：消火栓启泵按钮、感烟探测器、感温探测器、手动报警按钮、声光报警器、电话分机
4	通风空调工程	空调风系统：分体式空调
5	给排水工程	排水系统：防紫外线硬聚氯乙烯塑料排水管（UPVC 管）
6	其他特征	—

表 4-3-28 地上建筑工程概况信息（垃圾房）

综合概况信息	工程名称	某普通高校项目（三） 垃圾房				
	采集类别编码	FJ021501	建筑物层数	1	建筑面积 /m^2	240
	抗震设防类别	乙类	结构类型	框架结构	装配率	—
	建筑高度 /m	8.5	标准层层高 /m	7.8	基本风压 /（kN/m^2）	0.45
	抗震等级	框架四级				
	其他特征	—				
一	建筑与装饰工程概况信息					
1	土石方工程	土石方类别：二类土； 开挖深度：2.0m 以内； 外运距离：15.0km 以内； 渣土消纳处置方式：水运				
2	砌筑工程	砖基础：50.0mm 厚碎石垫层、MU20.0 水泥实心砖、防潮层； 外墙：MU10 非黏土烧结多孔砖				
3	混凝土结构工程	基础类型：独立基础； 结构形式：现浇钢筋混凝土结构； 模板及支撑架：复合模板、扣件式钢管支撑架				

续 4-3-28(续)

4	门窗工程	普通门:铝合金门(5.0mm 钢化玻璃); 普通窗:铝合金窗(5.0mm 钢化玻璃)
5	屋面工程	刚性屋面:40.0mm 厚 C20 细石混凝土、耐碱玻纤网格布、50.0mm 厚挤塑聚苯板保温层、3.0mm 厚 SBS 改性沥青自粘型防水卷材、2.0mm 厚非固化橡胶沥青防水涂料
6	防水工程	楼地面:2.0mm 厚聚合物水泥基防水涂料; 内墙面:2.0mm 厚聚合物水泥基复合防水涂料
7	外墙装饰及幕墙工程	外墙装饰:抗碱封底漆、外墙腻子、外墙涂料
8	楼地面装饰工程	400.0mm 厚塘渣、50.0mm 厚碎石垫层;300mm × 300mm 防滑地砖
9	内墙及柱面装饰工程	300mm × 600mm 瓷砖、耐水腻子、涂料
10	天棚工程	防潮腻子、涂料
11	附属工程	散水、坡道、砖砌台阶、混凝土排水沟、400.0mm 宽不锈钢排水沟盖板
12	其他特征	—
二	通用安装工程概况信息	
1	电气设备安装工程	照明系统:配电箱、套接紧定式镀锌钢导管、日光灯、开关、插座; 防雷接地系统:接闪带(避雷网)、引下线、接地跨接、接地母线
2	建筑智能化工程	—
3	消防工程	水灭火系统 – 消火栓系统:消火栓箱、热浸镀锌钢管、灭火器
4	通风空调工程	—
5	给排水工程	给水系统:无规共聚聚丙烯管(PP–R 管)、水表; 排水系统:球墨铸铁管、硬聚氯乙烯塑料排水管(UPVC 管)、防紫外线硬聚氯乙烯塑料排水管(HDPE 管); 卫生器具安装:洗涤盆、拖把池
6	其他特征	—

表 4-3-29 室外附属工程概况信息

综合概况信息	工程名称	某普通高校项目(三) 室外附属工程			
	采集类别编码	FJ021601	室外总面积 /m^2	669 182.43	
	道路面积 /m^2	131 000.00	绿化面积 /m^2	301 132.09	
	围墙长度 /m	3 910.12	运动场面积 /m^2	68 046.00	
	其他特征	—			
室外附属工程概况信息					
1	道路	人行道:80.0mm 厚 300mm × 300mm 荷兰砖,30.0mm 厚 1 : 3 干硬水泥砂浆结合层,100.0mm 厚 C20 混凝土垫层、500.0mm 厚塘渣; 车行道:40.0mm 厚细粒式沥青混凝土(AC-13C)、乳化沥青 PC-3(0.5L/m^2)、60.0mm 厚中粒式沥青混凝土(AC-16C)、PC-2 乳化沥青透层(1L/m^2)、350.0mm 厚 5% 水泥稳定碎石基层、200.0mm 厚 C30 混凝土、800.0mm 厚塘渣; 车行铺装:50.0mm 厚芝麻白荔枝面花岗岩、30.0mm 厚 1 : 3 干硬水泥砂浆结合层,150.0mm 厚 C20 混凝土内配 ϕ 10@200 钢筋,800.0mm 厚塘渣; 非车行铺装:30.0mm 厚芝麻白荔枝面花岗岩、30.0mm 厚芝麻黑荔枝面花岗岩、20.0mm 厚 PC 仿花岗岩砖,30.0mm 厚 1 : 3 干硬水泥砂浆结合层,100.0mm 厚 C20 混凝土,500.0mm 厚塘渣			
2	景观	园路:20.0mm 厚芝麻白花岗岩荔枝面 PC 砖、20.0mm 厚仿芝麻黑花岗岩火烧面 PC 砖、50.0mm 厚芝麻白花岗岩荔枝面、50.0mm 厚芝麻灰花岗岩小弹石自然面、50.0mm 厚芝麻黑花岗岩火烧面、100.0mm 厚 C20 混凝土、100.0mm 厚碎石垫层; 景观跑道:50.0mm 厚 ϕ 6mm 骨料 C25 透水混凝土、150.0mm 厚 C25 混凝土内配 ϕ 10@200 钢筋、透水土工布(容重 200g/m^2)、150.0mm 厚碎石垫层、500.0mm 厚塘渣; 石汀步(步石、飞石):50.0mm 厚芝麻白花岗岩荔枝面、100.0mm 厚碎石垫层			
3	绿化	乔木 6 880 株、灌木 4 482 株、绿篱 4 322.45m、草坪 188 800.45m^2、色带 54 466.76m^2、花卉 48 455.64m^2			
4	围墙	围墙高度:2.75m; 围墙形式:氟碳漆方钢管金属栏杆(H=1 750mm); 围墙饰面:25.0mm 厚花岗岩、抗碱封底漆、外墙腻子、外墙弹性涂料; 电动伸缩门 5 樘、消防门 8 樘			
5	通用安装工程	照明系统:配电箱、焊接钢管、室外埋地塑料保护管 PE 管、电缆 YJV22-0.6/1kV、草坪灯、庭院灯、10m 路灯、射灯、投光灯、洗墙灯、LED 线性灯带; 防雷接地系统:接地母线、接地极; 室外绿化喷灌:聚乙烯 PE 给水管、旋转散射喷头; 给水系统:球墨铸铁管、涂塑钢塑复合管; 排水系统:高密度聚乙烯 HDPE 双壁波纹管; 再生水系统:雨水 PP 模块蓄水池 700m^3; 安全防范系统 - 视频安防监控系统:安防箱、工业交换机、网络枪机摄像机、室外球型网络摄像机、电线 RVV、六类非屏蔽双绞线; 安全防范系统 - 出入口控制系统:人行摆闸、带测温人脸识别平板; 室外电子巡更系统:巡检管理主机、巡更棒、巡更点; 公共广播系统:室外草坪喇叭、室外音柱、电线 FS-RVSP; 综合管路系统:镀锌钢管、塑料管; 水灭火系统 - 消火栓系统:球墨铸铁管、室外消火栓、钢丝网骨架复合管、消防水泵接合器、水表、阀门			

续 4-3-29（续）

6	运动场	篮球场、排球场：30.0mm 厚细粒式沥青混凝土（AC-13）、40.0mm 厚中粒式沥青混凝土（AC-16）、8.0mm 厚硅 PU 塑胶面层、200.0mm 厚 C20 混凝土 ϕ 8@200 钢筋，500.0mm 塘渣，成品树脂盖板排水沟；4.0m 高球场围网； 塑胶跑道（8mm × 400m）：40.0mm 厚中粒式沥青混凝土（AC-16）、30.0mm 厚细粒式沥青混凝土（AC-13）、13.0mm 厚混合型橡胶面层； 跳远沙坑：300.00mm 厚中砂、100.00mm 厚粗砂、50.00mm 厚米石、500.00mm 厚级配砂石； 足球场（十一人制）：天然草面层，覆砂机覆砂（厚度 5.0mm）、50.0mm 厚种植层、100.0mm 厚粗砂层、100 目尼龙网一层、200.0mm 厚级配碎石垫层、三七灰土分层压实
7	其他	化粪池：7# 玻璃钢化粪池 4 座、13# 玻璃钢化粪池 4 座，9m^3 玻璃钢化粪池 6 座、15m^3 玻璃钢化粪池 9 座

二、造价指标

示例（三）造价指标见表 4-3-30~ 表 4-3-40。

表 4-3-30 整体项目造价指标表

功能规模	指标内容
生源 15 000 人	1. 整体项目造价指标分为地上建筑、地下建筑、室外附属工程，不包括教学设施设备、厨具设备、机械式停车库等； 2. 地上建筑包括 5 幢教学楼、办公用房、2 幢体育馆、图书馆、2 幢实训楼、4 幢宿舍（公寓）、2 幢食堂、会堂、师生活动用房、3 个门卫室及配电房、垃圾房等

序号	整体项目造价指标 /（元 /m^2）	单项工程造价指标 /（元 /m^2）				备注
		指标组成	基期指标			
			合计	建筑与装饰	通用安装	
1	5 382.62	地下建筑	5 447.42	4 569.89	877.53	
2		地上建筑	4 410.01	3 381.75	1 028.26	
3		室外附属工程	544.72			

表 4-3-31 单项造价指标表

指标内容
1. 建筑与装饰工程包括土石方工程，基坑围护工程，桩基工程，砌筑工程，混凝土结构工程，金属结构工程，屋面工程，防水工程，防腐、隔热、保温工程，门窗工程，外墙装饰及幕墙工程，楼地面装饰工程，内墙及柱面装饰工程，天棚工程，其他装饰工程，附属工程，施工技术措施等； 2. 通用安装工程包括电气设备安装工程、建筑智能化工程、消防工程、通风空调工程、给排水工程、电梯、施工技术措施等

续 4-3-31（续）

序号	单项名称	造价指标 /（元 /m²）			备注
		建筑与装饰	通用安装	合计	
一、地下建筑					
1	1# 地下室	4 617.55	868.60	5 486.15	
2	2# 地下室	4 972.92	984.81	5 957.73	
3	3# 地下室	4 385.39	846.12	5 231.51	
二、地上建筑					
1	图书馆	5 737.18	1 085.09	6 822.27	
2	办公用房	2 849.72	1 142.00	3 991.72	
3	1# 教学楼	2 666.13	1 053.40	3 719.53	
4	2# 教学楼	2 712.10	1 042.36	3 754.46	
5	3# 教学楼	2 698.40	1 038.68	3 737.08	
6	4# 教学楼	2 755.93	1 058.67	3 814.60	
7	5# 教学楼	2 747.71	1 056.34	3 804.05	
8	1# 实训楼	2 405.18	1 026.34	3 431.52	
9	2# 实训楼	2 394.50	1 021.79	3 416.29	
10	1# 食堂	3 740.34	1 054.65	4 794.99	桩基础
11	2# 食堂	3 665.53	1 033.24	4 698.77	桩基础
12	1# 体育馆	5 044.41	1 077.80	6 122.21	桩基础
13	2# 体育馆	5 484.43	1 076.42	6 560.85	桩基础
14	1# 宿舍（公寓）	3 141.49	975.61	4 117.11	桩基础
15	2# 宿舍（公寓）	3 097.79	991.88	4 089.67	桩基础
16	3# 宿舍（公寓）	3 080.33	972.21	4 052.54	桩基础
17	4# 宿舍（公寓）	3 090.32	980.20	4 070.53	桩基础
18	会堂	5 563.19	1 070.10	6 633.29	桩基础
19	师生活动用房	2 924.48	925.59	3 850.07	桩基础
20	北大门	6 827.46	1 142.23	7 969.69	桩基础
21	西大门	5 207.96	1 054.99	6 262.95	桩基础
22	南大门	6 829.69	1 142.23	7 971.92	桩基础
23	配电房	2 841.89	318.27	3 160.16	
24	垃圾房	3 094.97	323.96	3 418.93	

续 4-3-31（续）

序号	单项名称	造价指标 /（元 /m²）			备注
		建筑与装饰	通用安装	合计	
三、室外附属工程					
1	道路	78.30			
2	景观	83.34			
3	绿化	99.00			
4	围墙	8.76			
5	运动场	61.01			
6	通用安装工程	191.65			
7	其他	22.65			

表 4-3-32　造价指标单元分析表（一）

序号	一级造价指标单元	造价指标 /（元 /m²）			备注
		1# 地下室	2# 地下室	3# 地下室	
一	建筑与装饰工程	4 617.54	4 972.92	4 385.39	
1	土石方工程	213.88	246.55	178.56	
2	基坑围护工程	92.33	133.56	88.45	
3	桩基工程	678.66	889.68	642.56	
4	砌筑工程	122.66	175.33	121.56	
5	混凝土结构工程	2 397.48	2 344.56	2 286.01	
6	金属结构工程	—	—	—	
7	门窗工程	140.62	175.62	148.56	
8	屋面工程	—	—	—	
9	防水工程	354.72	376.36	335.47	
10	防腐、隔热、保温工程	—	—	—	
11	外墙装饰及幕墙工程	—	—	—	
12	楼地面装饰工程	256.24	248.88	246.33	
13	内墙及柱面装饰工程	92.68	92.68	89.77	
14	天棚工程	65.51	65.51	64.18	
15	其他装饰工程	4.66	4.88	3.16	
16	附属工程	12.34	13.88	10.36	

续 4-3-32（续）

序号	一级造价指标单元	造价指标 /（元 /m²）			备注
		1# 地下室	2# 地下室	3# 地下室	
17	施工技术措施	185.76	205.43	170.42	
二	通用安装工程	868.59	984.81	846.12	
1	电气设备安装工程	235.29	277.46	231.55	
2	建筑智能化工程	177.36	211.66	156.43	
3	消防工程	69.42	77.33	68.55	
4	通风空调工程	332.10	356.80	334.20	
5	给排水工程	33.18	35.22	32.46	
6	电梯	—	—	—	
7	充电桩	14.30	15.83	16.88	
8	施工技术措施	6.94	10.51	6.05	

表 4-3-33　造价指标单元分析表（二）

序号	一级造价指标单元	造价指标 /（元 /m²）			备注
		图书馆	办公用房	1# 教学楼	
一	建筑与装饰工程	5 737.18	2 849.72	2 666.13	
1	土石方工程	—	—	—	
2	基坑围护工程	—	—	—	
3	桩基工程	—	—	—	
4	砌筑工程	102.54	112.33	95.96	
5	混凝土结构工程	1 386.30	922.43	899.37	
6	金属结构工程	1 330.88	—	—	
7	门窗工程	2.85	261.35	261.37	
8	屋面工程	132.44	125.66	111.59	
9	防水工程	26.88	24.42	21.95	
10	防腐、隔热、保温工程	35.33	38.33	35.84	
11	外墙装饰及幕墙工程	1 170.77	318.42	229.23	
12	楼地面装饰工程	333.22	303.45	300.04	
13	内墙及柱面装饰工程	370.56	260.11	262.91	
14	天棚工程	340.46	243.88	206.85	

续 4-3-33（续）

序号	一级造价指标单元	造价指标 /（元 /m²）			备注
		图书馆	办公用房	1# 教学楼	
15	其他装饰工程	128.55	52.88	58.74	
16	附属工程	9.88	10.01	7.33	
17	施工技术措施	366.52	176.45	174.96	
二	通用安装工程	1 085.09	1 142.00	1 053.40	
1	电气设备安装工程	247.92	211.67	255.43	
2	建筑智能化工程	161.34	298.43	148.65	
3	消防工程	141.34	110.53	88.55	
4	通风空调工程	402.68	366.72	416.42	
5	给排水工程	58.52	63.55	72.33	
6	电梯	62.78	79.44	59.15	
7	充电桩		—	—	
8	施工技术措施	10.51	11.66	12.86	

表 4-3-34 造价指标单元分析表（三）

序号	一级造价指标单元	造价指标 /（元 /m²）			备注
		2# 教学楼	3# 教学楼	4# 教学楼	
一	建筑与装饰工程	2 712.10	2 698.40	2 755.93	
1	土石方工程	—	—	—	
2	基坑围护工程	—	—	—	
3	桩基工程	—	—	—	
4	砌筑工程	97.44	96.94	99.01	
5	混凝土结构工程	913.21	908.59	927.96	
6	金属结构工程	—	—	—	
7	门窗工程	265.40	264.06	269.68	
8	屋面工程	113.30	112.73	115.13	
9	防水工程	27.24	27.10	27.68	
10	防腐、隔热、保温工程	36.39	36.20	36.98	
11	外墙装饰及幕墙工程	232.76	231.58	236.52	
12	楼地面装饰工程	304.66	303.12	309.58	

续 4-3-34（续）

序号	一级造价指标单元	造价指标 /（元 /m²）			备注
		2# 教学楼	3# 教学楼	4# 教学楼	
13	内墙及柱面装饰工程	266.95	265.60	271.27	
14	天棚工程	210.03	208.97	213.43	
15	其他装饰工程	59.65	59.35	60.61	
16	附属工程	7.44	7.40	7.56	
17	施工技术措施	177.65	176.75	180.52	
二	通用安装工程	1 042.36	1 038.68	1 058.67	
1	电气设备安装工程	252.88	251.60	256.96	
2	建筑智能化工程	147.16	146.42	149.54	
3	消防工程	87.66	87.22	89.08	
4	通风空调工程	412.26	410.17	418.92	
5	给排水工程	71.61	71.25	72.76	
6	电梯	57.93	59.15	58.54	
7	充电桩	—	—	—	
8	施工技术措施	12.86	12.86	12.86	

表 4-3-35　造价指标单元分析表（四）

序号	一级造价指标单元	造价指标 /（元 /m²）			备注
		5# 教学楼	1# 实训楼	2# 实训楼	
一	建筑与装饰工程	2 747.71	2 405.18	2 394.50	
1	土石方工程	—	—	—	
2	基坑围护工程	—	0.99	—	
3	桩基工程	—	—	—	
4	砌筑工程	98.72	91.59	91.22	
5	混凝土结构工程	925.20	880.44	876.89	
6	金属结构工程	—	—	—	
7	门窗工程	268.88	211.19	210.34	
8	屋面工程	114.79	105.61	105.19	
9	防水工程	27.60	23.42	23.32	

续 4-3-35（续）

序号	一级造价指标单元	造价指标 /（元 /m²）			备注
		5# 教学楼	1# 实训楼	2# 实训楼	
10	防腐、隔热、保温工程	36.86	33.15	33.02	
11	外墙装饰及幕墙工程	235.81	229.76	228.84	
12	楼地面装饰工程	308.66	251.75	250.73	
13	内墙及柱面装饰工程	270.46	210.41	209.56	
14	天棚工程	212.79	164.54	163.88	
15	其他装饰工程	60.43	30.92	30.79	
16	附属工程	7.54	7.06	7.03	
17	施工技术措施	179.98	164.35	163.69	
二	通用安装工程	1 056.34	1 026.34	1 021.79	
1	电气设备安装工程	256.20	288.35	286.04	
2	建筑智能化工程	149.10	138.76	137.65	
3	消防工程	88.82	112.46	111.68	
4	通风空调工程	417.67	356.88	355.42	
5	给排水工程	72.55	48.34	47.95	
6	电梯	59.15	70.00	71.72	
7	充电桩	—	—	—	
8	施工技术措施	12.86	11.55	11.32	

表 4-3-36 造价指标单元分析表（五）

序号	一级造价指标单元	造价指标 /（元 /m²）			备注
		1# 食堂	2# 食堂	1# 体育馆	
一	建筑与装饰工程	3 740.34	3 665.53	5 044.41	
1	土石方工程	152.34	149.29	116.65	
2	基坑围护工程	86.66	84.93	55.12	
3	桩基工程	382.66	375.01	366.30	
4	砌筑工程	94.88	92.98	112.84	
5	混凝土结构工程	1 185.32	1 161.61	520.73	
6	金属结构工程	—	—	1 529.96	
7	门窗工程	228.46	223.89	71.79	

续 4-3-36（续）

序号	一级造价指标单元	造价指标 /（元 /m²）			备注
		1# 食堂	2# 食堂	1# 体育馆	
8	屋面工程	148.33	145.36	341.24	
9	防水工程	26.85	26.31	38.63	
10	防腐、隔热、保温工程	22.34	21.89	26.82	
11	外墙装饰及幕墙工程	266.43	261.10	901.92	
12	楼地面装饰工程	305.66	299.55	370.24	
13	内墙及柱面装饰工程	262.32	257.07	184.05	
14	天棚工程	283.45	277.78	136.48	
15	其他装饰工程	98.65	96.68	36.87	
16	附属工程	15.66	15.35	17.61	
17	施工技术措施	180.33	176.72	217.15	
二	通用安装工程	1 054.65	1 033.24	1 077.80	
1	电气设备安装工程	276.43	270.90	278.45	
2	建筑智能化工程	114.33	113.66	152.65	
3	消防工程	121.66	121.46	158.42	
4	通风空调工程	336.78	330.04	384.71	
5	给排水工程	116.55	114.22	31.59	
6	电梯	75.68	70.00	58.29	
7	充电桩	—	—	—	
8	施工技术措施	13.22	12.96	13.67	

表 4-3-37 造价指标单元分析表（六）

序号	一级造价指标单元	造价指标 /（元 /m²）			备注
		2# 体育馆	1# 宿舍（公寓）	2# 宿舍（公寓）	
一	建筑与装饰工程	5 484.43	3 141.49	3 097.79	
1	土石方工程	116.65	98.66	91.04	
2	基坑围护工程	55.12	4.32	3.82	
3	桩基工程	396.30	388.76	370.70	
4	砌筑工程	122.84	143.33	142.35	
5	混凝土结构工程	780.43	898.32	877.20	

续 4–3–37（续）

序号	一级造价指标单元	造价指标 /（元 /m²）			备注
		2# 体育馆	1# 宿舍（公寓）	2# 宿舍（公寓）	
6	金属结构工程	1 628.46	—	—	
7	门窗工程	71.79	221.88	229.17	
8	屋面工程	341.24	95.88	89.76	
9	防水工程	40.45	45.77	46.99	
10	防腐、隔热、保温工程	26.82	52.42	57.46	
11	外墙装饰及幕墙工程	901.92	233.66	232.29	
12	楼地面装饰工程	370.24	291.66	293.01	
13	内墙及柱面装饰工程	184.05	240.22	236.78	
14	天棚工程	136.48	143.62	138.99	
15	其他装饰工程	36.87	56.83	57.25	
16	附属工程	17.61	9.63	10.95	
17	施工技术措施	257.15	216.53	220.01	
二	通用安装工程	1 076.42	975.61	991.88	
1	电气设备安装工程	278.63	254.31	263.48	
2	建筑智能化工程	150.36	144.66	146.11	
3	消防工程	165.42	100.56	101.57	
4	通风空调工程	378.94	121.66	122.88	
5	给排水工程	31.12	264.33	266.97	
6	电梯	58.47	72.72	73.46	
7	充电桩	—	—	—	
8	施工技术措施	13.47	17.37	17.42	

表 4–3–38　造价指标单元分析表（七）

序号	一级造价指标单元	造价指标 /（元 /m²）			备注
		3# 宿舍（公寓）	4# 宿舍（公寓）	会堂	
一	建筑与装饰工程	3 080.33	3 090.32	5 563.19	
1	土石方工程	78.66	74.33	187.62	
2	基坑围护工程	1.67	1.35	66.32	

续 4-3-38（续）

序号	一级造价指标单元	造价指标 /（元 /m²）			备注
		3# 宿舍（公寓）	4# 宿舍（公寓）	会堂	
3	桩基工程	356.46	357.85	248.45	
4	砌筑工程	143.33	144.52	82.51	
5	混凝土结构工程	892.44	898.56	866.88	
6	金属结构工程	—	—	1 588.22	
7	门窗工程	216.79	221.88	43.66	
8	屋面工程	91.13	96.26	133.11	
9	防水工程	42.66	46.91	40.76	
10	防腐、隔热、保温工程	50.25	52.42	45.66	
11	外墙装饰及幕墙工程	235.83	234.05	942.44	
12	楼地面装饰工程	297.47	293.72	252.66	
13	内墙及柱面装饰工程	240.39	241.73	377.65	
14	天棚工程	141.11	143.65	378.42	
15	其他装饰工程	58.12	56.89	15.32	
16	附属工程	10.66	9.65	4.96	
17	施工技术措施	223.36	216.53	288.55	
二	通用安装工程	972.21	980.20	1 070.10	
1	电气设备安装工程	254.36	258.77	218.45	
2	建筑智能化工程	143.94	144.66	178.65	
3	消防工程	100.06	100.56	106.28	
4	通风空调工程	121.05	121.66	422.20	
5	给排水工程	263.01	264.33	45.36	
6	电梯	72.42	72.81	87.50	
7	充电桩	—	—	—	
8	施工技术措施	17.37	17.42	11.66	

表 4–3–39 造价指标单元分析表（八）

序号	一级造价指标单元	造价指标 /（元 /m²）			备注
		师生活动用房	北大门	西大门	
一	建筑与装饰工程	2 924.48	6 827.46	5 207.96	
1	土石方工程	53.85	55.43	88.42	
2	基坑围护工程	12.33	—	—	
3	桩基工程	328.46	245.60	522.30	
4	砌筑工程	88.76	244.56	308.43	
5	混凝土结构工程	866.85	2 209.49	2 544.33	
6	金属结构工程	—	—	—	
7	门窗工程	220.66	145.66	197.65	
8	屋面工程	77.86	45.70	45.70	
9	防水工程	27.36	7.93	12.56	
10	防腐、隔热、保温工程	43.24	56.88	88.80	
11	外墙装饰及幕墙工程	248.56	2 865.22	296.88	
12	楼地面装饰工程	286.43	323.44	335.56	
13	内墙及柱面装饰工程	264.33	246.88	371.33	
14	天棚工程	176.42	228.45	218.68	
15	其他装饰工程	12.63	—	—	
16	附属工程	4.33	33.46	45.42	
17	施工技术措施	212.41	118.76	131.90	
二	通用安装工程	925.59	1 142.23	1 054.99	
1	电气设备安装工程	211.77	213.15	222.04	
2	建筑智能化工程	142.66	422.66	172.55	
3	消防工程	115.55	140.55	233.86	
4	通风空调工程	331.55	110.66	126.42	
5	给排水工程	46.88	246.55	288.33	
6	电梯	66.67	—	—	
7	充电桩	—	—	—	
8	施工技术措施	10.51	8.66	11.79	

表 4-3-40 造价指标单元分析表（九）

序号	一级造价指标单元	造价指标 /（元 /m²）			备注
		南大门	配电房	垃圾房	
一	建筑与装饰工程	6 829.69	2 841.89	3 094.97	
1	土石方工程	57.66	77.56	67.56	
2	基坑围护工程	—	—	—	
3	桩基工程	245.60	—	—	
4	砌筑工程	244.56	233.42	278.45	
5	混凝土结构工程	2 209.49	992.45	1 344.88	
6	金属结构工程	—	—	—	
7	门窗工程	145.66	55.22	93.66	
8	屋面工程	45.70	178.44	211.33	
9	防水工程	7.93	46.33	32.44	
10	防腐、隔热、保温工程	56.88	34.12	—	
11	外墙装饰及幕墙工程	2 865.22	266.44	313.55	
12	楼地面装饰工程	323.44	338.66	277.23	
13	内墙及柱面装饰工程	246.88	330.56	288.46	
14	天棚工程	228.45	65.66	68.75	
15	其他装饰工程	—	44.88	—	
16	附属工程	33.46	44.55	33.44	
17	施工技术措施	118.76	133.60	85.22	
二	通用安装工程	1 142.23	318.27	323.96	
1	电气设备安装工程	213.15	144.66	225.67	
2	建筑智能化工程	422.66	—	—	
3	消防工程	140.55	44.33	11.08	
4	通风空调工程	110.66	117.07	—	
5	给排水工程	246.55	8.44	78.66	
6	电梯	—	—	—	
7	充电桩	—	—	—	
8	施工技术措施	8.66	3.77	8.55	

三、技术指标

示例(三)技术指标见表 4-3-41~ 表 4-3-49。

表 4-3-41 造价指标单元技术指标分析表(一)

序号	造价指标单元		单位	技术指标			备注
				1# 地下室	2# 地下室	3# 地下室	
一	建筑与装饰工程						
1	土石方工程	土方	m^3/m^2	7.485	6.233	6.156	
2		石方	m^3/m^2	—			
3	基坑围护工程	水泥土连续墙	m^3/m^2	—			
4		支护桩	m^3/m^2	—			
5		喷射混凝土及锚杆(索)	m^2/m^2	0.775	0.612	0.546	
6		支撑	m^3/m^2	—			
7	桩基工程	预制桩	m/m^2				
8		灌注桩	m^3/m^2	2.488	2.731	2.986	
9	砌筑工程	基础	m^3/m^2	0.043	0.045	0.044	
10		砌体	m^3/m^2	0.064	0.067	0.066	
11		隔墙	m^3/m^2	—	—	—	
12		烟道、烟帽	m/m^2	—	—	—	
13	混凝土结构工程	现浇混凝土基础	m^3/m^2	1.040	1.092	1.092	
14		现浇混凝土构件	m^3/m^2	0.476	0.500	0.500	
15		现浇混凝土结构钢筋	kg/m^2	161.560	169.638	169.638	
16		装配式钢筋混凝土构件	m^3/m^2	—	—	—	
17	金属结构工程	金属结构构件	kg/m^2	—	—	—	
18		屋面板、墙面板	m^2/m^2	—	—	—	
19		钢板楼板	m^2/m^2	—	—	—	
20	门窗工程	普通门	m^2/m^2	—	—	—	
21		普通窗	m^2/m^2	—	—	—	
22		特种门窗	m^2/m^2	0.045	0.047	0.047	

续 4-3-41（续）

序号	造价指标单元			单位	技术指标			备注
					1# 地下室	2# 地下室	3# 地下室	
23	屋面工程	刚性屋面		m^2/m^2	—	—	—	
24		瓦屋面		m^2/m^2	—	—	—	
25		其他屋面		m^2/m^2	—	—	—	
26	防水工程	地下防水	底板防护	m^2/m^2	1.510	1.586	1.586	
27			外墙防护	m^2/m^2	0.274	0.288	0.288	
28			顶板防护	m^2/m^2	0.695	0.730	0.730	
29			室内防水	m^2/m^2	0.201	0.211	0.211	
30		地上防水	外墙防水	m^2/m^2	—	—	—	
31			室内防水	m^2/m^2	—	—	—	
32	防腐隔热保温工程	隔热保温	外墙外保温	m^2/m^2	—	—	—	
33			外墙内保温	m^2/m^2	—	—	—	
34			楼地面保温	m^2/m^2	—	—	—	
35			天棚保温	m^2/m^2	—	—	—	
36	外墙装饰及幕墙工程	块料外墙装饰		m^2/m^2	—	—	—	
37		涂料外墙装饰		m^2/m^2	—	—	—	
38		幕墙		m^2/m^2	—	—	—	
39	楼地面装饰工程	地面垫层		m^3/m^2	—	—	—	
40		水泥砂浆（混凝土）楼地面装饰		m^2/m^2	0.979	1.028	1.028	
41		块料楼地面装饰		m^2/m^2	0.011	0.012	0.012	
42		石材楼地面装饰		m^2/m^2	—	—	—	
43		板材楼地面装饰		m^2/m^2	—	—	—	
44	内墙及柱面装饰工程	块料内墙柱面装饰		m^2/m^2	—	—	—	
45		石材内墙柱面装饰		m^2/m^2	—	—	—	
46		涂料内墙柱面装饰		m^2/m^2	0.911	0.957	0.957	
47		板材内墙柱面装饰		m^2/m^2	—	—	—	

续 4-3-41（续）

序号	造价指标单元		单位	技术指标			备注
				1# 地下室	2# 地下室	3# 地下室	
48	天棚工程	涂料天棚	m^2/m^2	1.407	1.478	1.478	
49		吊顶天棚	m^2/m^2	0.011	0.012	0.012	
50	其他装饰工程	扶手栏杆栏板装饰	m/m^2	0.012	0.012	0.012	
51		隔断及隔墙	m^2/m^2	—	—	—	
二	通用安装工程						
1	电气设备安装工程	配电箱	套 $/m^2$	0.011	0.012	0.011	
2		桥架	m/m^2	0.098	0.106	0.103	
3		配管	m/m^2	0.866	0.935	0.909	
4		电力电缆	m/m^2	0.850	0.918	0.893	
5		控制电缆	m/m^2	0.203	0.219	0.213	
6		铜芯绝缘线	m/m^2	1.383	1.494	1.453	
7		照明灯具	套 $/m^2$	0.049	0.053	0.052	
8	建筑智能化工程	桥架	m/m^2	0.072	0.078	0.076	
9		配管	m/m^2	0.599	0.647	0.629	
10		电力电缆	m/m^2	0.077	0.084	0.081	
11		控制电缆	m/m^2	0.441	0.476	0.463	
12		铜芯绝缘线	m/m^2	0.703	0.759	0.738	
13		点位	个 $/m^2$	0.053	0.058	0.056	
14	消防工程	消防管	m/m^2	0.102	0.110	0.107	
15		消火栓	套 $/m^2$	0.003	0.004	0.004	
16		喷淋管	m/m^2	0.519	0.560	0.545	
17		喷头	个 $/m^2$	0.108	0.117	0.113	
18		模块	个 $/m^2$	0.021	0.023	0.022	
19		探测器点位	个 $/m^2$	0.027	0.029	0.028	
20		桥架	m/m^2	0.036	0.039	0.038	
21		配管	m/m^2	0.258	0.279	0.271	
22		电力电缆	m/m^2	0.035	0.037	0.036	
23		控制电缆	m/m^2	0.257	0.277	0.270	
24		铜芯绝缘线	m/m^2	0.696	0.752	0.731	
25		消防灯具	套 $/m^2$	0.032	0.035	0.034	

续 4-3-41（续）

序号	造价指标单元		单位	技术指标			备注
				$1^{\#}$ 地下室	$2^{\#}$ 地下室	$3^{\#}$ 地下室	
26	通风空调工程	风机	台 /m^2	0.002	0.003	0.003	
27		风管	m^2/m^2	0.210	0.227	0.221	
28		阀门	个 /m^2	0.009	0.010	0.010	
29		风口	个 /m^2	0.010	0.011	0.010	
30	给排水工程	给水管	m/m^2	0.042	0.045	0.044	
31		排水管	m/m^2	0.047	0.051	0.050	
32		阀门	个 /m^2	0.014	0.015	0.014	

表 4-3-42　造价指标单元技术指标分析表（二）

序号	造价指标单元		单位	技术指标			备注
				图书馆	办公用房	$1^{\#}$ 教学楼	
一	建筑与装饰工程						
1	土石方工程	土方	m^3/m^2	—	—	—	
2		石方	m^3/m^2	—	—	—	
3	基坑围护工程	水泥土连续墙	m^3/m^2	—	—	—	
4		支护桩	m^3/m^2	—	—	—	
5		喷射混凝土及锚杆（索）	m^2/m^2	—	—	—	
6		支撑	m^3/m^2	—	—	—	
7	桩基工程	预制桩	m/m^2	—	—	—	
8		灌注桩	m^3/m^2	—	—	—	
9	砌筑工程	基础	m^3/m^2	—	—	—	
10		砌体	m^3/m^2	0.168	0.195	0.123	
11		隔墙	m^3/m^2	—	—	—	
12		烟道、烟帽	m/m^2	—	0.006	—	
13	混凝土结构工程	现浇混凝土基础	m^3/m^2	—	—	—	
14		现浇混凝土构件	m^3/m^2	0.444	0.359	0.358	
15		现浇混凝土结构钢筋	kg/m^2	79.877	53.731	51.327	
16		装配式钢筋混凝土构件	m^3/m^2	—	—	—	

续 4-3-42(续)

序号	造价指标单元			单位	技术指标			备注
					图书馆	办公用房	1# 教学楼	
17	金属结构工程	金属结构构件		kg/m^2	0.061	—	—	
18		屋面板、墙面板		m^2/m^2	0.282	—	—	
19		钢板楼板		m^2/m^2	—	—	—	
20	门窗工程	普通门		m^2/m^2	0.036	0.053	0.060	
21		普通窗		m^2/m^2	—	0.230	0.210	
22		特种门窗		m^2/m^2	0.108	0.016	0.071	
23	屋面工程	刚性屋面		m^2/m^2	0.025	0.395	0.309	
24		瓦屋面		m^2/m^2	—	—	0.044	
25		其他屋面		m^2/m^2	—	—	—	
26	防水工程	地下防水	底板防护	m^2/m^2	—	—	—	
27			外墙防护	m^2/m^2	—	—	—	
28			顶板防护	m^2/m^2	—	—	—	
29			室内防水	m^2/m^2	—	—	—	
30		地上防水	外墙防水	m^2/m^2	—	0.218	0.179	
31			室内防水	m^2/m^2	0.201	0.279	0.311	
32	防腐隔热保温工程	隔热保温	外墙外保温	m^2/m^2	—	0.524	—	
33			外墙内保温	m^2/m^2	0.370	0.691	0.611	
34			楼地面保温	m^2/m^2	—	—	—	
35			天棚保温	m^2/m^2	0.210	0.173	0.149	
36	外墙装饰及幕墙工程	块料外墙装饰		m^2/m^2	—	—	—	
37		涂料外墙装饰		m^2/m^2	0.101	0.941	0.985	
38		幕墙		m^2/m^2	0.853	0.087	0.016	
39	楼地面装饰工程	地面垫层		m^3/m^2	—	—	—	
40		水泥砂浆(混凝土)楼地面装饰		m^2/m^2	0.025	0.317	0.010	
41		块料楼地面装饰		m^2/m^2	0.090	0.757	0.276	
42		石材楼地面装饰		m^2/m^2	0.106	0.008	0.088	
43		板材楼地面装饰		m^2/m^2	0.730	0.288	0.521	

续 4-3-42（续）

序号	造价指标单元		单位	技术指标			备注
				图书馆	办公用房	1# 教学楼	
44	内墙及柱面装饰工程	块料内墙柱面装饰	m^2/m^2	0.173	0.197	0.215	
45		石材内墙柱面装饰	m^2/m^2	0.021	—	0.035	
46		涂料内墙柱面装饰	m^2/m^2	1.881	1.210	1.541	
47		板材内墙柱面装饰	m^2/m^2	0.460	0.388	0.238	
48	天棚工程	涂料天棚	m^2/m^2	1.162	1.154	1.144	
49		吊顶天棚	m^2/m^2	0.743	0.904	0.770	
50	其他装饰工程	扶手栏杆栏板装饰	m/m^2	0.140	0.245	0.128	
51		隔断及隔墙	m^2/m^2	0.051	0.054	0.067	
二	通用安装工程						
1	电气设备安装工程	配电箱	套 $/m^2$	0.017	0.013	0.013	
2		桥架	m/m^2	0.106	0.217	0.058	
3		配管	m/m^2	1.974	1.550	1.078	
4		电力电缆	m/m^2	0.570	0.777	0.311	
5		控制电缆	m/m^2	0.228	0.196	0.308	
6		铜芯绝缘线	m/m^2	4.540	3.509	2.480	
7		照明灯具	套 $/m^2$	0.119	0.289	0.129	
8	建筑智能化工程	桥架	m/m^2	0.057	0.124	0.053	
9		配管	m/m^2	0.473	0.880	0.447	
10		电力电缆	m/m^2	0.061	0.169	0.058	
11		控制电缆	m/m^2	0.354	7.714	0.335	
12		铜芯绝缘线	m/m^2	0.565	0.731	0.534	
13		点位	个 $/m^2$	0.031	0.074	0.064	
14	消防工程	消防管	m/m^2	0.115	0.058	0.077	
15		消火栓	套 $/m^2$	0.006	0.006	0.004	
16		喷淋管	m/m^2	0.157	0.273	0.103	
17		喷头	个 $/m^2$	0.045	0.015	0.029	
18		模块	个 $/m^2$	0.024	0.037	0.016	
19		探测器点位	个 $/m^2$	0.035	0.039	0.012	
20		桥架	m/m^2	0.037	0.089	0.025	

续 4-3-42（续）

序号	造价指标单元		单位	技术指标			备注
				图书馆	办公用房	1# 教学楼	
21	消防工程	配管	m/m²	0.424	1.440	0.278	
22		电力电缆	m/m²	0.146	0.134	0.028	
23		控制电缆	m/m²	0.123	1.578	0.078	
24		铜芯绝缘线	m/m²	0.616	1.265	0.392	
25		消防灯具	套 /m²	0.038	0.035	0.032	
26	通风空调工程	风机	台 /m²	0.010	0.029	0.002	
27		风管	m²/m²	0.735	0.522	0.113	
28		阀门	个 /m²	0.003	0.034	0.031	
29		风口	个 /m²	0.001	0.099	0.001	
30	给排水工程	给水管	m/m²	0.145	0.147	0.095	
31		排水管	m/m²	0.248	0.276	0.163	
32		阀门	个 /m²	0.014	0.019	0.023	

表 4-3-43 造价指标单元技术指标分析表（三）

序号	造价指标单元		单位	技术指标			备注
				2# 教学楼	3# 教学楼	4# 教学楼	
一	建筑与装饰工程						
1	土石方工程	土方	m³/m²	—	—	—	
2		石方	m³/m²	—	—	—	
3	基坑围护工程	水泥土连续墙	m³/m²	—	—	—	
4		支护桩	m³/m²	—	—	—	
5		喷射混凝土及锚杆（索）	m²/m²	—	—	—	
6		支撑	m³/m²	—	—	—	
7	桩基工程	预制桩	m/m²	—	—	—	
8		灌注桩	m³/m²	—	—	—	
9	砌筑工程	基础	m³/m²	—	—	—	
10		砌体	m³/m²	0.123	0.123	0.123	
11		隔墙	m³/m²	—	—	—	
12		烟道、烟帽	m/m²	—	—	—	

续 4-3-43（续）

序号	造价指标单元			单位	技术指标			备注
					2# 教学楼	3# 教学楼	4# 教学楼	
13	混凝土结构工程	现浇混凝土基础		m^3/m^2	—	—	—	
14		现浇混凝土构件		m^3/m^2	0.358	0.358	0.358	
15		现浇混凝土结构钢筋		kg/m^2	51.327	51.327	51.327	
16		装配式钢筋混凝土构件		m^3/m^2	—	—	—	
17	金属结构工程	金属结构构件		kg/m^2	—	—	—	
18		屋面板、墙面板		m^2/m^2	—	—	—	
19		钢板楼板		m^2/m^2	—	—	—	
20	门窗工程	普通门		m^2/m^2	0.060	0.060	0.060	
21		普通窗		m^2/m^2	0.210	0.210	0.210	
22		特种门窗		m^2/m^2	0.071	0.071	0.071	
23	屋面工程	刚性屋面		m^2/m^2	0.309	0.309	0.309	
24		瓦屋面		m^2/m^2	0.044	0.044	0.044	
25		其他屋面		m^2/m^2	—	—	—	
26	防水工程	地下防水	底板防护	m^2/m^2	—	—	—	
27			外墙防护	m^2/m^2	—	—	—	
28			顶板防护	m^2/m^2	—	—	—	
29			室内防水	m^2/m^2	—	—	—	
30		地上防水	外墙防水	m^2/m^2	0.179	0.179	0.179	
31			室内防水	m^2/m^2	0.311	0.311	0.311	
32	防腐隔热保温工程	隔热保温	外墙外保温	m^2/m^2	—	—	—	
33			外墙内保温	m^2/m^2	0.611	0.611	0.611	
34			楼地面保温	m^2/m^2	—	—	—	
35			天棚保温	m^2/m^2	0.149	0.149	0.149	
36	外墙装饰及幕墙工程	块料外墙装饰		m^2/m^2	—	—	—	
37		涂料外墙装饰		m^2/m^2	0.985	0.985	0.985	
38		幕墙		m^2/m^2	0.016	0.016	0.016	

续 4-3-43（续）

序号	造价指标单元		单位	技术指标			备注
				2# 教学楼	3# 教学楼	4# 教学楼	
39	楼地面装饰工程	地面垫层	m^3/m^2	—	—	—	
40		水泥砂浆（混凝土）楼地面装饰	m^2/m^2	0.010	0.010	0.010	
41		块料楼地面装饰	m^2/m^2	0.276	0.276	0.276	
42		石材楼地面装饰	m^2/m^2	0.088	0.088	0.088	
43		板材楼地面装饰	m^2/m^2	0.521	0.521	0.521	
44	内墙及柱面装饰工程	块料内墙柱面装饰	m^2/m^2	0.215	0.215	0.215	
45		石材内墙柱面装饰	m^2/m^2	0.035	0.035	0.035	
46		涂料内墙柱面装饰	m^2/m^2	1.541	1.541	1.541	
47		板材内墙柱面装饰	m^2/m^2	0.238	0.238	0.238	
48	天棚工程	涂料天棚	m^2/m^2	1.144	1.144	1.144	
49		吊顶天棚	m^2/m^2	0.770	0.770	0.770	
50	其他装饰工程	扶手栏杆栏板装饰	m/m^2	0.128	0.128	0.128	
51		隔断及隔墙	m^2/m^2	0.067	0.067	0.067	
二	通用安装工程						
1	电气设备安装工程	配电箱	套 $/m^2$	0.013	0.013	0.013	
2		桥架	m/m^2	0.058	0.058	0.058	
3		配管	m/m^2	1.078	1.078	1.078	
4		电力电缆	m/m^2	0.311	0.311	0.311	
5		控制电缆	m/m^2	0.308	0.308	0.308	
6		铜芯绝缘线	m/m^2	2.480	2.480	2.480	
7		照明灯具	套 $/m^2$	0.129	0.129	0.129	
8	建筑智能化工程	桥架	m/m^2	0.053	0.053	0.053	
9		配管	m/m^2	0.447	0.447	0.447	
10		电力电缆	m/m^2	0.058	0.058	0.058	
11		控制电缆	m/m^2	0.335	0.335	0.335	
12		铜芯绝缘线	m/m^2	0.534	0.534	0.534	
13		点位	个 $/m^2$	0.064	0.064	0.064	

续 4-3-43（续）

序号	造价指标单元		单位	技术指标			备注
				2# 教学楼	3# 教学楼	4# 教学楼	
14	消防工程	消防管	m/m²	0.077	0.077	0.077	
15		消火栓	套 /m²	0.004	0.004	0.004	
16		喷淋管	m/m²	0.103	0.103	0.103	
17		喷头	个 /m²	0.029	0.029	0.029	
18		模块	个 /m²	0.016	0.016	0.016	
19		探测器点位	个 /m²	0.012	0.012	0.012	
20		桥架	m/m²	0.025	0.025	0.025	
21		配管	m/m²	0.278	0.278	0.278	
22		电力电缆	m/m²	0.028	0.028	0.028	
23		控制电缆	m/m²	0.078	0.078	0.078	
24		铜芯绝缘线	m/m²	0.392	0.392	0.392	
25		消防灯具	套 /m²	0.032	0.032	0.032	
26	通风空调工程	风机	台 /m²	0.002	0.002	0.002	
27		风管	m²/m²	0.113	0.113	0.113	
28		阀门	个 /m²	0.031	0.031	0.031	
29		风口	个 /m²	0.001	0.001	0.001	
30	给排水工程	给水管	m/m²	0.095	0.095	0.095	
31		排水管	m/m²	0.163	0.163	0.163	
32		阀门	个 /m²	0.023	0.023	0.023	

表 4-3-44　造价指标单元技术指标分析表（四）

序号	造价指标单元		单位	技术指标			备注
				5# 教学楼	1# 实训楼	2# 实训楼	
一	建筑与装饰工程						
1	土石方工程	土方	m³/m²	—	—	—	
2		石方	m³/m²	—	—	—	
3	基坑围护工程	水泥土连续墙	m³/m²	—	—	—	
4		支护桩	m³/m²	—	—	—	
5		喷射混凝土及锚杆（索）	m²/m²	—	—	—	
6		支撑	m³/m²	—	—	—	

续 4-3-44(续)

序号	造价指标单元			单位	技术指标			备注
					$5^{\#}$ 教学楼	$1^{\#}$ 实训楼	$2^{\#}$ 实训楼	
7	桩基工程	预制桩		m/m^2	—	—	—	
8		灌注桩		m^3/m^2	—	—	—	
9	砌筑工程	基础		m^3/m^2	—	—	—	
10		砌体		m^3/m^2	0.123	0.176	0.176	
11		隔墙		m^3/m^2	—	—	—	
12		烟道、烟帽		m/m^2	—	—	—	
13	混凝土结构工程	现浇混凝土基础		m^3/m^2	—	—	—	
14		现浇混凝土构件		m^3/m^2	0.358	0.343	0.343	
15		现浇混凝土结构钢筋		kg/m^2	51.327	58.869	58.869	
16		装配式钢筋混凝土构件		m^3/m^2	—	—	—	
17	金属结构工程	金属结构构件		kg/m^2	—	—	—	
18		屋面板、墙面板		m^2/m^2	—	—	—	
19		钢板楼板		m^2/m^2	—	—	—	
20	门窗工程	普通门		m^2/m^2	0.060	0.044	0.044	
21		普通窗		m^2/m^2	0.210	0.223	0.223	
22		特种门窗		m^2/m^2	0.071	0.071	0.071	
23	屋面工程	刚性屋面		m^2/m^2	0.309	0.279	0.279	
24		瓦屋面		m^2/m^2	0.044	—	—	
25		其他屋面		m^2/m^2	—	—	—	
26	防水工程	地下防水	底板防护	m^2/m^2	—	—	—	
27			外墙防护	m^2/m^2	—	—	—	
28			顶板防护	m^2/m^2	—	—	—	
29			室内防水	m^2/m^2	—	—	—	
30		地上防水	外墙防水	m^2/m^2	0.179	0.163	0.163	
31			室内防水	m^2/m^2	0.311	0.338	0.338	

续 4-3-44（续）

序号	造价指标单元			单位	技术指标			备注
					5# 教学楼	1# 实训楼	2# 实训楼	
32	防腐隔热保温工程	隔热保温	外墙外保温	m^2/m^2	—	0.363	0.363	
33			外墙内保温	m^2/m^2	0.611	0.593	0.593	
34			楼地面保温	m^2/m^2	—	—	—	
35			天棚保温	m^2/m^2	0.149	—	—	
36	外墙装饰及幕墙工程	块料外墙装饰		m^2/m^2	—	—	—	
37		涂料外墙装饰		m^2/m^2	0.985	0.868	0.868	
38		幕墙		m^2/m^2	0.016	0.013	0.013	
39	楼地面装饰工程	地面垫层		m^3/m^2	—	—	—	
40		水泥砂浆（混凝土）楼地面装饰		m^2/m^2	0.010	0.191	0.191	
41		块料楼地面装饰		m^2/m^2	0.276	0.312	0.312	
42		石材楼地面装饰		m^2/m^2	0.088	0.034	0.034	
43		板材楼地面装饰		m^2/m^2	0.521	0.364	0.364	
44	内墙及柱面装饰工程	块料内墙柱面装饰		m^2/m^2	0.215	0.116	0.116	
45		石材内墙柱面装饰		m^2/m^2	0.035	—	—	
46		涂料内墙柱面装饰		m^2/m^2	1.541	1.117	1.117	
47		板材内墙柱面装饰		m^2/m^2	0.238	0.234	0.234	
48	天棚工程	涂料天棚		m^2/m^2	1.144	1.219	1.219	
49		吊顶天棚		m^2/m^2	0.770	0.866	0.866	
50	其他装饰工程	扶手栏杆栏板装饰		m/m^2	0.128	0.026	0.026	
51		隔断及隔墙		m^2/m^2	0.067	0.078	0.078	
二	通用安装工程							
1	电气设备安装工程	配电箱		套 $/m^2$	0.013	0.013	0.013	
2		桥架		m/m^2	0.058	0.202	0.202	
3		配管		m/m^2	1.078	1.258	1.258	
4		电力电缆		m/m^2	0.311	0.825	0.825	
5		控制电缆		m/m^2	0.308	0.152	0.152	
6		铜芯绝缘线		m/m^2	2.480	5.187	5.187	
7		照明灯具		套 $/m^2$	0.129	0.174	0.174	

续 4-3-44（续）

序号	造价指标单元		单位	技术指标			备注
				5# 教学楼	1# 实训楼	2# 实训楼	
8	建筑智能化工程	桥架	m/m²	0.053	0.069	0.069	
9		配管	m/m²	0.447	0.473	0.473	
10		电力电缆	m/m²	0.058	0.073	0.073	
11		控制电缆	m/m²	0.335	5.244	5.244	
12		铜芯绝缘线	m/m²	0.534	0.156	0.156	
13		点位	个 /m²	0.064	0.082	0.082	
14	消防工程	消防管	m/m²	0.077	0.067	0.067	
15		消火栓	套 /m²	0.004	0.005	0.005	
16		喷淋管	m/m²	0.103	0.470	0.470	
17		喷头	个 /m²	0.029	0.159	0.159	
18		模块	个 /m²	0.016	0.031	0.031	
19		探测器点位	个 /m²	0.012	0.024	0.024	
20		桥架	m/m²	0.025	0.026	0.026	
21		配管	m/m²	0.278	0.723	0.723	
22		电力电缆	m/m²	0.028	0.209	0.209	
23		控制电缆	m/m²	0.078	0.590	0.590	
24		铜芯绝缘线	m/m²	0.392	0.623	0.623	
25		消防灯具	套 /m²	0.032	0.020	0.020	
26	通风空调工程	风机	台 /m²	0.002	0.021	0.021	
27		风管	m²/m²	0.113	0.708	0.708	
28		阀门	个 /m²	0.031	0.060	0.060	
29		风口	个 /m²	0.001	0.035	0.035	
30	给排水工程	给水管	m/m²	0.095	0.212	0.212	
31		排水管	m/m²	0.163	1.498	1.498	
32		阀门	个 /m²	0.023	0.012	0.012	

表 4-3-45 造价指标单元技术指标分析表（五）

序号	造价指标单元			单位	技术指标			备注
					1# 食堂	2# 食堂	1# 体育馆	
一	建筑与装饰工程							
1	土石方工程	土方		m^3/m^2	1.353	1.353	1.445	
2		石方		m^3/m^2	—	—	—	
3	基坑围护工程	水泥土连续墙		m^3/m^2	—	—	—	
4		支护桩		m^3/m^2	—	—	—	
5		喷射混凝土及锚杆（索）		m^2/m^2	0.060	0.060	0.131	
6		支撑		m^3/m^2	—	—	—	
7	桩基工程	预制桩		m/m^2	—	—	—	
8		灌注桩		m^3/m^2	4.262	4.262	3.647	
9	砌筑工程	基础		m^3/m^2	0.200	0.200	0.109	
10		砌体		m^3/m^2	0.176	0.176	0.047	
11		隔墙		m^3/m^2	—	—	—	
12		烟道、烟帽		m/m^2	0.112	0.112	—	
13	混凝土结构工程	现浇混凝土基础		m^3/m^2	0.173	0.173	0.183	
14		现浇混凝土构件		m^3/m^2	0.368	0.368	0.434	
15		现浇混凝土结构钢筋		kg/m^2	68.558	68.558	75.370	
16		装配式钢筋混凝土构件		m^3/m^2	—	—	—	
17	金属结构工程	金属结构构件		kg/m^2	—	—	0.073	
18		屋面板、墙面板		m^2/m^2	—	—	0.509	
19		钢板楼板		m^2/m^2	—	—	—	
20	门窗工程	普通门		m^2/m^2	0.060	0.060	0.006	
21		普通窗		m^2/m^2	0.254	0.254	—	
22		特种门窗		m^2/m^2	0.028	0.028	0.099	
23	屋面工程	刚性屋面		m^2/m^2	0.599	0.599	—	
24		瓦屋面		m^2/m^2	—	—	—	
25		其他屋面		m^2/m^2	—	—	—	
26	防水工程	地下防水	底板防护	m^2/m^2	—	—	—	
27			外墙防护	m^2/m^2	—	—	—	
28			顶板防护	m^2/m^2	—	—	—	
29			室内防水	m^2/m^2	—	—	—	

续 4-3-45(续)

序号	造价指标单元			单位	技术指标			备注
					1# 食堂	2# 食堂	1# 体育馆	
30	防水工程	地上防水	外墙防水	m^2/m^2	0.161	0.161	—	
31			室内防水	m^2/m^2	1.024	1.024	0.803	
32	防腐隔热保温工程	隔热保温	外墙外保温	m^2/m^2	—	—	—	
33			外墙内保温	m^2/m^2	0.597	0.597	0.375	
34			楼地面保温	m^2/m^2	—	—	—	
35			天棚保温	m^2/m^2	—	—	—	
36	外墙装饰及幕墙工程	块料外墙装饰		m^2/m^2	—	—	—	
37		涂料外墙装饰		m^2/m^2	0.854	0.854	0.125	
38		幕墙		m^2/m^2	0.079	0.079	0.905	
39	楼地面装饰工程	地面垫层		m^3/m^2	0.280	0.280	0.093	
40		水泥砂浆(混凝土)楼地面装饰		m^2/m^2	0.047	0.047	0.025	
41		块料楼地面装饰		m^2/m^2	0.751	0.751	0.131	
42		石材楼地面装饰		m^2/m^2	0.057	0.057	—	
43		板材楼地面装饰		m^2/m^2	0.049	0.049	0.740	
44	内墙及柱面装饰工程	块料内墙柱面装饰		m^2/m^2	0.694	0.694	0.145	
45		石材内墙柱面装饰		m^2/m^2	—	—	—	
46		涂料内墙柱面装饰		m^2/m^2	0.619	0.619	0.787	
47		板材内墙柱面装饰		m^2/m^2	0.180	0.180	0.339	
48	天棚工程	涂料天棚		m^2/m^2	0.495	0.495	1.032	
49		吊顶天棚		m^2/m^2	0.867	0.867	0.828	
50	其他装饰工程	扶手栏杆栏板装饰		m/m^2	0.121	0.121	0.247	
51		隔断及隔墙		m^2/m^2	0.049	0.049	0.064	
二	通用安装工程							
1	电气设备安装工程	配电箱		套 $/m^2$	0.010	0.010	0.014	
2		桥架		m/m^2	0.261	0.261	1.133	
3		配管		m/m^2	1.845	1.845	0.491	
4		电力电缆		m/m^2	0.491	0.491	0.205	
5		控制电缆		m/m^2	0.185	0.185	1.020	
6		铜芯绝缘线		m/m^2	5.316	5.316	0.098	
7		照明灯具		套 $/m^2$	0.158	0.158	0.027	

续 4-3-45（续）

序号	造价指标单元		单位	技术指标			备注
				1# 食堂	2# 食堂	1# 体育馆	
8	建筑智能化工程	桥架	m/m²	0.057	0.057	0.233	
9		配管	m/m²	0.473	0.473	0.030	
10		电力电缆	m/m²	0.061	0.061	0.174	
11		控制电缆	m/m²	0.354	0.354	0.278	
12		铜芯绝缘线	m/m²	0.564	0.564	0.035	
13		点位	个 /m²	0.03	0.03	0.01	
14	消防工程	消防管	m/m²	0.070	0.070	0.001	
15		消火栓	套 /m²	0.005	0.005	0.065	
16		喷淋管	m/m²	0.388	0.388	0.101	
17		喷头	个 /m²	0.110	0.110	0.051	
18		模块	个 /m²	0.035	0.035	0.041	
19		探测器点位	个 /m²	0.046	0.046	0.054	
20		桥架	m/m²	0.047	0.047	0.190	
21		配管	m/m²	0.697	0.697	0.104	
22		电力电缆	m/m²	0.200	0.200	0.005	
23		控制电缆	m/m²	0.190	0.190	0.376	
24		铜芯绝缘线	m/m²	0.901	0.901	0.025	
25		消防灯具	套 /m²	0.052	0.052	0.014	
26	通风空调工程	风机	台 /m²	0.036	0.036	0.538	
27		风管	m²/m²	0.487	0.487	0.015	
28		阀门	个 /m²	0.004	0.004	0.091	
29		风口	个 /m²	0.003	0.003	0.222	
30	给排水工程	给水管	m/m²	0.416	0.416	0.129	
31		排水管	m/m²	0.249	0.249	0.024	
32		阀门	个 /m²	0.022	0.022	0.001	

表 4-3-46　造价指标单元技术指标分析表(六)

序号	造价指标单元		单位	技术指标			备注
				2# 体育馆	1# 宿舍(公寓)	2# 宿舍(公寓)	
一	建筑与装饰工程						
1	土石方工程	土方	m^3/m^2	1.445	1.886	1.228	
2		石方	m^3/m^2	—	—	—	
3	基坑围护工程	水泥土连续墙	m^3/m^2	—	—	—	
4		支护桩	m^3/m^2	—	—	—	
5		喷射混凝土及锚杆(索)	m^2/m^2	0.131	0.031	0.031	
6		支撑	m^3/m^2	—	—	—	
7	桩基工程	预制桩	m/m^2	—	—	—	
8		灌注桩	m^3/m^2	3.647	2.150	2.150	
9	砌筑工程	基础	m^3/m^2	0.109	0.164	0.164	
10		砌体	m^3/m^2	0.047	0.140	0.140	
11		隔墙	m^3/m^2	—	0.034	0.034	
12		烟道、烟帽	m/m^2	—	0.082	0.082	
13	混凝土结构工程	现浇混凝土基础	m^3/m^2	0.213	0.112	0.112	
14		现浇混凝土构件	m^3/m^2	0.484	0.395	0.395	
15		现浇混凝土结构钢筋	kg/m^2	84.370	54.318	54.318	
16		装配式钢筋混凝土构件	m^3/m^2	—	0.055	0.055	
17	金属结构工程	金属结构构件	kg/m^2	0.073		—	
18		屋面板、墙面板	m^2/m^2	0.509	—	—	
19		钢板楼板	m^2/m^2	—	—	—	
20	门窗工程	普通门	m^2/m^2	0.006	0.205	0.205	
21		普通窗	m^2/m^2	—	0.163	0.163	
22		特种门窗	m^2/m^2	0.099	0.036	0.036	
23	屋面工程	刚性屋面	m^2/m^2	—	0.064	0.064	
24		瓦屋面	m^2/m^2	—	—	—	
25		其他屋面	m^2/m^2	—	—	—	

续 4-3-46（续）

序号	造价指标单元			单位	技术指标			备注
					2# 体育馆	1# 宿舍（公寓）	2# 宿舍（公寓）	
26	防水工程	地下防水	底板防护	m^2/m^2	—	—	—	
27			外墙防护	m^2/m^2	—	—	—	
28			顶板防护	m^2/m^2	—	—	—	
29			室内防水	m^2/m^2	—	—	—	
30		地上防水	外墙防水	m^2/m^2	—	0.168	0.168	
31			室内防水	m^2/m^2	0.803	0.964	0.964	
32	防腐隔热保温工程	隔热保温	外墙外保温	m^2/m^2	—	—	—	
33			外墙内保温	m^2/m^2	0.375	0.659	0.659	
34			楼地面保温	m^2/m^2	—	0.779	0.779	
35			天棚保温	m^2/m^2	—	0.101	0.101	
36	外墙装饰及幕墙工程	块料外墙装饰		m^2/m^2	—	—	—	
37		涂料外墙装饰		m^2/m^2	0.125	1.026	1.026	
38		幕墙		m^2/m^2	0.905	—	—	
39	楼地面装饰工程	地面垫层		m^3/m^2	0.093	0.025	0.025	
40		水泥砂浆（混凝土）楼地面装饰		m^2/m^2	0.025	0.048	0.048	
41		块料楼地面装饰		m^2/m^2	0.131	0.891	0.891	
42		石材楼地面装饰		m^2/m^2	—	0.082	0.082	
43		板材楼地面装饰		m^2/m^2	0.740	0.002	0.002	
44	内墙及柱面装饰工程	块料内墙柱面装饰		m^2/m^2	0.145	0.485	0.485	
45		石材内墙柱面装饰		m^2/m^2	—	—	—	
46		涂料内墙柱面装饰		m^2/m^2	0.787	1.629	1.629	
47		板材内墙柱面装饰		m^2/m^2	0.339	0.046	0.046	
48	天棚工程	涂料天棚		m^2/m^2	1.032	0.919	0.919	
49		吊顶天棚		m^2/m^2	0.828	0.280	0.280	
50	其他装饰工程	扶手栏杆栏板装饰		m/m^2	0.247	0.057	0.057	
51		隔断及隔墙		m^2/m^2	0.064	0.058	0.058	

续 4-3-46（续）

序号	造价指标单元		单位	技术指标			备注
				2# 体育馆	1# 宿舍（公寓）	2# 宿舍（公寓）	
二	通用安装工程						
1	电气设备安装工程	配电箱	套 /m²	0.014	0.074	0.074	
2		桥架	m/m²	1.133	2.012	2.012	
3		配管	m/m²	0.491	0.937	0.937	
4		电力电缆	m/m²	0.205	0.273	0.273	
5		控制电缆	m/m²	1.020	5.135	5.135	
6		铜芯绝缘线	m/m²	0.098	0.168	0.168	
7		照明灯具	套 /m²	0.027	0.054	0.054	
8	建筑智能化工程	桥架	m/m²	0.233	0.461	0.461	
9		配管	m/m²	0.030	0.059	0.059	
10		电力电缆	m/m²	0.174	2.879	2.879	
11		控制电缆	m/m²	0.278	0.535	0.535	
12		铜芯绝缘线	m/m²	0.035	0.086	0.086	
13		点位	个 /m²	0.01	0.04	0.04	
14	消防工程	消防管	m/m²	0.001	0.005	0.005	
15		消火栓	套 /m²	0.065	0.307	0.307	
16		喷淋管	m/m²	0.101	0.101	0.101	
17		喷头	个 /m²	0.051	0.030	0.030	
18		模块	个 /m²	0.041	0.038	0.038	
19		探测器点位	个 /m²	0.054	0.045	0.045	
20		桥架	m/m²	0.190	0.400	0.400	
21		配管	m/m²	0.104	0.029	0.029	
22		电力电缆	m/m²	0.005	0.057	0.057	
23		控制电缆	m/m²	0.376	0.653	0.653	
24		铜芯绝缘线	m/m²	0.025	0.037	0.037	
25		消防灯具	套 /m²	0.014	0.005	0.005	

续 4-3-46（续）

序号	造价指标单元		单位	技术指标			备注
				2# 体育馆	1# 宿舍（公寓）	2# 宿舍（公寓）	
26	通风空调工程	风机	台 /m²	0.538	0.046	0.046	
27		风管	m²/m²	0.015	0.025	0.025	
28		阀门	个 /m²	0.091	0.001	0.001	
29		风口	个 /m²	0.222	0.713	0.713	
30	给排水工程	给水管	m/m²	0.129	0.476	0.476	
31		排水管	m/m²	0.024	0.094	0.094	
32		阀门	个 /m²	0.001	0.001	0.001	

表 4-3-47　造价指标单元技术指标分析表（七）

序号	造价指标单元		单位	技术指标			备注
				3# 宿舍（公寓）	4# 宿舍（公寓）	会堂	
一	建筑与装饰工程						
1	土石方工程	土方	m³/m²	1.336	1.345	1.423	
2		石方	m³/m²	—	—	—	
3	基坑围护工程	水泥土连续墙	m³/m²	—	—	—	
4		支护桩	m³/m²	—	—	—	
5		喷射混凝土及锚杆（索）	m²/m²	0.031	0.031	0.063	
6		支撑	m³/m²	—	—	—	
7	桩基工程	预制桩	m/m²	—	—	—	
8		灌注桩	m³/m²	2.150	2.150	2.712	
9	砌筑工程	基础	m³/m²	0.164	0.164	0.127	
10		砌体	m³/m²	0.140	0.140	0.211	
11		隔墙	m³/m²	0.034	0.034	—	
12		烟道、烟帽	m/m²	0.082	0.082	—	
13	混凝土结构工程	现浇混凝土基础	m³/m²	0.112	0.112	0.160	
14		现浇混凝土构件	m³/m²	0.395	0.395	0.583	
15		现浇混凝土结构钢筋	kg/m²	54.318	54.318	74.634	
16		装配式钢筋混凝土构件	m³/m²	0.055	0.055	—	

续 4-3-47（续）

序号	造价指标单元			单位	技术指标			备注
					3# 宿舍（公寓）	4# 宿舍（公寓）	会堂	
17	金属结构工程	金属结构构件		kg/m²	—	—	—	
18		屋面板、墙面板		m²/m²	—	—	—	
19		钢板楼板		m²/m²	—	—	—	
20	门窗工程	普通门		m²/m²	0.205	0.205	0.023	
21		普通窗		m²/m²	0.163	0.163	0.167	
22		特种门窗		m²/m²	0.036	0.036	0.014	
23	屋面工程	刚性屋面		m²/m²	0.064	0.064	0.199	
24		瓦屋面		m²/m²	—	—	—	
25		其他屋面		m²/m²	—	—	—	
26	防水工程	地下防水	底板防护	m²/m²	—	—	—	
27			外墙防护	m²/m²	—	—	—	
28			顶板防护	m²/m²	—	—	—	
29			室内防水	m²/m²	—	—	—	
30		地上防水	外墙防水	m²/m²	0.168	0.168	0.153	
31			室内防水	m²/m²	0.964	0.964	0.182	
32	防腐隔热保温工程	隔热保温	外墙外保温	m²/m²	—	—	—	
33			外墙内保温	m²/m²	0.659	0.659	0.406	
34			楼地面保温	m²/m²	0.779	0.779	—	
35			天棚保温	m²/m²	0.101	0.101	0.140	
36	外墙装饰及幕墙工程	块料外墙装饰		m²/m²	—	—	—	
37		涂料外墙装饰		m²/m²	1.026	1.026	0.835	
38		幕墙		m²/m²	—	—	0.102	
39	楼地面装饰工程	地面垫层		m³/m²	0.025	0.025	0.554	
40		水泥砂浆（混凝土）楼地面装饰		m²/m²	0.048	0.048	0.053	
41		块料楼地面装饰		m²/m²	0.891	0.891	0.519	
42		石材楼地面装饰		m²/m²	0.082	0.082	0.077	
43		板材楼地面装饰		m²/m²	0.002	0.002	0.264	

续 4-3-47（续）

序号	造价指标单元		单位	技术指标			备注
				3# 宿舍（公寓）	4# 宿舍（公寓）	会堂	
44	内墙及柱面装饰工程	块料内墙柱面装饰	m^2/m^2	0.485	0.485	0.118	
45		石材内墙柱面装饰	m^2/m^2	—	—	0.001	
46		涂料内墙柱面装饰	m^2/m^2	1.629	1.629	0.971	
47		板材内墙柱面装饰	m^2/m^2	0.046	0.046	0.635	
48	天棚工程	涂料天棚	m^2/m^2	0.919	0.919	1.053	
49		吊顶天棚	m^2/m^2	0.280	0.280	0.833	
50	其他装饰工程	扶手栏杆栏板装饰	m/m^2	0.057	0.057	0.044	
51		隔断及隔墙	m^2/m^2	0.058	0.058	0.031	
二	通用安装工程						
1	电气设备安装工程	配电箱	套 $/m^2$	0.074	0.074	0.069	
2		桥架	m/m^2	2.012	2.012	1.277	
3		配管	m/m^2	0.937	0.937	0.369	
4		电力电缆	m/m^2	0.273	0.273	0.462	
5		控制电缆	m/m^2	5.135	5.135	2.938	
6		铜芯绝缘线	m/m^2	0.168	0.168	0.134	
7		照明灯具	套 $/m^2$	0.054	0.054	0.052	
8	建筑智能化工程	桥架	m/m^2	0.461	0.461	0.485	
9		配管	m/m^2	0.059	0.059	0.057	
10		电力电缆	m/m^2	2.879	2.879	0.379	
11		控制电缆	m/m^2	0.535	0.535	0.527	
12		铜芯绝缘线	m/m^2	0.086	0.086	0.127	
13		点位	个 $/m^2$	0.04	0.04	0.08	
14	消防工程	消防管	m/m^2	0.005	0.005	0.004	
15		消火栓	套 $/m^2$	0.307	0.307	0.102	
16		喷淋管	m/m^2	0.101	0.101	0.029	
17		喷头	个 $/m^2$	0.030	0.030	0.016	
18		模块	个 $/m^2$	0.038	0.038	0.012	
19		探测器点位	个 $/m^2$	0.045	0.045	0.086	
20		桥架	m/m^2	0.400	0.400	0.299	

续 4–3–47(续)

序号	造价指标单元		单位	技术指标			备注
				3# 宿舍(公寓)	4# 宿舍(公寓)	会堂	
21	消防工程	配管	m/m²	0.029	0.029	0.028	
22		电力电缆	m/m²	0.057	0.057	0.063	
23		控制电缆	m/m²	0.653	0.653	0.457	
24		铜芯绝缘线	m/m²	0.037	0.037	0.021	
25		消防灯具	套/m²	0.005	0.005	0.012	
26	通风空调工程	风机	台/m²	0.046	0.046	0.485	
27		风管	m²/m²	0.025	0.025	0.045	
28		阀门	个/m²	0.001	0.001	0.003	
29		风口	个/m²	0.713	0.713	0.093	
30	给排水工程	给水管	m/m²	0.476	0.476	0.162	
31		排水管	m/m²	0.094	0.094	0.023	
32		阀门	个/m²	0.001	0.001	0.001	

表 4–3–48 造价指标单元技术指标分析表(八)

序号	造价指标单元		单位	技术指标			备注
				师生活动用房	北大门	西大门	
一	建筑与装饰工程						
1	土石方工程	土方	m³/m²	1.660	1.494	1.622	
2		石方	m³/m²	—	—	—	
3	基坑围护工程	水泥土连续墙	m³/m²	—	—	—	
4		支护桩	m³/m²	—	—	—	
5		喷射混凝土及锚杆(索)	m²/m²	0.045	—	—	
6		支撑	m³/m²	—	—	—	
7	桩基工程	预制桩	m/m²	—	—	—	
8		灌注桩	m³/m²	2.665	2.936	3.466	
9	砌筑工程	基础	m³/m²	0.133	0.054	0.059	
10		砌体	m³/m²	0.178	0.482	0.523	
11		隔墙	m³/m²	—	—	—	
12		烟道、烟帽	m/m²	—	—	—	

续 4-3-48（续）

序号	造价指标单元			单位	技术指标			备注
					师生活动用房	北大门	西大门	
13	混凝土结构工程	现浇混凝土基础		m^3/m^2	—	0.422	0.458	
14	混凝土结构工程	现浇混凝土构件		m^3/m^2	0.327	0.680	0.631	
15	混凝土结构工程	现浇混凝土结构钢筋		kg/m^2	48.867	133.076	144.491	
16	混凝土结构工程	装配式钢筋混凝土构件		m^3/m^2	—	—	—	
17	金属结构工程	金属结构构件		kg/m^2	—	—	—	
18	金属结构工程	屋面板、墙面板		m^2/m^2	—	—	—	
19	金属结构工程	钢板楼板		m^2/m^2	—	—	—	
20	门窗工程	普通门		m^2/m^2	0.049	0.020	0.021	
21	门窗工程	普通窗		m^2/m^2	0.209	0.030	0.032	
22	门窗工程	特种门窗		m^2/m^2	0.015	—	—	
23	屋面工程	刚性屋面		m^2/m^2	0.359	0.146	0.158	
24	屋面工程	瓦屋面		m^2/m^2	0.087	—	—	
25	屋面工程	其他屋面		m^2/m^2	—	—	—	
26	防水工程	地下防水	底板防护	m^2/m^2	—	—	—	
27	防水工程	地下防水	外墙防护	m^2/m^2	—	—	—	
28	防水工程	地下防水	顶板防护	m^2/m^2	—	—	—	
29	防水工程	地下防水	室内防水	m^2/m^2	—	—	—	
30	防水工程	地上防水	外墙防水	m^2/m^2	0.198	—	—	
31	防水工程	地上防水	室内防水	m^2/m^2	0.254	0.153	0.166	
32	防腐隔热保温工程	隔热保温	外墙外保温	m^2/m^2	—	1.792	1.946	
33	防腐隔热保温工程	隔热保温	外墙内保温	m^2/m^2	0.628	—	—	
34	防腐隔热保温工程	隔热保温	楼地面保温	m^2/m^2	—	—	—	
35	防腐隔热保温工程	隔热保温	天棚保温	m^2/m^2	0.066	—	—	
36	外墙装饰及幕墙工程	块料外墙装饰		m^2/m^2	—	—	—	
37	外墙装饰及幕墙工程	涂料外墙装饰		m^2/m^2	0.856	0.965	1.048	
38	外墙装饰及幕墙工程	幕墙		m^2/m^2	0.079	4.084	—	

续 4-3-48（续）

序号	造价指标单元		单位	技术指标			备注
				师生活动用房	北大门	西大门	
39	楼地面装饰工程	地面垫层	m^3/m^2	—	0.506	0.519	
40		水泥砂浆（混凝土）楼地面装饰	m^2/m^2	0.306	—	—	
41		块料楼地面装饰	m^2/m^2	0.730	0.900	0.920	
42		石材楼地面装饰	m^2/m^2	0.008	—	—	
43		板材楼地面装饰	m^2/m^2	0.278	—	—	
44	内墙及柱面装饰工程	块料内墙柱面装饰	m^2/m^2	—	—	—	
45		石材内墙柱面装饰	m^2/m^2	1.167	0.156	—	
46		涂料内墙柱面装饰	m^2/m^2	0.374	0.160	0.160	
47		板材内墙柱面装饰	m^2/m^2	1.113	0.042	0.164	
48	天棚工程	涂料天棚	m^2/m^2	0.871	0.890	0.043	
49		吊顶天棚	m^2/m^2	0.237	—	0.912	
50	其他装饰工程	扶手栏杆栏板装饰	m/m^2	0.049	—	—	
51		隔断及隔墙	m^2/m^2	0.001	0.001	—	
二	通用安装工程						
1	电气设备安装工程	配电箱	套 $/m^2$	0.203	—	0.009	
2		桥架	m/m^2	1.452	0.463	—	
3		配管	m/m^2	0.728	0.262	0.488	
4		电力电缆	m/m^2	0.184	1.640	0.277	
5		控制电缆	m/m^2	3.287	0.840	1.728	
6		铜芯绝缘线	m/m^2	0.271	0.020	0.886	
7		照明灯具	套 $/m^2$	0.116	—	0.022	
8	建筑智能化工程	桥架	m/m^2	0.848	0.532	—	
9		配管	m/m^2	0.163	0.774	0.544	
10		电力电缆	m/m^2	7.436	5.459	0.793	
11		控制电缆	m/m^2	0.705	10.689	5.591	
12		铜芯绝缘线	m/m^2	0.072	—	10.949	
13		点位	个 $/m^2$	0.06	0.16	—	

续 4-3-48（续）

序号	造价指标单元		单位	技术指标			备注
				师生活动用房	北大门	西大门	
14	消防工程	消防管	m/m²	0.006	0.008	0.164	
15		消火栓	套 /m²	0.255	—	0.009	
16		喷淋管	m/m²	0.015	—	—	
17		喷头	个 /m²	0.035	0.033	—	
18		模块	个 /m²	0.036	0.025	0.035	
19		探测器点位	个 /m²	0.083	—	0.026	
20		桥架	m/m²	1.349	0.287	—	
21		配管	m/m²	0.126	0.041	0.302	
22		电力电缆	m/m²	1.478	0.246	0.043	
23		控制电缆	m/m²	1.185	0.410	0.259	
24		铜芯绝缘线	m/m²	0.032	0.016	0.432	
25		消防灯具	套 /m²	0.027	0.001	0.017	
26	通风空调工程	风机	台 /m²	0.489	0.036	0.026	
27		风管	m²/m²	0.032	—	—	
28		阀门	个 /m²	0.093	—	—	
29		风口	个 /m²	0.138	0.049	—	
30	给排水工程	给水管	m/m²	0.259	0.676	0.052	
31		排水管	m/m²	0.018	0.016	0.712	
32		阀门	个 /m²	0.001	0.001	0.017	

表 4-3-49　造价指标单元技术指标分析表（九）

序号	造价指标单元		单位	技术指标			备注
				南大门	配电房	垃圾房	
一	建筑与装饰工程						
1	土石方工程	土方	m³/m²	1.494	1.852	2.010	
2		石方	m³/m²	—	—	—	
3	基坑围护工程	水泥土连续墙	m³/m²	—	—	—	
4		支护桩	m³/m²	—	—	—	
5		喷射混凝土及锚杆（索）	m²/m²	—	—	—	
6		支撑	m³/m²	—	—	—	

续 4-3-49(续)

序号	造价指标单元			单位	技术指标			备注
					南大门	配电房	垃圾房	
7	桩基工程	预制桩		m/m²	—	—	—	
8		灌注桩		m³/m²	2.936	—	—	
9	砌筑工程	基础		m³/m²	0.054	0.168	0.074	
10		砌体		m³/m²	0.482	0.146	0.158	
11		隔墙		m³/m²	—	—	—	
12		烟道、烟帽		m/m²	—	—	—	
13	混凝土结构工程	现浇混凝土基础		m³/m²	0.422	0.271	0.294	
14		现浇混凝土构件		m³/m²	0.680	0.330	0.251	
15		现浇混凝土结构钢筋		kg/m²	133.076	70.261	54.843	
16		装配式钢筋混凝土构件		m³/m²	—	—	—	
17	金属结构工程	金属结构构件		kg/m²	—	—	—	
18		屋面板、墙面板		m²/m²	—	—	—	
19		钢板楼板		m²/m²	—	—	—	
20	门窗工程	普通门		m²/m²	0.020	0.133	0.145	
21		普通窗		m²/m²	0.030	0.083	0.090	
22		特种门窗		m²/m²	—	—	—	
23	屋面工程	刚性屋面		m²/m²	0.146	0.347	0.376	
24		瓦屋面		m²/m²	—	—	—	
25		其他屋面		m²/m²	—	—	—	
26	防水工程	地下防水	底板防护	m²/m²	—	—	—	
27			外墙防护	m²/m²	—	—	—	
28			顶板防护	m²/m²	—	—	—	
29			室内防水	m²/m²	—	—	—	
30		地上防水	外墙防水	m²/m²	—	—	—	
31			室内防水	m²/m²	0.153	—	—	
32	防腐隔热保温工程	隔热保温	外墙外保温	m²/m²	1.792	—	—	
33			外墙内保温	m²/m²	—	—	—	
34			楼地面保温	m²/m²	—	—	—	
35			天棚保温	m²/m²	—	—	—	

续 4-3-49（续）

序号	造价指标单元		单位	技术指标			备注
				南大门	配电房	垃圾房	
36	外墙装饰及幕墙工程	块料外墙装饰	m^2/m^2	—	—	—	
37		涂料外墙装饰	m^2/m^2	0.965	1.947	2.115	
38		幕墙	m^2/m^2	4.084	—	—	
39	楼地面装饰工程	地面垫层	m^3/m^2	0.506	0.165	0.169	
40		水泥砂浆（混凝土）楼地面装饰	m^2/m^2	—	0.741	0.370	
41		块料楼地面装饰	m^2/m^2	0.900	—	0.389	
42		石材楼地面装饰	m^2/m^2	—	—	—	
43		板材楼地面装饰	m^2/m^2	—	—	—	
44	内墙及柱面装饰工程	块料内墙柱面装饰	m^2/m^2	—	—	1.232	
45		石材内墙柱面装饰	m^2/m^2	0.156	0.725	—	
46		涂料内墙柱面装饰	m^2/m^2	0.160	—	0.743	
47		板材内墙柱面装饰	m^2/m^2	0.042	0.438	—	
48	天棚工程	涂料天棚	m^2/m^2	0.890	—	0.449	
49		吊顶天棚	m^2/m^2	—	—	—	
50	其他装饰工程	扶手栏杆栏板装饰	m/m^2	—	—	—	
51		隔断及隔墙	m^2/m^2	0.001	0.001	—	
二	通用安装工程						
1	电气设备安装工程	配电箱	套 $/m^2$	—	—	0.040	
2		桥架	m/m^2	0.463	2.289	—	
3		配管	m/m^2	0.262	1.144	2.412	
4		电力电缆	m/m^2	1.640	—	1.206	
5		控制电缆	m/m^2	0.840	6.866	—	
6		铜芯绝缘线	m/m^2	0.020	0.038	7.237	
7		照明灯具	套 $/m^2$	—	—	0.040	
8	建筑智能化工程	桥架	m/m^2	0.532	—	—	
9		配管	m/m^2	0.774	—	—	
10		电力电缆	m/m^2	5.459	—	—	
11		控制电缆	m/m^2	10.689	—	—	
12		铜芯绝缘线	m/m^2	—	—	—	
13		点位	个 $/m^2$	0.16	—	—	

续 4-3-49（续）

序号	造价指标单元		单位	技术指标			备注
				南大门	配电房	垃圾房	
14	消防工程	消防管	m/m^2	0.008	0.001	—	
15		消火栓	套 $/m^2$	—	0.003	—	
16		喷淋管	m/m^2	—	—	—	
17		喷头	个 $/m^2$	0.033	—	—	
18		模块	个 $/m^2$	0.025	—	—	
19		探测器点位	个 $/m^2$	—	0.033	—	
20		桥架	m/m^2	0.287	—	—	
21		配管	m/m^2	0.041	0.018	—	
22		电力电缆	m/m^2	0.246	—	—	
23		控制电缆	m/m^2	0.410	—	—	
24		铜芯绝缘线	m/m^2	0.016	0.044	—	
25		消防灯具	套 $/m^2$	0.001	0.020	—	
26	通风空调工程	风机	台 $/m^2$	0.036	0.039	—	
27		风管	m^2/m^2	—	—	—	
28		阀门	个 $/m^2$	—	—	—	
29		风口	个 $/m^2$	0.049	—	—	
30	给排水工程	给水管	m/m^2	0.676	0.229	0.241	
31		排水管	m/m^2	0.016	—	0.241	
32		阀门	个 $/m^2$	0.001	0.001	—	

第五章

造价指标动态应用

说　　明

一、造价指标应用场景包括项目投资估算、方案经济性比选、初步设计概算核验、实施阶段造价数据比对、项目后评价等。

二、造价指标测算基期为 2024 年 7 月。

三、拟建工程的造价可依据本指标,结合建设工程项目特征进行修正,在此基础上按省市造价管理机构发布的工程造价综合指数进行价格动态调整。2019—2025 年浙江省房屋建筑工程造价综合指数详见表 5–1–2。

第一节　房屋建筑工程造价指数

2019 年 1 月至 2025 年 5 月浙江省房屋建筑工程造价综合指数见表 5-1-1、图 5-1-1。

表 5-1-1　浙江省房屋建筑工程造价综合指数汇总表

年份	月份											
	1 月	2 月	3 月	4 月	5 月	6 月	7 月	8 月	9 月	10 月	11 月	12 月
2019 年	115.08	114.76	114.36	115.78	116.54	115.95	116.22	115.62	115.96	117.04	118.27	119.72
2020 年	118.82	119.01	117.50	117.03	117.37	117.23	116.76	117.25	117.76	118.03	119.35	120.47
2021 年	121.25	121.24	121.69	123.67	126.38	124.18	123.51	124.48	126.36	129.90	127.27	125.71
2022 年	124.09	124.08	124.57	125.46	124.66	123.48	121.22	120.99	120.61	120.78	120.28	120.37
2023 年	120.15	120.37	120.97	120.30	118.82	118.28	118.00	117.67	117.70	117.51	117.87	118.09
2024 年	118.00	117.87	117.10	116.77	117.17	117.21	116.66	115.66	115.22	116.21	116.04	115.69
2025 年	115.31	115.02	114.84	114.67	114.48	114.19	—	—	—	—	—	—

注：浙江省房屋建筑工程造价综合指数以 2017 年 1 月为基期。

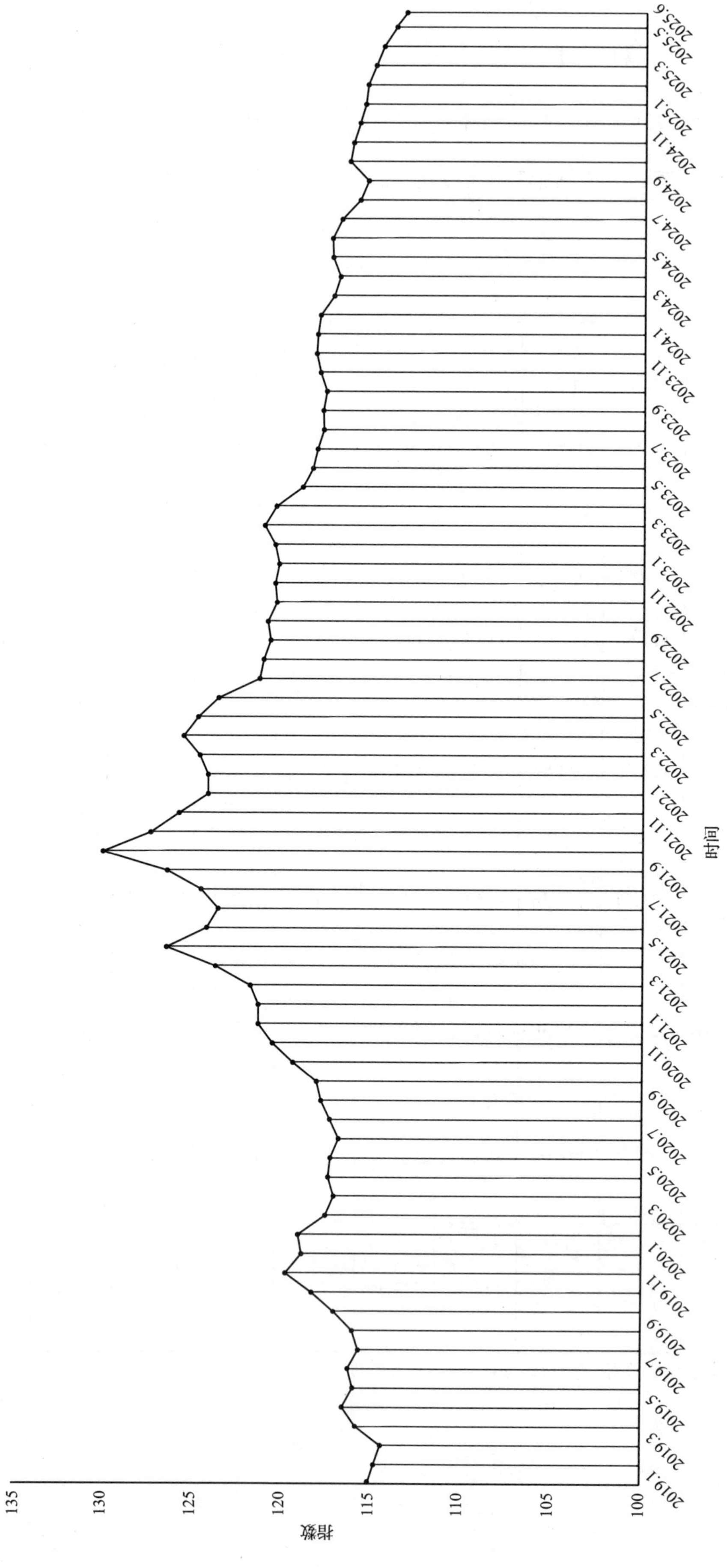

图 5-1-1　浙江省房屋建筑工程造价综合指数

第二节　造价参考指标应用案例

2024 年 10 月，某市计划新建普通高等学校项目，办学规模 10 000 人，包括地下室、教学楼、图书馆、体育馆、办公用房、实训楼、实验楼、食堂、宿舍（公寓）等。主要经济技术指标见表 5–2–1，地上建筑指标见表 5–2–2。

表 5–2–1　新建校区（初步设计阶段）主要经济技术指标表

编号	项目		技术指标	备注
1	建设总用地面积 /m^2		500 000	
2	总建筑面积 /m^2		295 200	
	其中	地上建筑面积 /m^2	255 200	
		地下建筑面积 /m^2	40 000	人防面积 20 800m^2
3	计容建筑面积 /m^2		255 200	
4	容积率		0.51	
5	建筑占地面积 /m^2		42 700	
6	建筑密度 /%		8.54	
7	绿地面积 /m^2		163 800	
8	绿地率 /%		35	
9	机动车位 / 个		1 258	其中，充电车位共 182 个：快充（60kW）18 个，慢充（7kW）164 个
10	非机动车停车位 / 个		5 616	

表 5–2–2　地上建筑指标

编号	单项名称	建筑面积 /m^2	建筑高度 /m	层数	备注
1	教学楼	30 000	23.5	5	
2	办公用房	20 000	34.25	7	包括会议室
3	实训楼	17 000	23.5	5	
4	科研楼	40 000	35.5	5	
5	体育馆	15 000	18.75	2	
6	图书馆	20 000	44.5	9	包括报告厅
7	食堂	14 000	8.25	2	
8	宿舍（公寓）一	24 800	52.5	16	
9	宿舍（公寓）二	24 800	52.5	16	
10	宿舍（公寓）三	24 800	52.5	16	
11	宿舍（公寓）四	24 800	52.5	16	

该普通高等学校项目概况如下：

（1）地下室层数为一层，地下室结构外周长 800m。桩基采用钢筋混凝土灌注桩（平均桩长 40m），基坑围护形式为排桩墙，采用单排 ϕ800 灌注桩（平均桩长 15m）+100mm 厚喷射混凝土内配钢筋网片，止水帷幕采用三轴水泥搅拌墙（ϕ650@450，水泥掺量 20%，平均桩长 15m）。

（2）地上建筑外墙面装饰：图书馆和体育馆为幕墙，其他均为外墙涂料。

（3）室内装修按表 1–3–1 "普通高等学校各单项工程室内主要装修做法参考表" 执行。

（4）通用安装工程包括电气设备安装工程、建筑智能化工程、消防工程、通风空调工程、给排水工程、电梯工程。图书馆设置 2 套会议系统。

（5）室外球场一座，包括升旗台、看台、篮球场、网球场、排球场、标准跑道、足球场、三级跳远场、撑竿跳场、铅球场及高杆灯、球场照明等。

（6）本工程基期造价指标均按指标区间中值考虑，地区以杭州市为例。2024 年 7 月房屋建筑工程的造价综合指数为 116.66，2024 年 12 月房屋建筑工程的造价综合指数为 115.69。

（一）建筑安装工程造价

1. 地下建筑建筑安装工程造价。

（1）地下建筑基期指标选取：

地下建筑基期指标根据单项造价指标表 1–2–2 "普通高等学校单项造价指标表（地下建筑）" 区间中值确定，基期指标为 6 220 元 /m^2。

（2）地下建筑建筑安装工程造价计算：

地下建筑建筑安装工程造价 =6 220 元 /m^2 × 40 000m^2=24 880 万元

（3）基坑围护调整：

排桩墙指标根据项目概况说明结合专项造价指标表 2–1–3 "基坑围护工程造价专项指标表（适用于初步设计阶段）" 区间中值确定。

基坑围护调整工程造价 =（21 000–10 750）元 /m × 800m=820 万元

2. 地上建筑建筑安装工程造价。

（1）地上建筑基期指标选取：

地上建筑基期指标根据单项造价指标表 1–2–3 "普通高等学校单项造价指标表（地上建筑）" 中各单体的指标区间中值分别确定。

（2）地上建筑建筑安装工程造价计算：

教学楼建筑安装工程造价 =3 955 元 /m^2 × 30 000m^2=11 865 万元

办公用房建筑安装工程造价 =3 830 元 /m^2 × 20 000m^2=7 660 万元

实训楼建筑安装工程造价 =3 775 元 /m^2 × 17 000m^2=6 417.5 万元

科研楼建筑安装工程造价 =4 015 元 /m^2 × 40 000m^2=16 060 万元

体育馆建筑安装工程造价 =6 105 元 /m^2 × 15 000m^2=9 157.5 万元

图书馆建筑安装工程造价 =5 375 元 /m^2 × 20 000m^2=10 750 万元

食堂建筑安装工程造价 =4 035 元 /m^2 × 14 000m^2=5 649 万元

宿舍（公寓）建筑安装工程造价 =3 725 元 /m^2 × 24 800m^2 × 4 幢 =36 952 万元

地上建筑建筑安装工程造价 =11 865+7 660+6 417.5+16 060+9 157.5+10 750+5 649+36 952

=104 511 万元

3. 室外附属工程建筑安装工程造价。

（1）室外附属工程基期指标选取：

室外附属工程基期指标根据单项造价指标表 1–2–1 "普通高等学校单项造价指标汇总表" 区间中值确定，室外附属工程基期指标为 550 元 /m^2。

（2）室外附属工程建筑安装工程造价计算：

室外附属工程建筑安装工程造价 =550 元 /m^2 × 457 300m^2=25 151.5 万元

（二）专项造价

1. 变配电系统专项造价。

（1）变配电系统基期指标计算：

变配电系统专项造价指标根据专项造价指标表 2–2–1 “变配电专项造价指标表” 区间中值确定，变配电系统基期指标为 125 元 /m^2。

（2）变配电系统专项造价计算：

变配电系统专项造价 =125 元 /m^2 × 295 200m^2=3 690 万元

2. 电梯专项造价。

（1）电梯基期指标计算：

电梯专项造价指标根据专项造价指标表 2–2–5 “电梯专项造价指标表（适用于初步设计阶段）” 区间的中值分别确定。

（2）电梯专项造价计算：

教学楼电梯专项造价 =60 元 /m^2 × 30 000m^2=180 万元

办公用房电梯专项造价 =85 元 /m^2 × 20 000m^2=170 万元

实训楼电梯专项造价 =85 元 /m^2 × 17 000m^2=144.5 万元

科研楼电梯专项造价 =85 元 /m^2 × 40 000m^2=340 万元

体育馆电梯专项造价 =50 元 /m^2 × 15 000m^2=75 万元

图书馆电梯专项造价 =115 元 /m^2 × 20 000m^2=230 万元

食堂电梯专项造价 =205 元 /m^2 × 14 000m^2=287 万元

宿舍（公寓）电梯专项造价 =80 元 /m^2 × 24 800m^2 × 4 幢 =793.6 万元

电梯专项造价 =180+170+144.5+340+75+230+287+793.6=2 220.1 万元

3. 充电桩专项造价。

（1）充电桩基期指标计算：

充电桩专项造价指标根据专项造价指标表 2–2–6 “充电桩专项造价指标表” 区间中值确定。

（2）充电桩专项造价计算：

慢充 7kW 专项造价 =2 500 元 / 台 × 164 台 =41 万元

快充 60kW 专项造价 =25 000 元 / 台 × 18 台 =45 万元

充电桩专项造价 =41 万元 +45 万元 =86 万元

4. 图书馆会议系统专项造价计算：

会议系统专项造价指标根据专项造价指标表 2–2–2 “建筑智能化工程专项造价指标表” 区间中值确定。

图书馆建筑智能化会议系统专项造价 =40 万元 / 套 × 2 套 =80 万元

5. 专项造价汇总：

专项造价 =3 690+2 220.1+86+80=6 076.1 万元

（三）价格调整系数

造价参考指标测算的价格基期为 2024 年 7 月，拟建工程造价测算时间为 2024 年 12 月，拟建工程造价应根据第五章的浙江省房屋建筑工程造价综合指数进行调整。

$$价格调整系数 = \frac{115.69}{116.66} =0.992$$

(四)建筑安装工程造价汇总

建筑安装工程造价 =(地下建筑建筑安装工程造价 + 基坑围护调整工程造价 + 地上建筑建筑安装工程造价 + 室外附属工程建筑安装工程造价 + 专项造价)× 价格调整系数 =(24 880+820+104 511+25 151.5+6 076.1)×0.992=160 147.09(万元)。

故拟建工程建筑安装工程造价为 160 147.09 万元,经济指标约为 5 425.04 元 /m^2。